Understanding
Tourism
Information

관광정보의 중요성과 연관성

관광정보의 이해

김재호·고주희 공저

ⓑ (주)백산출판사

머리말

현대사회는 지식에 기반을 둔 지식 정보화 사회라고 한다. 정보화 사회의 특징은 모든 정보가 실시간으로 전달되고 우리는 이를 통해 정보의 가치를 인지하고 판단·활용하며 사업자는 그 정보를 경영에 반영하기도 한다.

정보통신의 발달과 이에 걸맞은 다양한 소프트웨어의 개발은 지구촌을 더욱더 가깝게 하고 있으며, 어느 곳에서라도 스마트 폰 한 가지로 많은 정보를 획득·활용하며, 문제를 해결할 수 있는 시대가 되었다.

지구촌 시대에 여행자 수의 급격한 증가로 질적·양적 정보의 요구가 증대되고 있으며, 국가도 관광과 관련된 정보의 중요성, 활용성을 이해하고 발전시키기 위해 노력하고 있으며 정보를 활용한 관광은 매우 중요한 과제가 되었다고 생각한다.

관광활동에 참여하고자 하는 관광객은 필요로 하는 내용을 다양한 매체를 활용해서 의사결정을 하고 관광행동으로 옮기게 되는데, 이러한 의사결정 과정을 신속하게 해주고, 그 과제를 해결해 주는 것이 바로 정보(information)라고 할 수 있다. 소비자에게 정보는 무한한 가치를 가지고 있으며, 정보는 곧 상품가치의 본질이 되며, 지식적 가치를 높여줄 수 있는 무한한 자원이 되고 경쟁우위를 확보할 수 있는 중요한 역할을 하고 있다. 정보는 이미 기업경영에서 중요한 전략 요소로 부각되었다.

코로나 팬데믹 이후 여행행태가 개별여행 및 소규모 그룹여행으로 전환되고 있으며, 여행경험을 중시하는 경향이 높아지고 있다. 관광분야에서도 여행 플랫폼 비즈니스의 성장으로 인하여 관광산업에도 대대적인 변화가 나타나고 있다.

4차 산업혁명에 따른 기술 발전으로 관광하려는 사람들은 정보를 획득하는 데서 중요한 의미를 찾고 있으며, 새로운 변화는 여행객이 소비자에서 생산하는 소비자인 프로슈머(prosumer: produce+consumer)로 변화하고 있다는 점이다.

특히 밀레니얼 Z세대의 특징은 각자의 기준에 맞는 여행 일정을 세우고 정보의 탐색은 자유여행의 수고로움을 덜어주는 유용한 수단으로 각광받아 왔으며, 최근에는 소비자 트렌드에 적합한 '가치 있는 경험'을 제공하기 위해서 플랫폼을 통해 정보를 제공하고 적절한 상품을 제공하려는 비즈니스가 성장하여 관광영역에도 지대한 영향을 끼치고 있다.

관광분야에서도 관광과 정보와의 관계에 대한 연구가 진행되었고 다양한 시각에서 접근한 책들이 출간되었으며, 최근의 학문적인 변화에서도 인문학과 공학이 상생 연구하는 융합 학문적 개념이 이미 보편화되었다.

본 교재는 관광에 있어서 정보의 중요성과 연관성을 함께 인식하자는 데 목적이 있었으나 학문적, 실무적으로 부족하여 책으로 출간한다는 것에 대해서는 부담감도 많았고 어렵고 힘들었지만 향후 부족한 부문은 지속적인 노력을 통해 보완해 나가고자 한다.

관광에 관심 있는 분들에게 미래지향적인 학문으로서의 가치와 역할을 할 수 있기를 기대하면서, 이 책이 출간될 수 있도록 도와주신 많은 분에게 이 자리를 빌려 진심으로 감사드리며, 앞으로도 지속적인 관심과 많은 조언을 부탁드린다.

저자 씀

차례

관광과 시스템

Chapter 1

관광과 시스템

제1절 관광의 의의

1. 동양적 의미

일상적인 용어로 사용되는 관광(觀光)은 요양·유람 등의 위락(慰樂) 목적을 가지고 여행하는 것을 말한다.

관광이란 "빛나는 것을 직접 보는 것"이라고 직역(直譯)할 수 있으며, 자기 정주지(定住地)를 떠나서 다른 곳의 문물, 풍습, 제도 등을 몸소 보고 체험하여 좋은 점을 선택하고 배워서 자기 발전의 계기로 삼는 것을 의미한다.

동양에서의 관광은 중국의 주(周)나라 시대에 경전으로 집대성된 『역경(易經)』의 "觀國之光 利用賓于王(관국지광 이용빈우왕)"이라는 문구에서 찾아볼 수 있는데, 나라의 빛을 보게 하려면 무엇보다도 왕을 잘 대접해야 한다는 정신적인 사상이 있었다. 이 사상은 중국인들의 상술(商術)을 키워 오는 데 큰 동기가 되었다. 그 후에 나온 『상전(象傳)』에서도 이와 비슷한 "觀國之光 尙賓也(관국지광 상빈야)"라는 문구(文句)가 실려 있다. 이는 한나라(당시에는 봉건제후, 즉 노(魯)·연(燕)·제(薺) 등을 가리킴)이 광(光), 즉 발진상(發展相)을 보러 간다는 것으로 그 나라의 풍속·제도·문물 등의 실정을 시찰하고 견문(見聞)을 넓힌다는 의미이다.

관광이란 어휘가 한국에서 최초로 사용된 것은 고려 예종 11년(1115년)으로, 이

것은 사회·문화적 활동으로서 '상국(上國)을 초빙하여 문물제도를 시찰하는 것'
이었다. 조선시대에는 중종 6년(1511년)과 정조 4년(1780년), 헌종 10년에도 관광 또
는 구경이라는 용어가 등장하였고, 유길준이 미국을 여행하고 지은 『서유견문(西
遊見聞)』은 미국인들의 관광을 상세하게 설명하고 관광의 필요성을 역설하였다.
일제시대에는 관광지, 관광차 등과 같은 용어가 등장하고 있어 관광이라는 용어
가 사용되었음을 보여주고 있다. 그 후에도 관광의 어원에 관한 용어는 있었으
나, 관광이 공식적으로 등장한 것은 「관광사업진흥법」(1961년 8월 22일)의 제정, 공
포라고 하겠다.

2. 서양적 의미

제2차 세계대전 이전에 여행이란 대체로 투어(tour)라는 용어를 사용하였다. 투
어(tour)는 라틴어의 터너스(turnus)가 턴(turn)으로 변하여 회전한다는 이른바, 소풍
이나 여행을 한다는 의미로 인식되었다.

관광이란 영어의 투어리즘(tourism)이며, 이 말을 처음 사용한 것은 영국의 스
포츠 월간 잡지 『Sporting Magazine』(1811년)에서였다. 그러나 제2차 세계대전 이
후 여행이라는 동기와 형태가 차츰 구경이라는 의미에서 어떤 "명백한 목적의식
을 갖는 행위"로 변화됨에 따라 투어(tour)의 용어를 다시 생각하지 않을 수 없게
되었다. 즉 관광경제의 소비행위와 여행목적의 생활주기(life-cycle)가 종합적으로
표현되는 트래블(travel)이라는 용어로 발전하게 되었다. 세계관광기구(UNWTO: World
Tourism Organization)는 의견으로 채택하게 되었으며, 여행한다는 것은 공식적인 용
어로서 트래블(travel)이라고 정하였다. 관광이라는 표현을 트래블(travel)이라고 정
한 것이며, 현대적 의미의 용어로 새롭게 정립하였다.

관광이란 경제적인 소비와 여행목적만을 가지고 이루어지는 행위가 아니라
일상생활에서 자주 사용하는 용어로 정착되었으며, 건전하면서도 효과적이고
참여적인 여행을 표현하게 되었는데, 투어리즘(tourism)이라는 용어이다. 투어리
즘(tourism)은 관광을 뜻하며 인간의 사회적 행동을 의미하며, 여행자의 욕구를 자
극할 뿐만 아니라, 여행, 호텔, 교통 등 다른 산업의 경제활동까지 포함하며, 관

광사업을 포괄하는 의미를 지칭하고 있다.

관광이란 관광객의 이동 및 체재로 인하여 발생하는 경제·사회·문화와 같은 환경적 측면과 행동 과정에서 발생하는 여러 가지 오락 및 활동을 의미한다.

제2절 **관광의 기본적 체계**

1. 관광의 구성요소

관광은 기본적으로 수요와 공급의 원리에 의해 형성되며, 사람들에게 관광행동을 불러일으키게 하는 다양한 구성요소로는 관광객의 심리적 요인과 경제적 측면도 중요하지만 실제로 행동으로 옮길 수 있는 교통, 숙박, 자원 등과 같은 요소가 있다.

관광 연구 동향은 관광을 현상학적 관점에서 체계적으로 접근하려는 경향이 높았으며, 관광이 성립하기 위해서는 관련 조건들이 충족되어야 한다는 인식이 확대되었다.

학자들은 관광을 연구하려는 과정에서 학문적 관심 영역에 따라 관광의 구성요소를 다양한 관점에서 이해하고 있으며, 국내외 학자들은 관광의 구성요소에 대하여 다양한 접근 방법을 제시하고 있다.

관광 구조를 이해하기 위해 초기에는 관광이 관광 주체인 관광객과 관광 객체인 관광자원의 상호작용으로 이루어지는 현상이라는 2체계 이론(관광주체·관광객체)으로 시작하였다. 이후 관광의 발전과 더불어 관광매체인 관광기업의 영역이 확대되고 관광매체의 역할이 강조되면서 관광의 독립된 체계를 구축하여 관광의 3체계 이론(관광주체·관광객체·관광매체)이 등장하여 관광의 기본체계를 구축하였다.

1960년대부터는 관광을 시스템적으로 이해하고 연구하려는 경향이 증가하게 되었고 관광의 구성요소들이 상호 간의 어떤 역할을 하고 관광 현상과의 관계를 체계적으로 연구하고 분석하려는 시도가 증가하고 있다.

▶ 국내 학자의 관광 구성요소

학자	관광의 구성요소	내용	특징
김상훈	• 관광주체 : 관광객 • 관광객체 : 관광자원 • 관광매체 : 관광시설(편의)	• 순수관광 겸목적(兼目的)관광 • 자연, 문화, 사회, 산업적 관광자원 • 시간, 공간, 기능적 매체	
김진섭	• 제1요소 : 관광의욕 • 제2요소 : 관광대상(관광자원) • 제3요소 : 관광매체	• 심정(心情), 정신, 경제적 동기 • 공간, 시간, 기능적 매체	관광발생
김재민	• 관광주체 : 관광객 • 관광객체 • 관광매체	• 자연, 문화, 사회, 산업적 관광자원	관광발생
박석희	• 관광자 • 교통기관 • 마케팅 : 정보, 지도 • 매력물 : 서비스, 시설		관광계획 및 마케팅
이항구	• 3요소(주체·객체·매체)	• 관광이념 중시	경제적 소비 환경 중심설
손대현	• 관광주체 : 관광자 • 관광객체 : 관광자원, 관광시설	• 운송기관, 대중 미디어(mass media)	관광발생
이장춘	• 관광객 • 관광객체 : 관광시설 • 관광매체 : 관광 알선 • 관광주체 : 관광자원 • 독립변수 : 관광개발		관광개발

자료: 채서묵, 관광사업개론요해, 백산출판사, 1993, p.39

▶ 국외 학자의 관광 구성요소

학자	관광의 구성요소	특징
마에다 이시무 (前田勇)	• 관광주체 : 관광자 • 관광대상 : 관광자원, 관광시설(서비스 포함) • 관광매체 : 이동 수단, 정보	관광발생
건 (Clare A. Gunn)	• 관광시장(markets) • 정보 및 홍보(information & promotion) • 교통기관(transportation) • 매력물(attractions) • 서비스 및 시설(services & facilities)	관광계획
맥킨토시 & 골드너 (Robert W. Mcintosh & Charles R. Goeldner Robert)	• 자연자원(natural resources) • 기반 시설(infrastructure) • 여행 관련 시설(superstructure) • 교통 및 교통기관 • 환대(歡待) 및 문화적 자원	관광공급
밀 & 모리슨 (C. Mill & Alastair M. Morrison)	• 관광시장 • 관광목적지 • 여행 • 마케팅	관광마케팅
시킹 (John Seekings)	• 수요 : 관광자 • 공급 : 교통, 관광자원, 관광시설 • 마케팅 : 도매업자, 소매업자, 마케팅 전문가	관광마케팅

자료: 채서묵, 관광사업개론요해, 백산출판사, 1993, p.40

2. 관광의 일반적 체계

1) 관광주체

관광주체(觀光主體)는 관광행위(行爲)의 주체로서 관광객을 의미한다. 관광객은 관광욕구(觀光慾求)를 가지고 있으며, 여행하려는 여행자 및 여행상품을 구매하고자 하는 소비자이다. 관광객의 관광욕구와 동기는 심리적 요인, 행동 분석, 사회·경제·문화적 배경 등이 관광행동에 많은 영향을 끼친다.

사람들의 내면에는 신체적 욕구, 문화적 욕구, 사회참여(소속)의 욕구, 사회적 인지(존경)의 욕구, 자아실현의 욕구 등과 같은 심리적 요인이 작용한다.

사회·경제적 요인은 산업사회의 발달에 따른 인간성 상실, 공해, 스트레스 등을 해소하기 위한 욕망으로서 일상으로부터의 탈피 욕구, 탈출 요구, 인간성 회복 욕구, 신분 상승 욕구 등을 들 수 있다.

그러나 관광은 관광 욕구가 있다고 해서 관광행동을 하는 것이 아니라 이동하고, 체재함으로써 관광이 성립되기 때문에 이동조건, 시간조건, 신체조건, 경제조건, 정보조건 등이 확보되어야 하며, 이러한 조건들은 관광행동의 척도가 된다.

2) 관광객체

관광객체(觀光客體)란 관광객을 만족시킬 수 있는 제(諸) 자원을 지칭하며, 관광객체를 관광 대상이라 표현하기도 한다. 관광 대상이란 관광객의 욕구를 충족시킬 수 있고, 관광객을 끌어들이는 매력이 있어야 하는데, 독특성과 유인성 등이 있어야 한다. 그러나 자원의 특성이 부족하더라도 아이디어와 투자가 활성화되면 관광목적지로 발전할 수 있다.

관광객체는 독특성과 유인성이 있어도 관광객이 목적지까지 이동할 수 있는 교통수단이 필요하며, 관광상품의 가치를 평가하는 기준이 되기도 한다.

> ■ **관광목적지의 기본조건(3A)**
>
> 관광목적지로 발전하기 위해서는 다양한 조건을 갖추어야 하지만 일반적으로 3A에서 접근하는 경향이 있다. 접근성(Accessibility), 수용(Accommodation), 자원 (Attractions)을 의미한다.

3) 관광매체

관광매체(觀光媒體)란 관광주체와 관광객체를 연결하는 역할을 하는데, 관광주체와 관광객체를 중개하는 기능적 역할을 하면서 영리활동을 목적으로 수익성을 추구하는 것이 일반적이다. 관광은 관광주체와 관광객체를 연결하는 매체가 그 역할을 하지 않는다면 관광행동이 이루어지기 어렵다. 관광매체는 관광객을 대상으로 하는 활동이라는 점에서 시간적·공간적·기능적 관점을 충족시키는 기능을 한다.

(1) 시간적 매체

시간적 매체에는 숙박시설과 식당, 휴게(休憩)시설 및 위락시설 등이 관광목적지의 기본요소가 되며, 소비자는 이러한 시설들의 가격이 적정한지 품질의 우수 여부를 판단하고 선택하기도 한다.

숙박시설에는 호텔, 모텔, 게스트하우스(guest house), 비앤비(B&B: Bed & Breakfast), 농장(farm house), 아파트먼트(apartment)호텔, 빌라(villas) 커티지(cottage) 콘도미니엄 (condominium), 리조트(resorts), 휴가촌(vacation village, holiday centers), 회의 및 전시 센터 (conference & exhibition centers), 캐러밴(touring caravan), 캠핑장(camping sites), 마리나(marinas) 등과 같은 다양한 시설이 있다.

(2) 공간적 매체

공간적 매체는 운송수단으로서 시간과 공간의 개념이 되며, 이용자들의 운송수단의 선택은 가격을 비롯하여 안정성, 속도, 운항 횟수 등을 중요한 요인으로 인식한다.

운송수단은 육상, 항공, 해상으로 구분할 수 있고, 철도, 전세버스, 자동차, 비행기, 선박 등이 중요한 선택요인이 되며, 운송수단이 그 역할을 하기 위해서는 기반 시설(infra-structure)인 도로, 철도, 공항, 항만, 주차장, 통신시설, 상·하수도 시설 등이 갖추어져야 한다. 또한 이동하고 체재하는 과정에서 숙박시설, 휴게시설, 안내시설, 식사시설 및 기타 여행과 관련된 시설 등이 필요하게 되는데, 이를 여행 관계시설(super-structure)이라고 한다.

(3) 기능적 매체

기능적 매체는 관광객의 관광활동을 촉진시키는 역할을 하며, 일반적으로 관광사업자의 진흥활동이 중심이 된다.

관광촉진기관의 대표적인 조직에는 정부, 지방자치단체, 민간단체 등이 있으며, 교통, 숙박, 관광자원, 여행관련 조직자 등과 같은 사업자들과 유기적인 협력을 하며, 목적지 마케팅 활동을 위해 DMO(Destination Marketing Organizer)의 활동을 중요하게 인식하고 있다.

■ DMO(Destination Marketing Organizer)

지역 내 관광공급자(여행·숙박·음식·쇼핑 등), 관광 관련 산업, 협회, 주민조직과 협력 연계망을 구축하여 당면한 지역관광의 현안을 해결하는 등 지역 관광산업 전반의 경영 또는 관리하는 법인으로서 지역관광에 대한 합의 및 조정을 이끌어내는 지역관광플랫폼 기능으로 관광사업 기획 및 계획, 관광홍보마케팅, 관광자원 관리, 관광산업 지원, 관광품질 관리 등의 기능을 수행한다.

관광촉진기관은 정부 관광기구(NTO: National Tourism Organization), 지방 관광기구(RTO: Regional Tourism Organization), 지역 관광기구(LTO: Local Tourism Organization), 관광협회(tourism associations) 등이 있다.

여행조직이란 여행을 촉진시키거나 여행에 참여하게 하는 조직으로서 여행도매업자(tour wholesalers), 여행 소매업자(retail travel agents), 투어 오퍼레이터(tour operators), 회의 조직자(conference organizers), 예약 대리점(booking agencies), 인센티브 여행 조직자(incentive travel organizers) 등이 있다.

◑ 관광산업의 상관관계

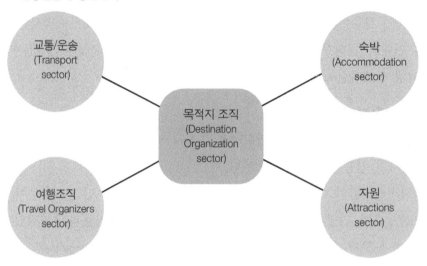

제3절　**관광의 수요와 공급**

1. 관광과 수요

사람은 사는 동안 무수히 많은 의사결정을 하게 된다. 이때 여러 가지 안(案)을 비교, 검토하여 최종적인 결정을 하게 되며, 어떠한 것이 중요한 가치가 있는지를 평가하게 된다. 가치란 어떤 행위나 사물의 상대적 중요성을 나타내는 척도(measure)이며, 측정하는 가치는 변할 수 있는 가변성(可變性)이 있다.

가치에 의해 판단되는 재화나 서비스는 구매 욕구가 있는 소비자에 의해 구체화되는 행위로서 이를 구매라고 하며, 구매행위는 수요자의 욕구나 욕망의 가치에 따라 이에 미치는 영향은 다양하다.

관광이란 관광객이 관광지를 찾는 이동 현상으로 인간의 활동이라고 할 수 있고, 사람이 관광하는 이유를 본능(本能)이라고 하는 견해는 오늘날에도 많은 지지를 받고 있다.

일반적으로 사람의 마음속에는 욕구와 동기가 있으며, 관광하려 하는 심리적 원동력을 관광욕구 또는 관광동기(觀光動機)라고 하며, 관광의 수요자 또는 소비자라 하고 이들이 모여 있는 집단은 수요시장을 형성하게 된다.

관광 수요시장(tourism demand market)이란 상품에 대하여 실제적 또는 잠재적 구매자의 집합을 말하며, 필요와 욕구가 있는 사람들로 구성되는데, 구매자(buyer)는 관광객 또는 여행자이다. 수요시장을 결정하는 요인은 다양하며, 학자들의 연구 동향은 다음과 같다.

❶ 수요시장의 분류

구분	내용	비고
머피(Murphy)	동기(사회적 · 문화적 · 물리적 · 환경적 동기), 인식(과거 체험 · 선호 · 소문), 기대(관광 이미지) 등	
미들턴(Middleton)	경제적 요인, 인구 통계적 요인, 지리적 요인, 사회 문화적 요인, 상대적 가격, 이동성, 정부 규제 요인, 대중매체 커뮤니케이션 등	
허드맨(Hudman)과 호킨스(Hawkins)	관광객 수, 여행 지출 경비, 체재 기간, 여행동기, 출발지, 여행 수단, 숙박수요, 선호 교통수단, 판매 형태, 사회경제적 특성, 이용 계절 등	

자료: Hudman, E. & D. E. Hawkins, "Tourism In Contemporary Society: An Introductive Test," New Jersey Persey: Prentice-Hall, 1989, p.188; 이홍윤, 지역관광개발을 위한 투자재원 조달방안에 관한 연구, 배재대학교 대학원 박사학위논문, 1999, p.24를 참조하여 작성함

학자들의 연구를 바탕으로 관광수요에 영향을 미치는 요인으로는 지리적 변수, 인구 · 통계적 변수, 경제적 변수, 사회 · 문화적 변수, 행동 · 분석적 변수로 시장의 특성을 구분하고자 한다. 최근 여행 경험이 많은 관광객들은 다양한 목적지를 선택하여 특별한 경험을 찾고자 하며, 방문할 곳에 대한 다양하고 특별한 정보를 요구하기도 하는데, 소비자의 욕구에 부응하는 적절하고 정확한 정보는 수요를 창출할 수 있으며, 수요시장을 결정하는 중요한 변수가 되고 있다.

❶ 관광수요 시장의 변수

구분	내용	비고
지리적 변수	입지, 지형, 기후, 경관(景觀), 동 · 식물 등	
인구 · 통계적 변수	인구수, 직업, 연령, 성별, 종교, 교육수준 등	
경제적 변수	소득수준, 비용, 다른 재화와의 상대가격, 경제구조, 경기 동향, 구매력 등	
사회 · 문화적 변수	교육수준, 여가시간, 사용 언어, 기반시설(infrastructure), 교통환경 등	
행동 · 분석적 변수	생활양식(life style), 태도, 사고방식, 소비자의 심리 등	

자료: 김사헌, 관광경제학, 경영문화원, 1985, pp.114-118을 참고하여 작성함

2. 관광과 공급

공급이란 생산자가 재화와 용역을 소비자에게 제공하고자 하는 의도를 말한다. 이러한 공급의 개념은 생산자가 판매하고자 하는 양과 판매가 가능한 양으로 구분할 수 있다.

공급은 사람들에게 제공하는 상품과 서비스의 제공 능력을 측정하는 기준이되기 때문에 공급시장을 이해하고 특성을 분류하는 것은 매우 중요하다고 할 수 있다.

관광 공급시장(tourism supply market)이란 상품의 판매자(seller)가 소비자에게 판매하기 위해 무엇인가를 소유하고 있는 집단을 의미하며, 대기업, 중·소기업, 개인도 포함된다.

관광 공급은 관광지가 실제적 또는 잠재적 구매자에게 제공할 수 있는 요소가 갖추어져야 하며, 관광객을 방문하도록 유도할 수 있는 자연적, 인문적 환경은 물론, 다양한 상품과 서비스를 갖추고 있는 범위를 포함하며, 수요시장과의 연계성까지도 고려해야 한다.

관광 공급은 관광객이 목적지까지의 이동을 가능하게 하는 교통수단뿐만 아니라 목적지에서의 체재, 위락 등 관광 활동을 할 수 있는 다양한 시설들이 제공되어야 한다. 공급자는 최적의 환경, 최고의 설비, 서비스를 상품화하는 것이고, 품질(品質) 향상과 공급량(量)의 확보는 관광객의 만족과 직결된다.

그러나 공급 요소들을 구비하고 개발하기 위해서는 경제적인 재원이 필요하며, 너무 많은 공급은 비경제적인 현상을 초래하게 되고, 반대로 적은 공급은 수요 부족의 사태가 발생하기 때문에 예상 수요에 맞는 적절한 공급을 하는 것이 매우 중요하다.

관광 공급시장은 폭넓게 분류되고 관광객에게 매력적인 상품으로 제공되어야하며, 다음과 같이 분류하고자 한다.

❶ 공급시장의 분류

구분	내용	비고
자연적 환경	지형, 기후, 공기, 동·식물, 수질, 해변, 경관(景觀) 등	
기반시설	공항, 철도, 항구 및 마리나, 도로 및 주차장, 상수도, 전기 및 통신시설 등	
교통수단	항공, 기차, 버스, 배, 택시 등	
숙박시설	숙박시설의 입지와 유형, 문화적 특성 등	
문화적 자원	박물관과 미술관, 축제, 쇼핑, 오락·유흥, 레저·스포츠 등	
환대서비스	친절성, 관광안내 등	

자료: Robert W. Mcintosh·Charles R. Goeldner·J. R. Brent Ritchie, Tourism(Principles, Practices, Philosophies), John Wiley & Sons, Inc., 1995, p.269를 참고하여 작성함

❶ 관광의 수요·공급 모델

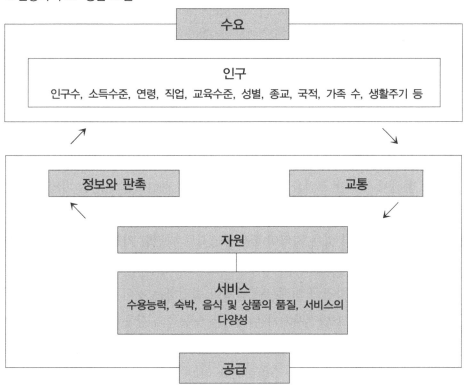

자료: Clare A. Gunn, Tourism Planning, Taylor and Francis, 1988

1) 자연적 환경

자연적(natural) 환경은 공급에 있어서 가장 중요한 역할을 하고 있으며, 입지적 특성이 강한 공급 요소이다. 여기에는 입지를 비롯하여 지형, 기후, 공기, 동·식

물, 수질, 해변, 자연의 아름다움, 식수, 위생 설비 등과 같은 것이 있다.

자연적 환경은 지역의 위치가 수요시장과 가까울수록 수요가 높다고 할 수 있는데, 이용자 중심의 지역은 이용자와 가까운 곳에 입지해야 하지만 이와 반대로 자연적인 아름다움을 갖추고 있으면 원거리라도 수요가 높을 수 있는데, 이는 교통수단의 활용 여부와 연관성이 높다.

■ 관광과 입지(立地)

드페르(J. Defert)는 『관광입지론』(1966년)에서 거리라는 것이 관광객에게는 심리적으로 영향을 줄 수 있기에 행동 요인이 된다고 하였다. 심리적 감가(心理的 減價)란 관광지의 거리가 멀수록 관광객에게 심리적(心理的) 부담으로 작용하여 상품의 가치를 떨어뜨릴 수 있다는 의미이며, 이러한 이유는 관광은 상품이 이동하는 것이 아니라 사람이 이동하기 때문이라고 하였다. 그러나 교통수단의 발달은 거리를 단축시키고 있으며, 관광객에게 주는 심리적 부담감을 감소시키기 위해 노력하고 있다.

관광 발전에 유리한 조건을 확보하기 위해서는 자연적인 환경을 다양한 방법으로 결합해야 하며, 중요한 요인으로는 계절의 변화와 여가선용에 대한 수요가 있다. 특히 연중 매력 있는 지역이라면 관광지로 발전할 가능성이 크다고 할 수 있다.

그러나 자연적인 환경에 의해서만 관광이 발전하는 것이 아니라 자연적 환경을 생산적인 상품으로 발전시키기 위해서는 노동력의 활용과 운영방법을 잘 활용해야 하며, 품질(quality)을 유지하는 것도 중요한데, 생태학적·환경적인 특성을 고려한 적절한 관리계획이 수립되어야 한다.

2) 기반 시설

기반 시설(infra structure)이란 지상, 지하에 건설이 되는 모든 구조물이다. 이러한 시설들은 많은 비용이 투자되어야 하고, 건설하기 위해서는 많은 시간이 소요되며, 시설의 확보 여부는 관광의 성패를 좌우하게 된다.

기반 시설의 경우 공항, 항만, 철도, 도로, 주차장, 공원, 조명시설, 마리나와 부두시설 등은 물론 상·하수도 시설, 가스, 전기·통신시설, 배수시설 등과 같은 시설은 필수적인 요소이다. 또한 숙박시설, 식당시설, 쇼핑센터, 오락 장소, 박물관, 상점 등과 같은 건축 시설이 있다.

(1) 공항

공항(airport)은 항공기, 항공노선과 더불어 항공수송의 핵심 요소라고 할 수 있다. 공항이란 항공기가 이·착륙을 할 수 있는 시설을 갖춘 공용 비행장으로서 명칭, 위치 및 구역을 지정, 고시한 것이다. 공항은 국제선 공항, 국내선 공항 그리고 정기노선을 제외한 항공기가 이용할 수 있는 일반비행장으로 구분할 수 있으며, 군용 비행장은 별도로 분류하고 있다.

(2) 항구

항구(港口)는 사용목적에 따라 상업항, 공업항, 어항, 군항 및 피난항으로 구분되며, 항구가 그 기능을 충분히 발휘하기 위해서는 여객 수 및 화물량에 맞도록 시설을 구축해야 한다. 항만(港灣: harbor)은 육상교통과 해상교통의 연계 역할을 하는 주요 시설로서 배가 운반하는 여객 또는 화물을 싣거나 내리며, 배의 항해에 필요한 연료, 식량, 식수 등을 보급하는 곳이다.

(3) 철도

철도(railway)는 철제의 궤도(軌道)로 기관차와 차량을 운행하여 여객과 화물을 운송하는 시설이며, 철도교통이라는 표현을 한다. 철도는 전용 노선을 이용하는 고속철도를 비롯하여 일정한 유도로(誘道路)에 따라 주행하는 지하철도(subway), 노면전차(tramway), 삭도(索道, rope-way), 모노레일(monorail), 케이블카(cable car), 부상철도(浮上 鐵道) 등의 모든 것을 총칭하고 있다.

(4) 도로

도로(road)는 기반 시설에서 중요한 역할을 하며, 사람이나 차가 다니는 길은 말한다. 도로는 인류와 함께 발달하여 왔으며, 현대의 자동차 시대에 필요한 고속도로에 이르기까지 지속적으로 발전되어 왔다. 관광에 있어서 자동차를 이용한 여행에서 도로의 이용이 보편화되었으며, 이용자들을 위한 도로 계획을 수립해 왔다.

자동차 여행이 많은 현대사회에서는 도로표지판도 중요하며, 도로표지를 하는 경우 방향과 거리를 표시하여 여행자에게 충분한 정보를 제공하고 있다. 특히 외국인 관광객이 많이 방문하는 국가, 지역은 도로표지를 방문객들이 많은 국가의 언어를 병행하여 표기하는 것이 바람직하다고 할 수 있다.

여행자들의 편의를 위해 관광안내소를 설치하고 지도(map) 등을 구비하기도 하며, 공원, 식탁을 비치하여 휴식 장소의 제공, 숙박과 음식, 주유소 등과 같은 정보를 제공하기도 한다.

3) 교통수단

관광은 거주지에서 목적지까지의 이동이라는 교통수단이 필요하고, 항공기를 비롯하여 자동차, 기차, 버스, 선박, 택시, 자동차, 모노레일, 삭도(索道) 등은 이용자들의 편의를 제공해 줄 수 있어야 한다.

이러한 교통 서비스는 안전해야 하며, 가격도 적정해야 한다. 특히 관광지에서의 관광 활동을 위한 도보교통(徒步交通)도 중요한 역할을 하고 있다는 인식이 필요하다.

(1) 항공기

항공기(航空機, aircraft)는 국제관광의 교통수단에서 중요한 위치를 차지하고 있다. 관광을 진흥 발전시키기 위해서는 항공사의 명칭, 운항횟수, 운항하는 기종 등은 항공교통의 특성을 평가하는 기준이 된다. 항공기가 운항하기 위해서는 공항의 시설도 충분해야 하며, 항공기 이용과 관련하여 출·입국하는 이용자를 위한 교통편과 화물의 탑재·하역을 위한 공간도 중요하다. 최근에 건설된 공항들은 이러한 문제들을 해결하는 데 역점을 두게 되었고 설계개선을 통해서 이용객들의 보행거리도 단축시켰으며, 비행기를 갈아타는 승객들을 위한 셔틀버스도 자주 운행하고 있다.

(2) 자동차

여행자를 위한 자동차는 넓은 차창과 에어컨, 안락한 의자, 화장실 시설을 갖추어야 하며, 스프링이나 기타 시설이 잘 설계되어 운행에 따르는 충격을 최소화하거나 충격을 주지 않아야 한다. 승객에게는 이어폰의 제공과 더불어 자국어(自國語)로 된 안내 서비스를 제공하면 주요 관광지에 대한 설명을 빠르고 쉽게 이해할 수 있다.

(3) 기차

사람들은 기차(train)여행을 선호하는 경우가 많다. 이는 다른 교통수단에 비해서 안전성과 편리성이 높으며, 냉·난방시설이 갖추어진 기차 안에서 경치를 내다볼 수 있는 안락함 때문이다. 고속열차의 등장은 여행자의 선호도를 증가시켰으며, 안내원을 고용함으로써 서비스의 가치를 더욱 높이고 있다.

(4) 선박

해상(海上) 여행은 관광의 중요한 부분이며 육상여행과 항공 여행의 발달과 더불어 여행 활성화에 많은 공헌을 하였고 순양(cruise), 화물선, 페리, 전세 보트, 요트, 거주용 배, 작은 가족 보트, 카누 등과 같은 종류가 있다. 순양(巡洋)과 같은 대형 선박은 편리한 부두가 필수적이고 승객들을 위해 육상 또는 항공 수송편의 연계 체계를 갖추어야 한다. 또한 작은 배들은 선창(dock)이 필요하고 해상에 진입할 수 있도록 선재·하역 램프도 갖추어야 한다. 전세 보트 운전자는 일기예보에 관심을 기울여야 하고 수리 서비스가 필요한 경우에는 이용할 수 있도록 준비를 갖추어야 한다. 전세 카누가 대중화된 곳에서는 운반과 픽업 서비스가 필요하며, 카누를 탄 사람들이 야영할 수 있는 지역이 있어야 한다.

(5) 택시

택시(taxi, cab)는 관광 시 관광객이 자주 이용하는 교통수단으로 항상 깨끗해야 한다. 택시 운전자는 좌석에서 내려 승객에게 문을 열어주고 택시에 짐 싣는 것을 도와주는 등 예의 바르게 행동해야 한다. 운전자가 다양한 언어를 구사할 수 있으면 바람직하며, 특히 관광이 그 나라 경제의 위치에서 중요하다면 외국어의 표현과 사용은 매우 중요하다.

4) 숙박시설

숙박(accommodation)시설은 특색 있는 환경을 창출할 수 있는 건축과 설계를 통해 품질을 확보해야 하는데, 관광객은 자기가 거주하고 있는 지역의 호텔보다는 지방의 특색 있는 풍경으로서 그 지역의 건축물들과 어울리게 설계된 숙박시설에 매력을 갖기 때문이다. 숙박시설의 유형에는 호텔을 비롯하여 한옥 호텔, 콘도미니엄, 펜션 등으로 다양하며, 시티 호텔, 커머셜(commercial) 호텔, 리조트 호텔, 온천 호텔, 카지노호텔, 아파트먼트 호텔 등 입지 및 특성에 따라서 분류하기도 한다.

관광을 성공적으로 발전시키려면 숙박시설이 충분히 마련되어 목적지에 도착한 여행자들의 수요를 충족시켜야 한다. 따라서 다른 어떤 개발보다 숙박시설의 건설이 선행되어야 한다.

호텔은 물리적 설비의 확보와 청결 상태, 서비스 등이 천차만별이지만 이용자들이 만족할 만한 수준에 도달해야 하며, 여행자들의 기대, 요구, 필요에 부응하는 물리적 설비, 가격의 차이, 위치, 서비스 등을 제공해야 한다. 만약 설비와 서비스 수준이 떨어지면 수요가 감소하게 되고, 관광에 많은 영향을 끼치게 된다.

많은 국가는 정부 또는 민간단체에서 이용자의 편의를 제공하기 위한 호텔 등급 제도를 시행하고 있으며, 시장에서 경쟁을 유도하여 서비스 수준의 향상을 도모하고 있다.

5) 문화적 자원

문화적 자원인 역사, 유적, 문학, 음악, 연극, 무용, 예술, 종교, 쇼핑, 스포츠 등은 관광객의 관광동기 및 관광 의욕을 고취시킬 수 있는 관광 대상이다. 문화적 자원들을 잘 활용한다면 관광수요를 창출할 수 있으며, 전통이 있고 고유한 축제, 놀이, 화려한 행렬 등도 중요한 상품이 될 수 있다.

(1) 박물관과 미술관

박물관(museum)은 다양한 학술자료를 수집, 연구, 진열하는 곳이며, 역사, 예술, 산업, 과학 등의 분야에서 보관할 만한 가치가 있다고 판단되는 자료들을 수집하여 전시해 놓은 장소이다. 박물관을 잘 활용하면 관광객을 유치할 수 있으며, 고유의 문화를 널리 홍보할 수 있는 좋은 계기가 된다.

미술관(art gallery)은 미술과 관련된 회화, 조각, 공예, 사진 등의 자료들을 수집하고 전시하는 곳으로 외국에서는 박물관에 포함하고 있다.

(2) 축제

축제(festival)는 개인 또는 집단에 특별한 의미가 있는 일 혹은 시간을 기념하는 일종의 의식을 의미하는 행사였다. 축제는 경제적 가치와 더불어 놀이 문화의 관점에서 주목받고 있고 관광객 유치에도 기여하고 있으며, 관람형 축제와 체험형 축제로 구분할 수 있다. 방문객을 유치하기 위해서 다양한 이벤트(events)를 개최하는 것도 효과적이며, 특별 프로그램을 마련하여 문화의 우수성과 즐거움을 제공하는 기회가 될 수 있다.

(3) 쇼핑

쇼핑(shopping)은 여행에 있어서 중요한 활동이며, 방문지에 대한 추억을 상기시킬 수 있는 중요한 요소이다. 구매하는 품목은 쇼핑하는 장소에 따라 차이가 있으나 면세점, 기념품점, 백화점, 전통시장 등과 같은 다양한 장소에서 발생된다.

여행자들은 토속적인 물품의 구매를 기대하는 경우가 높아 판매하는 상품의 신뢰성이 중요하며, 판매 과정에서도 상품의 진열(display)은 여행자들의 구매를 유도할 수 있는 좋은 방법이 된다.

쇼핑에 있어서 중요한 사항은 가격과 윤리적인 관행이다. 여행자들에게 현지 사람들보다 높은 가격으로 판매했을 경우 어떤 관광행동보다 더욱 분노하게 되는데, 쇼핑하는 여행자들은 다른 상점과 가격을 비교할 수도 있기 때문이다. 따라서 가능하면 판매가격은 다른 상점과 일치시키는 것이 좋다.

상점의 주인, 판매원은 상냥하고 예의가 있어야 하며 상품의 가치를 충분히 설명해야 하며, 상품의 역사에 대한 설명과 정보 제공은 정확하고 진실해야 한다. 따라서 판매원은 충분한 언어 구사 능력을 갖추어야 하며, 인내심과 이해심이 있어야 미래의 구매자를 확보할 수 있다.

(4) 오락 · 유흥

관광객이 목적지에서 즐기는 오락(娛樂: entertainment) · 유흥(遊興)은 관광행동을 유발할 수 있으며, 방문객들이 즐길 수 있는 오락 종류를 개발하기 위한 아이디어와 노력이 필요하다.

관광객의 관심을 끌 수 있는 음악, 춤, 연극, 시, 문학, 영화, TV, 축제(festival), 전시회, 쇼, 식음료 등은 고유한 문화적 특색이 있는 상품이 된다.

이러한 상품의 홍보를 위해서는 호텔, 리조트 등은 로비에 데스크를 설치하여 행사계획을 알릴 수 있으며, 유동 인구가 많은 지역에서는 게시판을 이용하여 행사를 공지하는 것도 좋은 방법이 된다.

(5) 레저 · 스포츠

레저 · 스포츠(leisure activity)는 휴일 등 남는 시간에 하는 모든 형식의 운동이라 할 수 있으며, 골프, 테니스, 서핑(surfing), 수영, 등산, 스키, 사냥, 낚시, 하이킹 등을 필요로 하는 사람들을 위하여 적당한 시설과 서비스가 필요하다. 현대인들은 정신적 · 신체적 건강, 사회적 활동을 중요하게 생각하고 있으며, 운동을 생활화하는 경향이 높아지고 있어 다양한 활동을 할 수 있도록 시설의 구비와 직정한 가격정책이 필요하다.

6) 환대서비스

(1) 친절

친절(kindness)은 예의와 친절, 진지한 관심, 방문객들에게 봉사하고 친해지려는 정신 그리고 따뜻하고 우정 어린 행동이다. 친절은 관광을 발전시킬 수 있는 원동력이 될 수 있으며, 사람들은 방문객들을 환영하고 친절히 대하는 태도가 필요하다. 특히 관광 분야 종사원들은 관광객에게 친절히 봉사하고자 하는 환대(歡待) 정신이 필수 조건이다.

방문객의 환영을 위해서 공항이나 항구와 같은 입국 지점에 환영 표지판이나 특별 환영 데스크를 설치하여 운영하는 것은 바람직한 활동이다.

(2) 관광안내

여행하는 사람에게 다양한 정보를 알려주고 설명하는 것을 관광안내(guide)라고 하며, 안내할 사람은 친절성과 예의를 갖추고 지식이 풍부해야 한다.

통역사(interpreter)는 언어가 통하지 않는 사람들에게 언어로 의사소통이 될 수 있도록 도와주는 일을 하며, 통역(通譯)업무는 주요 관광지에 대한 안내는 물론 버스가 정차하고 이동할 때마다 승객을 도와주는 일도 한다. 이러한 임무를 수행하기 위해서는 교육과 훈련이 필요하다.

관광을 안내할 사람은 기본적으로 용모를 단정히 하고 방문객에 대한 인사 예절을 갖추어야 하며, 다양한 정보를 습득하여 도움을 줄 수 있어야 하지만 무엇보다도 중요한 것은 친절하고 협조하려는 마음(mind)을 갖는 것이라고 하겠다.

많은 국가에서는 관광안내를 하기 위하여 자격제도를 도입하여 운영하고 있으며, 교육기관에서 높은 수준의 교과과정을 이수하도록 하고 있다. 교육내용은 역사학, 고고학, 민족학, 경제, 정치, 사회, 문화 등 전반적인 교육이 필요하며, 외국인 관광객을 위한 통역 안내는 언어의 구사 능력이 필수적인 자격조건이 된다.

참고문헌

김사헌, 관광경제학, 경영문화원, 1985.

김진섭, 관광사업론, 대왕사, 1994.

김천중, 관광정보론(관광정보와 인터넷), 대왕사, 1998.

손대현, 관광론(관광학 어떻게 볼 것인가), 일신사, 1993.

윤대순, 관광경영학원론, 백산출판사, 1997.

이흥윤, 지역관광개발을 위한 투자재원 조달방안에 관한 연구, 배재대학교 대학원 박사
　　학위논문, 1996.

정석중 외 8명, 관광학, 백산출판사, 1997.

채서묵, 관광사업개론요해, 백산출판사, 1993.

문화체육관광부, 2021년 관광동향에 관한 연차보고서, 2022.

Clare A. Gunn, Tourism Planning, Taylor and Francis, 1988.

Robert W. Mcintosh · Charles R. Goeldner · J. R. Brent Ritchie, Tourism(Principles, Practices,
　　Philosophies), John Wiley & Sons, Inc., 1995.

Wahab S., Tourism Management, Tourism International Press, 1975.

CHAPTER

관광과 정보

관광과 정보

제1절 **정보의 개념과 특성**

1. 정보의 개념

현대사회는 정보(情報)의 홍수 속에서 살고 있으며, 정보 또는 정보화라는 표현은 다양하게 사용되고 있으며, 생활 속의 일부분으로 정착되고 있고 활용 빈도도 높아지고 있다. 정보(information)라는 용어는 국내에서 1960년대 이후에 본격적으로 사용되기 시작하였으나 정보의 개념에 대해 일반사회와 학술적인 개념으로 사용하는 의미에는 차이가 있어 정의를 내리기가 어렵다.

일반적인 정보는 어떤 자료나 소식을 통하여 획득하는 지식이나 상태를 의미한다. 정보란 '무엇을 안다'는 것의 실체로 정의되고, '어떤 사상(事象)에 관한 메시지(message)로서 개인이나 조직의 의사결정 또는 행동을 위하여 사용될 수 있는 의미 있는 내용'이라 정의된다. 아울러 넓은 의미에서의 정보는 정보의 내용(의미), 표현양식, 전달 매체, 사용자, 가치, 처리 및 가공 등의 구성요소가 포함된다고 하였다.

정보의 중요성에 대해 매스컴을 통해서 보기도 하고, 듣기도 하며, 더 나아가 필요로 하는 정보를 검색하기도 한다. 정보는 근본적으로 인간이 생활을 영위(營爲)하는 데 필수 불가결한 것이 되었으며, 정보의 본질을 이해하기 위해서는 인간의 활동 과정에서 정보의 목적과 활용이라는 측면에서 이해할 필요성이 있다.

정보는 두 가지 관점에서 이해할 수 있다. 첫째는 알리는 행위가 목적으로 주어진 사실을 전달하는 것을 의미하며, 둘째는 알려지는 사실로서 구성된 형태 자체를 의미한다.

정보는 커뮤니케이션과 관련성이 높으며, 커뮤니케이션은 정보의 교환을 의미하고, 정보 교환이란 인간관계에 있어 상호작용을 하는 연속적인 순환과정에서 이루어지게 된다. 정보는 기업경영에 있어서 의사결정을 하기 위한 과정을 비롯하여 경영학, 경제학 등 다양한 분야에서 활용 가능하다고 할 수 있다. 따라서 정보의 공통적인 의미는 위험과 불확실성을 줄이고 필요한 어떤 사실을 알리며, 사실을 확인하여 의사결정에 도움이 된다. 유용한 정보의 가치는 교환적 의미뿐만 아니라 경제적 가치도 내포하게 된다.

▶ **정보의 개념**

정의자	내용	강조점
브렌턴 (Le Brenton)	특정 사실이나 상황에 관해 전달되거나 전달받은 지식이나 의사전달, 조사 또는 지시(指示)를 통하여 얻은 지식	일반적인 정의
켄트(Kent)	정보란 지식이며 조직이고 활동	일반적인 정의
벨(Bell)	특화(特化)시킨 목적에 대한 패턴인식이고 이것을 디자인한 판단의 체계로 된 지식과는 구별되는 것	인식론적 측면
샤논(Shannon)	어떤 형태 또는 사건에 대한 불확실성을 감소시키는 유형, 무형의 실체	의사결정 측면
데이비스 & 올슨 (Davis & Olson)	사용자에게 의미 있고 현재나 미래의 행동이나 결정을 위해 참으로 가치가 있을 것으로 판단되는 형태로 처리된 자료	의사결정 측면
맥도너 (McDonough)	특정 상황에 있어서 가치가 평가된 자료로써 문제해결에 유용한 것	의사결정 측면

자료: 이경환·전재완·이상훈·김승환, 경영정보시스템, 두남, 2003, p.39

2. 정보의 특성

정보가 존재하기 위해서는 실질적인 가치를 가져야 하고 의사결정에 유용한 자료를 제공해 줄 수 있어야 하며, 이러한 정보는 일련의 시스템에 의해서 순환되는 형태가 된다.

정보의 목적은 수혜자에게는 의미 있는 형태로 처리된 데이터이며, 현재 또는 미래의 결정이나 행동에 있어서 실제적이거나 인지적 가치를 갖는 것으로 정의된다. 따라서 정보시스템은 일반적으로 복잡한 자료를 간단, 명료하게 처리하기 위하여 사람이 필요로 하는 자료를 분석하여 이를 유용한 형태로 변형하여 직접적으로 활용하기 위한 수단으로 이용된다. 따라서 필요한 정보를 활용하기 위해서는 정보를 창출하기 위한 기본적인 자료(data)가 먼저 수반되어야 한다.

정보란 일정한 형태를 지닐 수도 없으며, 범위가 다양하여 제시하기가 어렵지만 일반적으로 다음과 같은 특성을 제시할 수 있다.

첫째, 시간성이다. 정보는 상황에 따른 자세한 소식이나 자료가 필요할 때 제공되어야 하는 특성이 있다.

둘째, 내용성이다. 정보는 시행착오가 없어야 하며, 상호 연관되어야 하고, 요구자가 요구하는 내용이 모두 제공되어야 한다.

셋째, 형태성이다. 정보는 이해하기 쉬운 형태를 갖추어야 하며, 다양한 매체를 통해서 제공되어야 한다.

넷째, 활용성이다. 정보란 사용자가 필요로 하는 시간과 내용, 형태에 따라 제공되어야만 하고, 기업의 경영자에게 내부적인 정보뿐만 아니라, 고객, 경쟁회사, 정치 및 경제 환경, 기술 등 외부적인 정보가 필요하며, 기업의 자원을 효과적으로 통제하고 활용하기 위한 것이다.

그러나 무분별한 정보는 사회와 인간관계에 악영향을 끼치기도 하는데, 정확하지 않은 정보는 사회적 혼란을 초래할 뿐만 아니라 개인 관계에도 치명적인 상황을 초래하기도 한다. 결국 정보는 진실과 거짓이라는 양면성이 존재하는 만큼 정확하고 신속하며, 선별된 정보를 활용하고 이용하는 것이 바람직한 방법이 될 수 있다.

관광정보의 개념과 역할

1. 관광정보의 개념

인간은 일상생활의 단조로움을 떠나서 새로운 변화를 추구하려는 욕구가 현실적으로 작용하게 되었고, 생활수준의 향상과 더불어 지적 수준과 미지(未知)의 세계에 대한 동경심이 생기게 되었다. 또한 가치관의 변화, 가처분(假處分)소득의 증대, 여가 시간의 증대, 교통수단의 발달 등으로 여행 및 관광을 즐기려고 하는 욕구가 증대하고 있다. 그러나 이러한 과정에서 여러 가지 문제에 직면하게 되는데, 관광정보는 이러한 여행자의 편의를 제공해 주는 중요한 역할을 하게 되었다.

관광정보의 효용성은 욕구를 자극하여 관광행동을 실행할 수 있도록 해주고, 관광 목적지의 접근이 가능하도록 관광 루트를 제공하며, 관련 상품에 대한 다양한 정보를 제공해 준다. 또한 관광행동에 있어서 관광자원의 보호 및 훼손을 방지시켜 주며, 관광객과 지역 주민들과의 갈등을 해소(解消)시켜 주는 역할도 한다.

관광정보는 관광객들의 목적지는 물론, 숙박, 교통편 등을 선택하는 데 필수적인 알림 사항으로 관광행동을 실행하는 데 도움을 주는 역할을 하고 있다. 이러한 정보들은 관광 욕구를 가진 관광객들이 관광시장에서 필요한 자료를 신속, 정확하게 수집할 수 있어야 하며, 이를 위해서는 지속적인 제공이 가능해야 한다.

관광정보는 관광객의 활동 영역이 다양해지고 복잡한 양상으로 변화되고 있어 목적지 의사결정 시간을 단축시켜 주게 되었다. 관광사업자는 정보매체의 중요성을 인식하게 되었으며, 정보의 효율적 관리가 필요하게 되었고, 자원과 노동력의 효율적 활용 가능, 시장점유율의 유지 및 확대, 미래상품 또는 서비스에 대한 시사점의 제공, 새로운 고객의 발견, 촉진 전략의 활용, 경쟁사에 대해 대처할 수 있는 전략이 될 수 있다.

관광시스템에서 다양한 정보의 제공은 관광 주체인 관광객과 관광 목적지까지 이동을 담당하는 교통수단, 관광 객체인 관광 대상(관광자원, 관광시설 및 서비스 등)을 연결하는 관광매체(팸플릿과 같은 매개물, 관광안내에 의한 정보제공)로서 관광객의 욕구나 동기를 충족시키는 역할을 한다.

관광정보에 대한 개념은 학자에 따라 다양한 관점에서 접근하고 있다. 따라서 관광정보란 정부 기관은 물론, 관광사업자들이 관광객에게 제공하는 유·무형의 모든 매체로서 관광 주체인 관광객의 관광 욕구를 자극하여 관광행동을 불러일으키게 하는 모든 자료로 정의하고자 한다.

▶ **관광정보에 대한 개념**

연구자	개념
교통개발연구원	관광 현상과 직·간접적으로 관련된 정보, 관광자와 관광자원·관광지·관광산업 등의 수요와 공급에 관한 통계자료와 제시된 자료의 분석 결과치로서 객관적으로 계량화된 모든 자료
김흥운	관광자의 목적 지향적인 행동에 요구되는 유익한 일체(一體)의 소식
박희석	관광자에게 관광환경과 관련된 관광 활동의 특정한 목적을 위하여 가치 있는 형태로 처리·가공된 자료나 정보원
이명진	관광객이 관광행동을 선택·결정하는 데 필요로 하는 정보를 제공할 목적으로 관광경험에 관한 정보를 수집하고 가치를 평가하여 이를 근거로 관광지와 관광지에서 여가활동에 대한 정확하고 유익한 정보를 제공하고 안내 및 해설을 통하여 관광자들의 만족 수준을 높임은 물론, 관광지의 관리도 용이하게 하는 것
최병길	국내외의 관광 관련업체에서 관광자 또는 여행자를 위해 제공되는 자료
황경진	관광 대상에 대하여 관광자의 관광 욕구 충족을 위한 관광행위의 수단으로서 관광자가 얻고자 하는 사전·사후의 총체적인 지식
김천중	관광자에게 관광 욕구를 충족시키고 관광행동 결정에 유익한 정보, 관광사업자와 관광기관에 관광수요와 공급 그리고 관광자 행동에 관한 가치 있는 정보
고석면	정부 기관은 물론, 관광사업자들이 관광객에게 제공하는 유·무형의 모든 매체로서 관광 주체인 관광객의 관광 욕구를 자극하여 관광행동을 불러일으키게 하는 모든 자료

자료: 김천중, 관광정보론, 대왕사, 1998, p.23을 참고하여 작성함

2. 관광정보의 역할

관광정보는 관광객이 의사결정을 하는 데 위험요인을 줄여주고 선택의 폭을 넓혀주는 역할을 하며, 관광에 필요한 다양한 정보를 제공함으로써 여행에 편의를 제공한다.

관광정보는 여행하도록 자극하고 여행 준비를 할 수 있도록 하는 것은 물론,

교통, 숙박, 음식, 관광지와 관련된 다양한 정보를 제공함으로써 여행계획 수립에 도움을 준다.

관광정보는 관광객의 입장과 정보 제공자 입장의 관점에서 그 중요성과 역할을 인식할 필요성이 있다. 관광객은 넓은 의미의 소비자이다. 이들이 여행하고 호텔에 숙박하고 식사하며 여행하는 이유를 기초로 해서 두 개의 그룹으로 관광객을 분류할 수 있는데 이는 상용여행과 위락여행이다.

상용 여행자(business travelers)란 업무를 수행하는 과정에서 여행하게 되는 것으로, 순수 관광목적은 아니지만 여행을 수반하는 경우가 많다.

위락 여행자(pleasure or leisure travelers)는 여행지에서 즐거움을 추구하고 피로를 풀고 새로운 곳을 방문하기 위해 여행을 한다. 관광행동의 대부분은 위락여행의 형태가 많으며, 친구나 친척을 방문하는 여행자들은 이러한 위락여행 형태의 그룹으로서 큰 집단을 형성한다. 위락 여행자들은 특별한 목적이 있는 경우가 많으며, 대학의 입학·졸업, 결혼 등을 기념하기 위해 여행하거나 질병의 치료나 특별한 목적을 갖고 여행하기도 한다.

따라서 대부분의 관광 조직자(tour organizer)들은 상품 판매, 상품기획 시 주로 상용여행과 위락여행에 초점을 맞추고 있으며, 수요자의 구매동기, 구매 결정과정을 이해하는 것은 효과적인 마케팅 활동이 주요한 기초가 된다.

관광정보는 관광과 관련하여 교통, 숙박, 음식, 관광지 등의 정보를 제공하여 욕구를 자극하여 관광 동기(動機)를 불러일으켜 관광행동에 옮길 수 있도록 하는 역할을 하게 된다.

관광정보는 관광객과 관광 대상을 연결하는 중요한 역할을 하며, 관광 동기가 주체적, 객체적인 동기 여부를 떠나서 관광정보는 기술의 발전과 더불어 발전하고 있으며, 그 중요성이 더욱더 확대되고 있다. 최근에는 온라인을 이용한 관광정보의 제공이 활성화되면서 관광산업의 영역 확대에도 많은 영향을 미치고 있다.

관광정보는 관광객들을 관광 대상이 소재한 지역사회로 유인하는 마케팅 도구 역할을 하며, 관광객들은 관광정보를 통해서 관광자원을 인지하고 이해하게 되며, 관광자원에 대한 역사, 문화, 사회적 배경과 가치를 전달하는 교육적 기능도 수행하고 있다. 일반적으로 관광객이 관광행동을 하는 요인은 주체적 동기와 객체적 동기로 구분할 수 있다.

1) 주체적 동기

주체적 동기(動機)란 관광객 행동이 자율적이고 개인의 주관적인 판단에 의한 의사결정이라고 할 수 있다. 그러나 주체적 동기는 개인적인 선호도, 종교심, 태도, 모방과 유행, 경제적 조건인 개인 소득, 친지 및 친척관계, 전시효과(demonstration effects), 광고 및 선전, 관광상품의 가격 등에 의해서 행동을 일으키게 하는 내적인 요인이다.

> ■ **전시효과**(demonstration effects)
> 소득이 증대하는 경우 개인의 소비지출은 소득의 크기에 따라 달라지는 것이 아니라 소득을 지출하는 사회의 평균 소비 수준이나 생활양식 등에 따라 많은 영향을 받는다.

2) 객체적 동기

객체적 동기란 관광객의 행동이 주체적인 의사결정보다는 타의나 기타 여러 요인에 의해서 관광행동을 불러일으키게 하는 것을 말한다.

객체적 동기는 다양한 요인들이 작용하게 되며, 자연·지리적, 정치적, 환경적, 정책·제도적 특성에 따라 관광행동을 하게 하는 촉진제의 역할을 하거나 장애요인으로 나타나게 한다.

▶ 객체적 동기

구분	동기 사례
자연·지리적 조건	기후, 날씨, 자원의 특성, 관광지까지의 거리 등
정치적 조건	정치 안정성, 여행 자유화의 범위 등
환경적 조건	관광시설, 친절한 태도와 같은 환대서비스 등
정책·제도적 조건	출입국 수속, 세관 통관 절차, 여행 장려(獎勵) 제도 등

제3절 관광정보의 분류와 형태

1. 관광정보의 분류

관광정보의 이용은 날로 증가하고 있으며, 관광객에게 관광정보를 제공하는 것은 매우 중요한 일이다. 이러한 현상으로 인하여 관광산업의 발전과 진흥에 크게 기여하고 있다. 관광객과 관광 대상을 연결하는 정보는 관광객이 관광지, 교통수단, 숙박시설 선택과 서비스, 여행 시기, 여행 기간 등의 지식과 이러한 요소들에 접근하는 방법을 알려주는 중요한 역할을 하기 때문이다.

정보에 대한 분류방식은 매우 다양하고 정보의 기준에 따라 특징이 있어 어느 하나만을 가지고 모든 정보를 수용하기에는 부족하므로 이들의 상호절충식 분류 방법이 가장 바람직하다고 할 수 있다. 정보의 분류에는 다음과 같은 몇 가지 원칙이 있다.

첫째, 관광정보는 이용자 지향이어야 한다. 정보는 이용자의 초점에 맞추어서 효과적인 제공이 가능해야 하며, 정보를 활용할 수 있어야 한다.

둘째, 정보 내용은 포괄적이어야 한다. 정보 항목은 이용자 측면에서 정보 내용이 누락되어서는 안 되며, 제공하는 정보 항목도 한 문제만을 집중하는 것이 아니라 모든 영역에 대한 항목이 수록되어야 한다는 것이다.

셋째, 정보분류의 영역은 명확해야 한다. 정보의 분류와 기준은 광범위하여 정보 이용자의 혼선을 방지하기 위해 분류영역은 명확해야 하고, 균형이 있어야 하며, 그 내용에 맞는 적절한 명칭을 사용해야 한다.

넷째, 이용자의 요구에 따라 정보 항목의 우선순위가 설정되어야 한다. 이용자가 필요로 하는 정보는 정확히 제공해야 하며, 이용자가 반드시 원하는 내용을 제공하는 것이 중요하다. 따라서 정보를 제공하는 과정에서 우선순위를 정하는 것이 필요하다.

다섯째, 관광정보의 제공은 상황적 정보 제공이 가능해야 한다. 정보는 상황에 따라 변화가 심하고 속도가 빠르기 때문에 적절한 상황적 정보를 제공할 수 있어야 한다.

▶ **관광정보의 분류**

분류기준	정보	특성
정보 주기	동태(動態) 정보	정보의 갱신 시기를 일간·주간·월간·연간 등으로 구분하는 정보
	정태(靜態) 정보	정보의 시기가 갱신될 수 없거나 그 정도가 약한 정보
제공방식	직접 정보	기업이나 기관에서 광고, 간행물을 통하여 관광객에게 의도적으로 전달하려는 정보, 관광행동을 자극하려는 목적의 정보
	간접 정보	친구·친지의 이야기, 시나 기행문 등의 일반문헌, 지리·역사·경제 등의 학습 자료와 잡지, 신문, 라디오, TV 등 대중매체를 통한 정보이며, 일반적으로 관광목적은 아니지만 관광객에게 영향을 미칠 수 있는 정보
이용 주체특성	공공기관 정보	관광정책 수립 및 결정에 필요한 공공기관에서 제공하는 정보
	학술정보	관광과 관련하여 학술적으로 이용할 수 있는 정보
	사업정보	사업운영과 관련되어 필요한 정보(고객정보, 경영정보 등)
	일반정보	이용자가 탐색하여 획득할 수 있는 정보(관광지 정보, 숙박 정보 등)
정보 소재지	국내 정보	국내의 관광과 관련된 전반적인 정보
	국외 정보	국외의 관광에 관한 전반적인 정보
관광객 지향성	관광객 지향정보	관광객을 위한 정보이며, 업체의 의도적인 메시지 구성을 의미함. 해설·안내 책자, 잡지 기사, 여행지도 등의 정보
	관광객 비(非) 지향정보	관광목적을 위해 제작되거나 유통되지 않으나 관광객에게 영향을 미칠 수 있는 형태의 정보
관광정보 내용	예약정보	교통편 예약, 숙박 예약, 식당 예약, 관광시설 및 휴양지 시설 예약, 여행예약, 각종 이벤트 입장권, 렌터카 관련 예약 및 취소 관련 정보 등
	가격 정보	교통 요금, 숙박 요금, 식사 요금, 관광지 입장 요금, 가격 할인 정보, 환율정보 등
	여행정보	관광지 정보, 문화유적, 자연경관, 이벤트 정보 등
	교통 정보	교통편과 관련된 정보로서 요금, 시간표, 소요 시간 및 관광지 내의 모든 교통 정보와 요금 등
	숙박 정보	숙박과 관련된 정보로서 위치, 브랜드, 등급, 시설 현황 등의 정보
	경험 정보	경험에 의한 관광 추천 관련 정보

자료: 김천중, 관광정보론, 대왕사, 2000, p.27; 한혜숙·유명희·김순호, 관광학개론, 한올출판사, 2010, p.299를 참고하여 작성함

2. 관광정보의 형태

1) 온라인 정보

온라인(on-line)이란 중앙처리장치와 단말기 간의 물리적, 전기적인 결합으로 인하여 데이터 등 관련 정보를 처리할 수 있는 것을 조건으로 한다. 현대사회의 특징인 지식정보화 사회로의 변화와 인터넷의 보급은 관광 목적지의 정보를 다양하게 제공하고 관광객을 유치하는 마케팅 도구로서 큰 역할을 담당하고 있다. 인터넷을 활용한 정보 수집이 대중화되고 있으며, 인터넷을 이용한 마케팅 커뮤니케이션의 중요 수단으로 등장하기도 하였다. 인터넷은 사용하기 쉽고, 전 세계의 정보에 대한 수집·검색이 가능하며, 이용자가 참여할 수 있는 쌍방향적인 개방형 네트워크라는 장점이 있으며, 매우 효과적인 정보제공 수단이라고 인식되고 있다.

새로운 정보전달 매체로서 온라인 정보는 기존 매체와는 다른 특성이 있으며, 정보서비스의 특성을 요약해 보면 다음과 같다.

첫째, 정보서비스 대상의 광범위성이다. 인터넷에 접근할 수 있는 시스템을 가진 전 세계인을 대상으로 정보서비스 제공이 가능하다.

둘째, 정보서비스의 제공은 시간 및 공간의 제약을 받지 않는다. 문자를 비롯한 동영상 및 음향 등 멀티미디어를 이용해서 정보를 전달할 수 있다. 따라서 시간 및 공간을 초월하여 정보를 이용자에게 제공할 수 있다.

셋째, 표적(target) 집단에 대한 접근이 용이하고 이용자 개개인에게 개별 서비스 제공이 가능하다. 이용자들의 관심 있는 정보와 내용을 파악하여 표적 집단을 선정할 수 있으며, 잠재적 고객인지도 판단할 수 있다.

넷째, 쌍방향 커뮤니케이션이 가능하다. 기존의 일방적인 정보제공 방식에서 쌍방향적인 관계로 전환시킨 계기가 되었다. 가상공간을 통해서 제공자와 이용자와의 교류작용이 가능하다.

다섯째, 비교적 저렴한 비용으로 정보서비스를 제공할 수 있다. 전 세계인을 대상으로 정보를 제공하는 측면에서 볼 때 기존의 정보매체보다 비교적 경제적이라고 할 수 있다.

여섯째, 이용자들에게 다양한 선택권을 제공한다. 기존의 대중매체(mass media)에서 제한된 선택권을 이용자에게 제공하는 반면, 이용자에게 많은 채널을 제공한다. 다양한 형식과 내용의 정보서비스가 제공됨으로써 이용자들에게 선택의 폭을 넓혀주고 욕구 충족의 기회를 확대시켜 주고 있다.

▶ 온라인 관광서비스의 요소

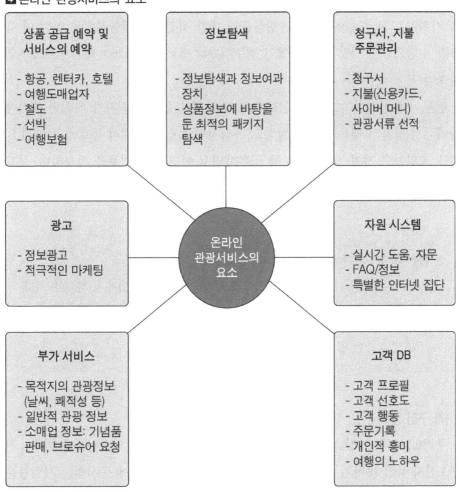

자료: Klaus WEIERMAIR(1998), *Threats and Opportunities of Information Technologies*, OECD-Korea Conference, Ministry of Culture & Tourism Korea, November 1998; 김향자 · 손정환, 관광안내정보시스템 구축방향, 한국문화관광연구원, 1999, p.28

2) 오프라인 정보

(1) 직접 체험정보

직접 체험정보는 관광과 관련된 정보를 취득하기 가장 좋은 방법이라 할 수 있는데, 관광객이 목적지를 선택, 결정하는 판단의 기회가 된다. 관광상품을 전문적으로 판매하는 여행업자 또는 사업자에게 시찰을 위한 초대 여행을 실행하여 자사(自社)의 상품을 홍보하고 보다 많이 판매하도록 할 수 있으며, 여행상품을 기획하는 데 도움이 된다. 관광상품에 대한 직접적인 체험지식을 얻는 데 유용한 수단으로는 시찰 초대 여행인 팸투어(FAM tour: Familiarization Tour)가 대표적인 사례이다.

팸투어에 참가한 여행업자나 보도(報道) 관계자 등은 주최자가 기획한 행사에 참여해서 상품의 내용 등을 시찰하고 목적지의 특징에 대해서 동료들과 함께 의견을 교환하고 자연스러운 정보를 공유하면서 여러 가지 기록을 작성하며, 보도(報道) 및 기사화를 하여 일반인들에게 제공하는 형태이다.

> ■ **팸투어**(FAM tour: Familiarization Tour)
>
> 관광상품을 제공·판매하려는 공급자(국가, 지방정부, 관광사업자 등)가 중심이 되어 여행업자, 언론 관계자 등을 초청해서 관광코스와 관광시설, 호텔, 교통편, 목적지 등의 상품내용 등을 시찰시키는 것으로 관광 행사 공급자(주최자)는 소요되는 경비 일체 또는 일부를 부담하는 것이 보편적이다.

(2) 구전 정보

구전(口傳)은 가장 영향력 있는 정보 형태의 하나이다. 일반인들은 가족·친구·친지 등을 통하여 유용한 정보를 얻을 수 있고, 관련업에 종사하는 사람들은 고객이나 다른 경로를 통해 구전 정보를 얻을 수 있다.

(3) 인쇄매체 정보

인쇄매체(printed media, 印刷媒體)란 휴대용 기기가 나오기 이전까지는 가장 강한 매체수단의 하나였다. 최근 들어 노트북의 보급과 스마트 폰의 등장으로 인하여 그 기능과 역할이 감소하고 있으나 일부 특정한 사안(事案)에 대해서는 높게 나타나는 경향이 있어 정보 가치의 평가 기준이 달라질 수도 있다. 일반적인 형태는 신문, 잡지, 카탈로그(catalog), 책자(pamphlet), 포스터(poster)를 비롯하여 관광안내 책자, 도로·교통 지도와 같은 서적이 있다.

제4절 관광정보의 기능과 발전

1. 관광정보의 기능

관광정보는 그동안 관광객이 관광 목적지, 호텔과 식당, 교통기관 등을 선택하고 의사결정을 지원하는 기능으로만 인식하였으나 관광환경이 변화하고 관광 욕구가 다양해짐에 따라 정보의 역할과 기능은 확대되고 있다.

관광은 사회적인 현상의 일부분으로 관광행위의 주체인 관광객(관광자), 관광행위의 대상인 관광자원, 이에 대한 매체 기업으로서 관광사업, 그리고 지역사회, 지방정부, 국가 간에 발생하는 총체적인 현상으로 본다면 관광을 둘러싼 직·간접적인 교류에 의해 발생하는 모든 관광정보는 변화하는 사회구조 및 가치관의 변화에 따라 더욱 다양하고 복잡해질 전망이다. 따라서 적절한 관광정보제공은 관광객의 관광 욕구를 더욱 자극할 수 있고, 관광객에게 효과적인 마케팅 수단이 될 수 있으며, 양질의 정보를 제공하는 기업은 고객을 확보할 수 있는 중요한 계기가 되고 있다.

관광정보의 기능은 관광객의 의사결정이라는 측면에서 볼 때, 중대한 영향을 미치는 직접적 기능과 의사결정 외의 다른 분야에도 영향을 미치는 간접적 기능이 있다.

1) 직접적 기능

관광정보는 관광객의 행동 시(時) 판단이나 예상의 자료가 됨으로써 의사결정에 따른 불확실성을 감소시켜 주고, 합리성과 신속성을 제공한다. 특히 관광객에게 관광욕구나 동기를 자극하여 잠재 관광수요를 창출하기도 한다.

2) 간접적 기능

관광기업이나 관련 기관들이 제공하는 관광정보의 효용은 관광객의 의사결정에 절대적인 영향을 미치는 것 이외에도 다양하다.

첫째, 관광정보는 관련 조직을 발전시킬 수 있다. 관광정보의 제공으로 인하여 관광수요를 창출하여 이윤을 증대시킬 수 있으며, 조직구성원의 업무능률의 활성화와 직무만족을 도모할 수 있다.

둘째, 관광정보는 관광사업의 경영합리화를 도모하고 경제 활성화에 기여할 수 있다. 관광정보는 잠재관광객들의 수요를 자극하여 관광을 창출하므로 경제의 활성화를 가져온다.

셋째, 관광정보는 관광자원의 훼손을 방지할 수 있다. 관광지를 방문하는 관광객에 대하여 정보를 제공하여 관광자원의 중요성과 자원의 보호 및 보존이라는 인식을 제고시킬 수 있다.

넷째, 관광지 주민들과의 갈등을 감소시킬 수 있다. 관광지 지역의 사정에 대한 이해를 제공하여 주민들과의 접촉을 통하여 소통함으로써 지역의 특성과 습관을 이해하여 사회적 신뢰를 구축할 수 있다.

2. 관광정보의 발전

관광이 대중화된 현상은 최근의 일이지만 이동이라는 전제조건을 관광의 핵심 요인으로 볼 때 관광의 기원은 생존을 목적으로 이동했던 고대(古代) 이전으로 돌아간다. 관광 발전에 있어서 관광의 본질을 추구하는 현대적인 의미의 현상은 일련의 발전과정의 현상에서 찾아볼 수 있다.

관광정보의 발전도 초기 관광산업의 발전단계에서 자연발생적이거나 사회계급과 관련된 현상에서 발생하였다고 할 수 있으며, 관광 업무의 대부분은 수(手)작업에 의해서 업무를 수행하였다.

관광산업이 태동하기 시작한 시대에는 관광상품을 고객에게 제공하는 과정에서 상품의 판매와 관리라는 차원에서 전산 기술이 도입되기 시작하였으며, 정보화 사회에서는 모든 분야에 걸쳐서 정보시스템의 도입이 보편화되면서 상품 판매는 물론, 원가절감, 생산성 향상, 관광객을 위한 편의 제공, 효율적인 고객관리가 가능하여 경쟁력 향상에 많은 도움을 주고 있다.

▶ **관광 발전에 따른 정보화 단계**

구분	Tour 시대	Tourism 시대	Mass/Social Tourism의 시대	New Tourism 시대
호텔	수작업에 의한 업무처리	• 1960년대 전산 서비스 대행사의 등장으로 관리부서 업무의 부분적인 전산화 • 1970년대 호텔경영정보시스템 출현 • 단순 회계업무 처리에 집중	• 항공사와 여행사의 연계시스템 구축 • 호텔 정보시스템의 통합화 추진 • 호텔관리자들의 능동적인 정보화 대응전략 수립 요구	• 통합시스템으로 발전 • 항공사, 여행사와의 연계를 통한 업무처리
여행사	수작업에 의한 업무처리	• 최초의 여행사 등장 • 컴퓨터를 활용한 예약시스템 시작 • 항공 예약과 고객관리업무를 주로 수행 • 정보시스템의 완전 활용이 아닌 정보화 초기 단계	• 정보수집 · 안내 · 관리를 위한 관광정보시스템 구축 • 호텔, 철도, 숙박 등의 예약 서비스 수행 • 여행보험, 숙박, 항공, 도로 등과 같은 관광정보 등의 서비스 시스템 구축	• 도매업(wholesaler)의 발전에 따른 ERP 구축 • OTA의 등장과 발전 • Smart up을 활용한 혁신적인 기업의 창업
항공사	수작업에 의한 업무처리	• 1960년대 전산기술 도입, 여행사로부터 받은 자료를 전산으로 처리하는 내부 관리 수준 • 미국: 항공사 반규제법(1978년)의 통과 이후 여행사, 항공사 간 정보통신망 연결	• 정보의 질적 · 양적 확대 • 항공 정보 외에 호텔 예약, 렌터카 정보, 목적지 관련 정보 등이 포함 • 빠른 속도의 첨단 정보시스템의 도입 및 운영	• 요구자에 의한 다양한 정보 제공 • GDS 시스템의 활성화 • 첨단 정보시스템의 가속화

주: ERP(Enterprise Resource Planning), GDS(Global Distribution System), OTA(Online Travel Agency)
자료: 이웅규, 한국 관광산업의 정보시스템 구축 방안에 관한 연구, 한양대 관광연구소, 관광연구논총, 제8집, 1996, p.105를 참조하여 작성함

특히 정보화 지수가 높은 국가에서는 잠재관광객들이 인터넷을 통해 관광정보를 입수하므로 다른 어떤 사업보다 관광산업에 있어 인터넷의 중요성은 높아진다고 하고 있다. 관광 분야에는 여러 종류의 시스템이 분야별로 개발 · 적용되어 왔다.

　　관광산업에 있어서 정보시스템의 급속한 발전은 정보의 다양화와 통합화 등 사회현상에 미치는 영향뿐 아니라 최종 사용자와의 직접적인 접속, 예약관리 등이 가능해졌다. 정보시스템의 발전으로 기업의 새로운 수익사업을 창출하는 긍정적인 측면과 수익의 감소를 초래하는 부정적인 측면이 함께 존재하는 상황이 발생함으로써 이에 대한 체계적이고 합리적인 방향을 설정해야 할 필요성이 있다.

　　최근에는 이러한 정보들을 효과적으로 활용하기 위하여 정보를 지식화하려는 경향이 높아지고 있고, 정보는 단순히 인지하는 것으로 끝나는 것이 아니라 경제적, 사회적으로 성취할 수 있도록 효과적인 측면에서 기존의 지식과 새로운 지식을 습득, 창출, 보급 그리고 활용하는 것이야말로 새로운 가치를 창조하는 것이라고 할 수 있다.

참고문헌

고석면, 관광정보론, 서연출판사, 2017.

김천중, 관광정보시스템, 대왕사, 2000.

김향자·손정환, 관광안내정보시스템 구축방향, 한국문화관광연구원, 1999.

남태희, 컴퓨터 과학총론, 21세기사, 2001.

이경환·전재완·이상훈·김승환, 경영정보시스템, 두남, 2003.

이웅규, 한국 관광산업의 정보시스템 구축 방안에 관한 연구, 한양대 관광연구소, 1996.

이웅규·김은희, 관광정보시스템론, 대왕사, 2010.

최기종·박상현·김영갑·문승일, 관광정보론, 백산출판사, 2011.

한혜숙·유명희·김순호, 관광학개론, 한올출판사, 2010.

CHAPTER

3

정보기술과
스마트관광

Chapter

3 정보기술과 스마트관광

1. 정보기술의 발전

정보기술은 정보의 수집, 처리, 분석, 보관, 분배 등에 관련된 방법 및 그 적용에 필요한 장치를 말하며, 컴퓨터·경영정보시스템(MIS: Management Information System)·위성통신·비디오 텍스트 및 컴퓨터 예약시스템(CRS: Computer Reservation System)의 발전으로 세계 각국은 정보를 이용한 상품판매가 가속화되고 있으며, 정보의 양은 급속도로 증가하고 있다.

소비자들은 시간(leisure)적 여유, 정보(information) 탐색의 증가, 문화(culture) 체험을 선호하게 되면서, 자유시간을 활용하기 위한 관광(Tourism)과 정보 탐색을 위한 정보통신(telecommunication), 이동의 증가에 의한 운송(transportation)산업이 부상하게 될 것이라는 전망을 하고 있다.

특히 정보기술은 기업의 경영, 국가관리 등 사회 전반에 걸쳐 막대한 영향력을 발휘하고 있으며 산업 환경을 변화시키는 전략적인 자원으로 부상하고 있다.

정보기술은 관리자의 의사결정을 위한 시간을 단축하고, 정보매체의 대중화 및 대량화에 따른 정보관리의 필요성, 자원과 노동력의 효율적 활용, 시장점유율의 유지 및 확대, 미래상품 또는 서비스에 대한 시사점의 제공, 새로운 고객의 발견, 촉진 전략의 활용, 경쟁사에 대처할 수 있는 전략이 될 수도 있다.

서비스 분야에서 정보기술(IT: Information Technology)의 사용은 때때로 목적에 부합되지 않는 것으로 인식되어 왔다. 이로 인하여 관광산업에서는 정보기술 적용이 타 산업부문보다 늦게 도입되었고 활용도를 낮게 평가하는 경향이 있어 왔는데, 이는 정보 등의 기계적인 환경을 도입하고 조성함으로써 인적 의존도가 높은 서비스업과는 맞지 않는다는 인식이 팽배하여 왔기 때문이다.

그러나 이러한 정보기술의 발전에 따른 정보시스템의 구축, 확대는 관광사업에 있어서 운영의 특성인 인적 요소의 중요성이 감소되어 서비스의 품질을 저하시킬 우려가 상존하고 있다고 하겠다.

관광산업에서 관광객과 숙박업을 중심으로 했던 전통적 구조에서 정보통신기술(ICT: Information and Communications Technology)의 등장으로 다양한 정보기술을 활용하여 마케팅 활동을 할 수 있는 계기가 조성되었다.

2. 정보기술과 관광환경

관광 상품은 일반 제품과는 달리 구매시점에서 직접 눈으로 확인할 수 없기 때문에 관광산업에서 정보가 차지하는 역할은 타 산업에 비해 중요하다고 할 수 있다. 더욱이 현대의 관광객은 여행경험이 풍부해짐에 따라, 보다 다양한 동기와 특별한 목적을 갖고 여행을 떠나기 때문에 기존의 정태(靜態)적 관광정보에는 만족하지 않고 이벤트, 문화행사를 비롯하여, 레저스포츠 등과 같은 동적(動的)이고 깊이 있는 정보를 요구하고 있다.

관광에서 교통수단의 변화가 관광산업 발전에 기여도가 높은 것처럼 최근 첨단 정보통신의 활용은 관광의 모습을 변화시키고 있다. 관광객들은 다양한 정보에 대한 욕구가 강해지고 지속적인 정보 탐색이 증가하고 있으며, 관광객은 필요로 하는 정보를 정확하고 신속하게 제공받기를 원하고 있다.

현대사회에 들어와 경제 규모가 확대되고 사무량이 증가하였으며, 고정비 등과 같은 비용의 상승, 경쟁의 가속화는 변화에 적응하고 효율성 있는 시스템을 도입할 필요성이 제기되었다.

따라서 소비자의 욕구에 부응하기 위해서 관광사업들은 정보기술을 도입, 활용한다면 차별화된 서비스가 가능하고 업무의 효율성을 높이고 생산성을 향상할 수 있다는 인식이 확대되었고 다양한 시스템 개발을 하게 되었다.

▣ 정보기술과 관광산업의 구조

As Is:
관광객과 숙박업 중심의 복잡한 구조

To Be:
정보기술 중심의 효율적 구조

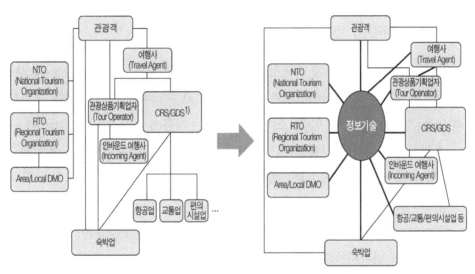

주: 1) CRS(Computer Reservation System), GDS(Global Distribution System)
자료: 최자은, 스마트관광의 추진 현황 및 과제, 한국문화관광연구원, 2013, p.99

관광객은 물론 다양한 정보 등을 활용할 수 있는 체계가 구축되면서, 관광 주체와 관광 매체, 관광 객체의 환경에 많은 영향을 끼치고 있다. 스마트 기기를 활용한 스마트관광객의 등장과 네트워크 구축을 통한 산업구조 변화는 물론 이를 활용한 새로운 비즈니스 모델을 창출하는 기회도 탄생하게 되었다.

전통적으로 관광산업은 정보기술 발달의 영향을 가장 많이 받는 산업이라 할 수 있으며, 관광산업은 서비스를 창출하는 과정에서 1, 2, 3차 산업과의 연관성이 높으며, 매우 광범위한 비즈니스 구조를 가지고 있다.

그동안 관광객과 숙박업 중심의 복잡한 전통적 관광산업구조에서 정보 통신 기술(ICT: Information and Communications Technology)을 중심으로 관광객, 관광매체, 관광객체 관련기관 등을 연결하는 형태로 구성되어 가고 있다.

제2절   스마트 시대와 관광

1. 스마트관광의 개념

스마트(smart)라는 용어에 대해서 명확한 정의를 내린다는 것이 쉽지는 않으나 정보의 축적과 검색이 이루어지면서 정보를 읽고 처리하여 검색 결과를 출력할 수 있는 것이라고 할 수 있다. 스마트의 의미는 제품의 특성, 기술, 서비스에 대해 가시성을 도출하여 상품구매를 높이며, 사람들에게 삶의 편의성을 획기적으로 개선시켜 주는 역할을 하고 있다.

정보기술의 발전으로 인한 여행자의 증가는 관광에도 그 변화의 양상이 나타나게 되었고 이러한 혁신의 시장에 등장한 하나의 솔루션(solution)이 스마트관광이다. 세계의 관광시장은 이제 타 산업과의 융합(融合)적 비즈니스를 통해 단독시장에서 복합시장으로 변화해 가고 있고 관광에도 미치는 영향이 크고 그 파급효과가 점차 높아지고 있다.

▶ 스마트의 개념

구분	정의
위키백과	스마트 기기는 기능이 제한되어 있지 않고 응용 프로그램을 통해 상당 부분 기능을 변경하거나 확장할 수 있는 제품
정재영(2011)	스마트는 IT 혁신, 사람들의 인식 변화, 정보기술(IT)과 융·복합된 새로운 삶의 공간, 컨버전스(convergence)를 포괄한 개념
최계영 외 (2011)	스마트 폰의 등장 이후 본격화되고 있는 정보통신 기술(ICT) 부문의 변화, 특히 모바일을 중심으로 인터넷의 잠재성이 본격화되는 시대

자료: 최자은, 스마트관광의 관련 기술 동향 및 현황, 2013, p.29

스마트관광이란 스마트(smart)와 관광(觀光)의 합성어로서 방문하고자 하는 목적지의 다양한 현지 정보를 획득하고 의사소통과 같은 문제를 스마트 폰(smart phone)과 모바일(mobile) 기술을 이용해서 관광을 해결해 가는 것을 의미한다고 정의할 수 있다.

스마트관광이란 유 투어리즘(U-tourism)과 디지털 투어(digital tour)의 의미를 포괄한 개념으로 정보통신 기술(ICT: Information and Communications Technology)을 기반으로 한 집단의 커뮤니케이션, 위치기반 서비스를 통해 관광객에게 실시간, 맞춤형 정보서비스를 제공하는 것을 의미한다.

스마트관광과 유사한 개념에는 유 투어리즘(U-tourism), 디지털 투어리즘(digital tourism)이 있다. 유 투어리즘은 유비쿼터스(ubiquitous) 기술이 관광에 적용되어 관광객에게 유용한 정보를 제공하는 서비스를 의미하며, 디지털 투어리즘은 관광객의 경험 전·관광 도중·관광 종료 후의 활동에 대한 지원을 의미한다.

2. 스마트관광 시대

해외여행 자유화 정책은 관광산업 분야의 온라인 전자 거래시장을 활성화하는 계기가 되었다고 할 수 있다. 한국 관광의 역사에서 1980년대는 외래객을 유치하기 위한 관광 진흥정책과 함께 우리나라 국민의 국민관광 발전을 위한 여러 가지 정책이 활발히 추진되었던 시기이다. 특히 관광의 대중화 촉진으로 국내관광뿐만 아니라 여가시간 증대, 소득수준의 향상 등은 해외여행에 대한 동경심과 욕구 분출로 인하여 해외여행에 대한 정부의 정책적 변화가 필요하게 되었다.

정부에서도 대외적인 이미지 개선의 필요성과 극히 제한되었던 해외여행의 단계적 완화를 위한 정책의 변화가 불가피하게 되었으며, 국민 생활의 불편을 완화시키기 위해서 통행금지를 해제(1982년 1월 5일)하였다.

특히 국민의 해외여행 완화를 위한 국외여행 자유화 정책을 발표(1981년 6월 19일)하게 되었으며, 해외여행을 단계적으로 완화하기 위한 정책이었다. 이러한 조치는 대학생들의 단기 해외연수(1981년 7월 1일), 친지 초청에 의한 해외여행(1982년 7월 1일)의 자유화, 관광목적의 해외여행 자유화(1983년 1월 5일)로 이어지게 되었다.

해외여행의 정책은 연령(年齡)을 확대하는 방법을 통해서 자유화하게 되었고, 연령 제한을 완전히 철폐(1989년 1월 1일)하였다. 이를 계기로 국외 여행자 수는 급격히 증가하게 되었다.

■ **해외(국외)여행 자유화**

해외여행의 연령을 50세 이상으로 규정하였고, 해외여행을 위해서 1년간 예치(관광목적: 200만 원, 방문 목적: 100만 원)하도록 하는 제한이 있었지만, 관광목적의 자유화라는 차원에서 역사적 의의가 크다고 할 수 있으며, 이 예치금 제도는 폐지(1987년)되었다.

해외여행은 단계적으로 연령을 완화하였으며, 45세 이상(1987년 9월 1일), 40세 이상(1988년 1월), 30세 이상(1988년 7월 1일), 완전 자유화(1989년 1월 1일)로 이어지게 되었다.

스마트관광 시대는 관광에 영향을 미치는 중요성이 언급되었고 스마트 폰을 활용한 관광 서비스를 개발하기 위한 기본 목표로 시작되었다고 할 수 있다. 이러한 개념이 점차 확대되면서 스마트관광은 단순한 스마트 폰의 활용이라는 서비스를 넘어서 관광산업에서도 정보기술(IT: Information Technology)의 활용과 서비스 개발이 확대되었다.

▶ **스마트 시대의 관광환경**

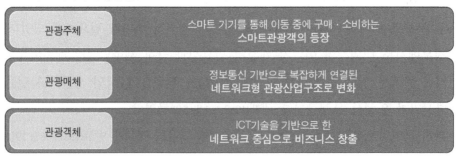

관광주체	스마트 기기를 통해 이동 중에 구매·소비하는 스마트관광객의 등장
관광매체	정보통신 기반으로 복잡하게 연결된 네트워크형 관광산업구조로 변화
관광객체	ICT기술을 기반으로 한 네트워크 중심으로 비즈니스 창출

자료: 최자은, 스마트관광의 추진 현황 및 과제, 한국문화관광연구원, 2013, p.99

3. 스마트관광 현황

스마트관광은 여행자와 공급자의 관점인 수요와 공급의 관점에서 이해해야 한다. 여행자는 여행하기 전에 정보를 수집하고 여정(Itinerary)을 작성하며, 사전 예약, 여행지 이동 및 방문, 관광지 해설 등 일반적인 절차에 의해서 진행하여 여행을 경험한다.

여행자들은 그동안 정보를 책, 친구, 온라인 등에서 사전(事前)에 습득하는 것이 대부분의 방법이었으나, 스마트관광의 보급으로 인하여 필요한 정보를 현장에서 실시간으로 습득할 수 있게 되었고, 정보 내용도 최신성과 집단 평가된 정보를 실시간으로 받을 수 있게 된 것이다.

또한 여행의 일정도 원하는 목적지를 선택하면 위치, 교통, 식사 장소, 관람 시간과 요금 등을 고려하여 일정표를 여러 형태로 만들 수 있게 되었다.

스마트관광을 위한 노력을 시작한 곳은 스위스(2005년)라고 할 수 있다. 스위스는 주요 관광지의 전자 지도와 오디오 안내를 제작하고 무료로 배포하여 활용하게 한 것이며, 민간기업이 안내기기를 서비스하는 순환적 스마트관광을 구축하였다. 유럽 대부분의 국가는 관광산업이 발달하였으나 정보기술(IT)을 활용하는 관광산업에는 많은 투자를 하지 않았다. 그러나 프랑스에서 주요 관광지에 대한 국가 차원의 온라인 마케팅을 전개하고 콘텐츠를 표준화하여 스마트관광을 위한 관광지역 거버넌스(Governance)를 구축하였다.

■ **거버넌스(Governance)**

거버넌스(Governance)란 해당 분야의 여러 업무를 관리하기 위해 정치·경제 및 행정적 권한을 행사하는 국정 관리 체계를 의미한다. 최근에는 회사와 관련된 관계자들의 이해를 조정하고 의사결정을 하는 기업 거버넌스, 조직의 정보기술이 조직의 전략과 목표를 유지하고 사용·통제하는 업무 프로세스나 조직 구조를 나타내는 정보기술 거버넌스(IT 거버넌스) 등 세세하게 분류하여 사용하고 있다.

우리나라의 경우 스마트관광에 대한 관심은 해외 관광선진국과 비교해도 매

우 높은 수준이며, 과거 연령과 계층에 따라 스마트 폰의 사용에 대한 제약성이
많이 있었으나 스마트 폰의 보급이 높아졌고 연령과 남녀의 구분 없이 관광과
관련해서 사용하고 있으며, 관광정보는 멀티미디어의 활용비율이 높다.

국내의 스마트관광 앱(application)의 대부분은 국가 수도하에 개발된 시범형 서
비스가 많고 민간기업이 관광산업과 관련해서 개발한 비율은 매우 적은 편이다.

해외시장의 앱은 일반적으로 전문화되고 그 범위가 특정 관광 서비스로 국한되어
있지만 전자 지도를 활용하여 일정을 작성하고 여행하는 여행 시나리오를 작성한
다. 또한 여행 계획에 있어서 SNS를 통해 주로 여행정보를 추천받기도 하며, 경험자
들의 경험을 위주로 한 정보를 주로 활용하며, 평가정보를 주로 이용한다.

여행자들은 관광정보를 다양한 앱을 통해서 획득, 활용하고 있으며, 향후에는
더욱더 증가할 것으로 예상된다. 따라서 관광산업의 거래도 온라인(on-line)을 활
용하는 시장으로 변화한다는 것을 알 수 있다.

제3절 스마트 시대의 관광사업

1. 여행 관련 사업

오늘날 우리는 인터넷이나 모바일을 통해 여행상품을 선택하거나 여행 일정을
추천받거나 관광지나 관광시설에서 관광정보를 얻고자 할 때 인공 지능(AI: Artificial
Intelligence)의 도움을 받곤 한다.

인공 지능(AI)은 1950년대 엘런 튜링(Alan Turing)이 기계가 인간처럼 생각할 수
있는가를 시험하는 튜링 테스트(turing test)에서 시작되었다. 오늘날 우리가 본격
적으로 관심을 가진 계기는 인간과 AI의 대결을 가능케 한 '알파고'의 등장(2016
년)이었으며, 미래 사회를 주도할 유망 기술 중 하나로 발전하고 있다.

관광객이 교통편, 관광지, 숙박, 식당 등을 검색하고 이동이라는 현상은 인간
의 기본적인 활동이다. 관광객은 관광사업이 생산하는 관광상품을 구매하고 이

용하는 일련의 과정을 거쳐서 관광행동이 이루어지게 되는 것이다.

여행업도 단순히 알선에 머물러 있었던 시기에 여행상품의 유통체계는 의미가 없다고 인식하였다. 그러나 여행상품의 생산이 전문화되고 여행상품의 생산자와 소비자와의 관념적·지리적·시간적 간격(gap)이 커지게 되자 이를 극복하기 위한 생산·유통·소비과정의 분업화가 필요하게 되었으며, 유통기구들이 그 역할과 기능을 수행하게 되었다.

정보기술의 발전으로 인한 전자상거래는 상품유통 분야에 커다란 변화를 가져오고 있다. 관광 분야에도 온라인 여행사(OTA: Online Travel Agency)의 등장과 발전으로 인하여 유통시스템에 획기적인 변화가 발생되고 있다.

정보통신 기술의 발전으로 다양한 산업들이 유사 영역과 접목되는 융·복합 시대가 되었고, 새로운 패러다임으로 전환되고 있으며, 관광 벤처사업이 등장한다. 정보화 시대가 되면서 전통적인 관광사업에 정보통신 기술(ICT: Information and Communications Technology), 문화예술, 스포츠·레저 등 다양한 산업분야의 기술이나 서비스를 창의적으로 융합한 관광을 말하고 있다.

기술 발전으로 인해 나타나고 있는 트렌드로 '여행 플랫폼 비즈니스의 성장과 관광 지형 변화'를 꼽을 수 있다. 여행 서비스 유통구조는 여행 플랫폼 기반으로 급속하게 변화하고 있는데, 이는 관광객들의 소비 트렌드의 변화뿐 아니라 관광산업 지형에도 대대적인 변화가 예견되었다. 정보 획득 경로가 지인(知人) 및 온라인 중심으로 전환되고 있음을 알 수 있는데, 참고한 인터넷사이트 및 모바일 앱 유형을 살펴보면, 포털 사이트뿐 아니라, 여행 관련 블로그, SNS, 동영상 응답률도 상당히 높게 나타난다. 이는 다른 여행객이 생산한 여행정보를 여행 준비 및 실행 과정에서 적극 활용하고 있음을 보여준다.

여행 플랫폼 비즈니스와 함께 나타난 새로운 변화는 여행객이 소비자에서 생산하는 소비자인 프로슈머(prosumer: produce+consumer)로 변화하고 있다는 점이다.

여행객의 측면에서 여행 플랫폼 비즈니스는 똑똑한 소비자의 등장이라는 사회 문화 트렌드와 맞물리면서 성장하고 있는데, 한편으로 플랫폼 비즈니스의 성장에 따라 FIT 여행의 증가, 모바일 플랫폼을 이용하여 정보 탐색, 상품예약, 경험을 공유하고 소비하는 여행행태 변화가 더욱 가속화될 것으로 전망되고 있다. 이는 소비자의 욕구에 맞는 소비자가 원하는 사업을 제공할 수밖에 없다는 것을 의미한다.

여행 플랫폼 비즈니스는 전통적인 여행업의 범주를 벗어나 여행상품 생태계의 큰 지각변동을 야기하고 있다. 플랫폼 기업 중 숙박부문에서는 규모의 경제와 편리한 접근성을 강점으로 글로벌 OTA의 시장 장악력이 커지고 있으며, 여행정보 유통구조에 있어서도 페이스북, 구글, 인스타그램 등 글로벌 플랫폼의 영향력이 커지고 있다.

2. 숙박 관련 사업

여행의 주요 테마로 숙박과 음식이 매우 중요하다. 여행에서 관광지를 찾아다니고 감상하고 그 감동을 기록하는 것이 주된 여행의 목적이지만, 우리의 평소 생활이 관광으로 연장되는 것을 무시할 수는 없으며, 다른 공간에서의 생활이라는 것이다. 먹고 편히 휴식을 취할 수 있는 곳에 대한 만족도가 여행의 만족도를 좌우할 수 있으므로 매우 중요한 의미가 있다. 숙박(accommodation)은 스마트관광을 활용하는 서비스를 예상해 볼 수 있으며, 스마트관광 시대에 제공할 수 있는 것 중의 하나이다. 자체의 예약서비스도 중요하지만 숙박하는 장소에서 출발하여 다시 숙박지로 돌아오는 일정이 반복된다면 주변의 교통편, 교통수단 등과 연계된 서비스를 고려한다면 여행 일정에 많은 도움이 될 수 있다.

여행 패턴이 개별여행자를 위해서 온라인 거래가 활발히 이루어지고 있으나 개별 여행시장의 확대에 따른 다양한 테마형 숙박시설이 필요하다. 숙박시설은 단순히 쉬는 곳이 아니라 국가의 문화를 체험할 수 있는 문화적 가치가 높은 것으로 일본의 경우 국가 표준화 서비스를 통해 료칸(Ryokan)을 적극적으로 홍보하는 마케팅 전략을 추구하고 있는 것은 대표적인 사례이다. 영국은 시유지(市有地)에 캐러밴과 캠핑을 이용한 숙박지를 운영하고 있으며, 개별여행자에게 도심에서의 체험을 통해 도시의 아름다움을 새롭게 인식시키는 창조형 숙박시설을 운영하여 이미지 개선에 노력하고 있다.

한국문화의 체험은 중요한 관광상품으로서 한국의 문화를 직접 알릴 수 있는 게스트하우스(guest house)의 발전이라고 할 수 있지만, 한옥 호텔도 잘 활용하여 한국의 문화를 체험할 수 있는 계기를 조성해야 할 것이다.

3. 음식 관련 사업

인류의 탄생과 함께 세계는 나라와 지역의 생활문화를 토대로 식문화가 발전하였다. 관광 또는 여행에 있어서 다른 나라의 음식 문화를 알고 이해하는 것도 매우 중요한 인간의 심리이기도 하며, 관광행동의 척도가 되기도 한다. 특히 관광은 새로운 욕구와 동기를 충족하려고 하는 심리적인 과정이며, 외부에서 다양한 문화를 접할 수 있어 가장 기본적으로 다루어져야 할 분야이기도 하다.

국가 간의 교류가 활발해지면서 타 문화에 대한 이질성(異質性)을 체험하며, 식사와 문화 등을 이해하려는 욕구 및 동기가 증가되면서 관광지 내지는 체재지에서의 생활환경에 대한 동경심과 문화 이질감(異質感)을 직접 체험하려는 여행자들이 증가하고 있다.

한국 음식(K-food)은 유구한 역사와 전통이 있으며, 브랜드 인지도를 높일 수 있다. 음식을 조리하는 재료의 특성과 효능, 지역생산지를 함께 소개하는 스토리텔링은 한국 음식의 마케팅 범위를 확대하기 위한 좋은 계기가 되며, 지역관광과 연계된 코스도 개발되어 지역관광을 발전시킬 수 있다.

아시아 지역의 국가들은 음식관광(food travel)을 다양한 매체를 활용한 거리 음식(street food)으로 소개하면서 인기 관광상품이 되고 있다. 먹는 것이 즐거우면 여행도 더 행복해진다는 표어(slogan) 아래 거리 음식을 관광객이 즐길 수 있는 음식이라고 소개하여 외국인들에게 흥미롭고 다양한 소재의 음식을 재미있는 관광 형태로 발전시켜 좋은 반응을 얻고 있는 사례이다.

여행자들이 쉽게 접근이 가능한 음식 여행(food travel) 플랫폼을 통해 음식 콘텐츠와 국내 레스토랑을 연계할 수 있는 사업을 확충한다면 관광수요를 창출할 수 있는 새로운 관광시장이 될 것이다.

4. 콘텐츠 관련 사업

스마트관광을 위한 콘텐츠는 관광정보의 표준화 및 체계화의 관점에서 중요한 의미가 있다. 관광정보의 대부분은 한국관광공사(KTO: Korea Tourism Organization)의 정보를 이용하고 있으며, 한국관광공사는 스마트 투어가이드 플랫폼을 발표(2013년)하였고 민간 산업에서도 스마트관광 서비스를 개발할 수 있는 환경을 구축하였다. 그러나 한국관광공사의 관광DB는 단일 목적의 서비스에 기초를 두고 있어 실제 스마트관광의 형태로 활용하는 것은 매우 어려운 실정이라고 한다.

스마트관광은 관광정보를 활용하여 여행자 요구에 맞는 서비스를 개발하고 그에 따른 소프트웨어를 개발하는 것이다. 관광정보는 많은 기업이 보유하고 있으며, 이를 토대로 자신들이 연구한 방향의 스마트관광 서비스를 개발할 수 있다.

여행자들의 이동, 인식, 스토리텔링, 콘텐츠 구축 서비스를 위한 플랫폼(platform)을 개발(스마트 쇼핑, 스마트 푸드, 스마트 안내)하고, 여행자들의 시나리오에 맞추는 맞춤형 스토리텔링을 완성하여 만드는 스토리텔링 콘텐츠 DB를 구축하는 것이 필요하다.

대다수의 인식은 전통적인 관광산업의 비즈니스 모델을 가지고 새로운 비즈니스 영역을 확대하는 것은 경쟁력 차원에서 부족하다고 인식하고 있다. 따라서 스마트관광 시대의 관광발전을 위해서 공공과 민간이 거버넌스(governance)를 구성하여 핵심 역량을 키우고 관광산업의 발전을 위한 토대를 마련해야 한다.

정책적으로 국내 관광산업이 해외 진출을 하기 위한 가장 좋은 방법은 스마트관광의 플랫폼을 활용해서 해외시장 진출을 도모하는 것도 고려해야 할 요인이 된다.

| 제4절 | 스마트관광 시대의 과제와 전망 |

1. 스마트 환경 조성

스마트관광을 준비하기 위해서 가장 중요한 것은 현재 보유하고 있는 관광 콘텐츠를 스마트관광 서비스에 활용 가능한 환경을 구축하는 것이다. 블록형 데이터, 관광정보의 정형화, 콘텐츠 데이터베이스 구축과정을 거쳐 개방형 플랫폼(platform)을 구성하는 것이 중요하게 되었다.

스마트관광 환경을 조성하기 위해서는 콘텐츠를 재구성해서 데이터베이스(DB)를 구축하면 되는데, 스마트관광 환경은 내국인의 국내 여행 및 해외여행뿐만 아니라 외국인의 국내관광까지 고려하는 광범위한 스마트관광 여건이 조성되어야 한다.

스마트관광을 위한 콘텐츠의 구축은 여행자 서비스를 중심으로 하며, 콘텐츠 구성 데이터(DATA)를 블록 단위로 공개할 수 있도록 구성되어야만 민간기업이 스마트관광 개발에 적극적인 참여를 유도할 수 있다.

민간기업이 스마트관광 구축을 위한 사업에 참여하면서 여행노트는 여행자가 장소 정보를 기반으로 여행기를 작성하고 공유하는 모바일 시스템으로 여행을 다니면서 실시간으로 작성할 수도 있고, 다녀와서도 작성할 수 있도록 하였다.

■ 여행 기록

여행자가 강원도에 가서 춘천역~소양강댐~청평사에 이르는 여정의 여행을 했다면, 여행코스대로 장소를 선택하고 글 또는 사진을 첨부하는 행위를 반복하면 여행기(旅行記)가 자동으로 완성되는 간단한 원리로 만들어진다고 한다.

▶ 여행기에서 알 수 있는 정보 활용

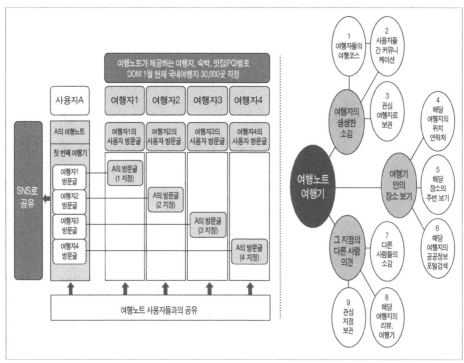

자료: 고길준, 스마트관광의 열쇠는 DTI 표준화 구축에서 시작된다. 한국관광정책, 2014, pp.67-78

장소를 기반으로 하여 여행지에서 개별 장소의 상세정보, 위치, 전화번호 등의 정보는 물론 장소별 다른 사용자들의 이야기를 모아서 볼 수도 있게 되었다. 블로그(blog)에서 사람들의 이야기를 찾아보고 다시 장소를 검색해야 하는 번거로움을 줄일 수 있었다는 대표적인 사례이다. 또한 사람들이 올리는 여행기는 장소를 알리는 좋은 콘텐츠가 되었고, 코스가 잘 작성된 여행기는 다른 사람들에겐 여행가이드가 될 수 있었다고 한다.

1) 관광 목적지 여행정보시스템

유엔 전자 거래 및 무역 촉진센터(UN CEFACT)에서는 관광산업의 전자 거래 활성화를 위해 나라별 주요 관광지에 대한 인덱스(Index)를 구축하자는 제안을 하였다. 관광목적지 여행정보(Smart DTI: Destination Travel Information)시스템의 프로젝트는 한국의 문화체육관광부 제안으로 시작(2006년)되었으며 한국의 정보기술(IT)을 적극 활용한 사례라고 할 수 있다.

> ■ **유엔유럽경제위원회**(UNECE: United Nations Economic Commission for Europe)
>
> 산하 전자 거래 및 무역 촉진센터(CEFACT: United Nations Center for Trade Facilitation and Electronic Business)가 운영하는 유엔 전자거래 무역 촉진 기구로서 오아시스 (OASIS: Organization for the Advancement of Structured Information Standards)와 함께 전자상거래 프레임워크(framework)인 'e 비즈니스 확장성 표기언어(ebXML)' 표준을 공동개발 중이라고 한다.

관광목적지에 대한 여행정보 표준화는 스마트관광체계를 구성하기 위한 기본적인 단계라고 하며, 전 세계 관광시장의 인덱스를 구성하여 자유로운 전자 거래와 스마트관광 서비스 구축을 목표로 하는 주요 과제라고 할 수 있다.

한국관광공사의 데이터베이스(DB)를 활용하여 관광목적지 여행정보 인덱스 (Index)를 구축하고 민간기업에서는 스마트관광을 위한 활용이 가능하고 관광객들에게 기초정보를 제공할 수 있다는 것이며, 한국의 문화 등 다양한 특징을 세계에 널리 홍보하고 소개할 수 있는 계기를 조성하게 된다면 관광객 유치 증진에 기여할 수 있다고 제안하고 있다.

관광객을 위해 스토리텔링(story telling)을 하는 포인트 설정, 공공화장실, 여행안내소, 관광경찰제도 운영 등과 같은 상황을 구축하여 정보를 제공하는 것이다. 국내 관광산업의 스마트 투어 서비스를 마련하고 여행자를 위한 스토리텔링을 다양하게 제작할 수 있는 표준을 설정하는 것이 중요하다.

2) 스마트관광안내소

여행에서 필요한 정보를 얻는 가장 보편적인 방법의 하나는 안내소를 이용하는 것이다. 전 세계적으로 환경을 파괴하지 않으려는 시대적 흐름과 이러한 요구에 부응하기 위해서 노력하고 있다.

그동안 여행자들은 안내소를 방문하고 여행에 필요한 다양한 정보를 획득하며, 여행의 길잡이 역할을 했던 것이 관광안내 지도(tourist guide map)이다. 이러한 지도는 환경을 보호한다는 관점에서 종이가 점차 사라져 가고 있으며, 디지털 장비를 활용하는 추세로 변화하고 있다. 디지털 장비에 콘텐츠를 넣고 인터넷을 통해 문제를 해결할 수 있는 스마트 투어 스테이션(station)을 제공하는 경향이 점점 더 높아지고 있으며, 디지털 투어에 활용하는 것이 증가하고 있다.

3) 스마트 픽토그램

픽토그램(pictogram)이란 그림(picto)과 메시지라는 의미를 갖는 전보(telegram)의 합성어로 사물과 시설 그리고 행동 등을 상징화하여, 불특정 다수의 사람들에게 쉽고 빠르게 이해할 수 있도록 나타낸 시각 디자인이다.

픽토그램은 사물, 시설, 행위, 개념 등을 하나의 상징적인 그림으로 표현하여 대상의 의미를 인지할 수 있도록 표현된 상징 문자이며, 일반인들이 화장실, 지하철, 관광안내소 등 공공시설을 쉽게 인지할 수 있도록 하는 것이다.

픽토그램은 효율적인 정보를 전달할 수 있는 중요한 의미가 있고 스마트 투어의 인식을 높일 수 있다. 그래픽 문자를 표준화하여 온라인과 오프라인에 표시하여 제공한다면 문자와 관계없이 인식할 수 있는 서비스 형태가 될 수 있다.

대규모 관광수요가 발생하여 많은 나라의 사람들이 방문했을 때 모든 언어 표기를 하는 것이 불가능하며, 픽토그램에 대한 준비가 필요하다고 인식하고 있다. 서비스 제공을 위해 다양한 픽토그램 제작, 걷기투어 포인트, 화장실, 관광음식점, 역사 지형물 등 문자와 관계없이 인식할 수 있는 그래픽 문자를 표준화하여 온라인과 오프라인에 표시한다면 다양한 편의를 제공할 수 있다.

2. 스마트관광의 과제

전 세계 관광시장은 이제 온라인을 통해 거래되고 관광산업의 주요 경쟁은 국내 범위가 아닌 세계 범위로 확대되고 있으며 경쟁관계가 가속화되고 있다. 여행자들의 관광 형태도 테마가 있는 행사에서 생활과 밀접한 생활 관광까지 변화의 폭이 넓어지고 있다.

관광산업의 자국 영토를 확장하기 위해서는 전통적인 관광산업의 경쟁보다는 새로운 관광산업의 모델을 통해 해외 경쟁에 나서야 한다. 스마트관광은 관광시장의 온라인 가속화로 인한 새로운 비즈니스 모델을 탄생시킨 계기가 되었다. 전통적인 관광산업에 안주하는 것이 아니라 새로운 관광산업의 모델이 필요하게 되었으며, 이를 활용하여 새롭게 출발할 수 있는 최고의 기회 시장이라고 한다.

정보통신기술은 스마트 기기 이용자의 증가와 클라우드 서비스(cloud service), 빅 데이터(big data), 모바일 서비스 등을 활용한 새로운 관광산업 비즈니스 기회 및 부가가치가 창출되고 있다. 정보통신기술(ICT: Information and Communications Technology)은 문화·관광 콘텐츠 활용의 극대화로 스마트관광 서비스가 가능해지고 스마트 기기 활용으로 정보 탐색이나 여행지 선택과 같은 관광객 의사결정의 이용체계가 급속도로 변화하였다.

> ■ **클라우드 서비스(cloud service)**
>
> 클라우드 서비스(cloud service)란 네트워크(network)에 컴퓨팅 기능을 내재하는 클라우드 컴퓨팅(cloud computing) 기술을 기반으로 단말기로 네트워크에 접속하여 컴퓨팅 기능을 활용하게 하는 것으로 흔히 클라우드라고 줄여서 사용하기도 한다.
>
> ■ **빅 데이터(big data)**
>
> 빅 데이터(big data)란 기존 데이터베이스 관리 도구의 데이터 수집, 저장, 관리, 분석하는 역량을 넘어서는 데이터 셋(data set) 규모로(McKinsey & Company, 2011) 주로 데이터 마이닝(data mining)에 활용되고 있다.

관광객들은 이미 이러한 정보기술을 활용하여 의사결정의 수단과 방법으로 상품구매 및 이용에서 가격 비교 서비스, 실시간 서비스, 관광지 정보나 길 안내 제공서비스 등에 활용하고 있다.

산업현장에서 근거리 무선통신(NFC: Near Field Communication)을 활용한 시설물의 입·출입, 박물관, 전시관 등의 역사문화 공간에서 증강현실을 통한 다양한 체험 및 정보 제공, 관광지 및 국제회의시설에서 자동통역 기능을 통한 통역 서비스, 빅 데이터를 활용한 관광객 이용 패턴 파악이 가능할 것으로 전망하고 있다.

　관광사업의 현장에서 근거리 무선통신(NFC: Near Field Communication), 증강현실(AR: Augmented Reality), 가상현실(VR: Virtual Reality, 假想現實), 자동통역, 빅 데이터와 같은 서비스가 접목되고 있다.

■ 근거리 무선통신(NFC: Near Field Communication)

무선태그(RFID: Radio Frequence Identification)기술 중 하나로 주파수 대역을 사용하는 비접촉식통신 기술이다. 통신거리가 짧기 때문에 상대적으로 보안이 우수하고 가격이 저렴해서 주목받는 차세대 근거리 통신 기술이라고 한다. 블루투스 등 기존의 근거리 통신 기술과 비슷하지만 블루투스(blue tooth)처럼 기간 설정을 하지 않아도 된다.

■ 증강현실(AR: Augmented Reality)

증강현실(AR: Augmented Reality)은 현실의 이미지나 배경에 3차원 가상 이미지를 겹쳐서 하나의 영상으로 보여주는 기술이다. 증강현실은 또한 혼합현실(MR: Mixed Reality)이라고도 하는데, 비행기 제조사인 '보잉'사에서 1990년경 비행기 조립 과정에 가상의 이미지를 첨가하면서 '증강현실'이 처음으로 세상에 소개됐다. 증강현실 격투 게임은 '현실의 내'가 '현실의 공간'에서 가상의 적과 대결을 벌이는 형태가 된다. 때문에 증강현실이 가상현실에 비해 현실감이 뛰어나다는 특징이 있다.

■ 가상현실(VR: Virtual Reality, 假想現實)

어떤 특정한 환경이나 상황을 컴퓨터로 만들어서, 그것을 사용하는 사람이 마치 실제 주변 상황·환경과 상호작용을 하는 것처럼 만들어주는 인간-컴퓨터 사이의 인터페이스를 말한다. 사용 목적은 사람들이 일상적으로 경험하기 어려운 환경을 직접 체험하지 않고서도 그 환경에 들어와 있는 것처럼 보여주고 조작할 수 있게 해주는 것이다. 응용분야는 교육, 고급 프로그래밍, 원격조작, 원격위성 표면탐사, 탐사자료 분석, 과학적 시각화(scientific visualization) 등이다. 그 사례로서 탱크·항공기의 조종법 훈련, 가구의 배치 설계, 수술 실습, 게임 등 다양하다. 가상현실 시스템에서는 인간 참여자와 실제·가상 작업공간이 하드웨어로 상호 연결된다. 가상적인 환경에서 일어나는 일을 참여자가 주로 시각으로 느끼도록 하며, 보조적으로 청각·촉각 등을 사용한다고 한다.

최근 기업 간 경쟁이 플랫폼 경쟁으로 전개됨에 따라 플랫폼 전략의 체계화가 시급한 과제로 대두되고 있으며, 스마트관광 플랫폼 개발을 통해 모바일 소셜 커머스를 중심으로 한 오픈 마켓 활성화, 스토리텔링을 결합한 위치 기반 서비스(LBS: Location Based Service), 정보의 표준화를 기반으로 한 실시간 정보 제공을 할 수 있는 체계를 구축하고, 또한 스마트관광 기업을 육성하기 위한 지원시스템 구축을 위한 정책 개발과 관광정책의 수립 및 실행에 있어서 영역을 확대하여 실천하는 정책 방향이 필요하다.

스마트관광 시대는 정보통신 기술(ICT)과의 융합이 요구되며, 외국인 관광객을 유치하기 위해서는 교통·출입국을 비롯하여 관광안내·안전, 관광시설, 관광상품, 금융·통신, 쇼핑, 음식, 숙박 등 관광과 관련된 사업의 효과성을 높이는 정책 개발이 필요하고, 정부 지방자치단체, 공공기관, 민간기업의 상호 협조체계를 구축하여 추진하는 것이 바람직하다.

스마트관광이 여행자들에게 안전과 행복을 제공하는 새로운 관광환경으로 부각되고 있으며, 그 중요성도 점차 확대되고 있어 관련 분야에 대한 지속적인 연구와 개발, 체계적인 인력양성이 필요하다.

3. 스마트관광의 전망

오늘날 우리는 인터넷이나 모바일을 통해 여행상품을 선택하거나 여행 일정을 추천받을 때, 또는 관광지나 관광시설에서 관광정보를 얻고자 할 때 인공 지능(AI: Artificial Intelligence)의 도움을 받고 있다고 한다.

인공 지능은 관광산업의 변화를 주도할 주요 기술 중 하나로 인식되고 있다. AI는 자연언어 처리와 기계 학습을 통해 관광객의 행동을 이해할 수 있기 때문에, 관광객에게 개인화된 서비스를 제공함으로써 관광객의 경험을 향상시키고 있다.

인공 지능(AI) 기반 챗봇(Chatbot)은 관광객의 문의사항을 실시간으로 해결하므로 여행사, 관광 목적지의 홈페이지 등에서 활용되고 있다. 또한, 여행 서비스를 제공하는 회사들은 AI를 기반으로 개인화, 맞춤형 서비스를 제공하고 있으며, 관광객들은 챗봇 및 가상비서 서비스 등을 통해 숙박 및 여행상품 예약, 여행 일정확정 등 여행 관련 의사결정을 하고 있다. 그리고 호텔, 박물관에서 AI 기반 안내 서비스로봇 등을 통해 관광정보를 획득하고 있다. 그러나 관광에서의 AI 활용은 아직 보편화되지 않았다.

그러나 향후에는 AI 기반의 음성인식 기술을 통해 호텔이나 여행상품을 예약하거나, 스마트관광 도시를 통해 수집된 시청각 데이터 등 다양한 데이터를 기반으로 AI가 분석하여 관광객의 실시간 안내와 추천 서비스 등을 제공할 것이다. 관광기업들은 AI 알고리즘, 머신러닝 등을 통해 관광객이 움직일 때마다 생성되는 데이터를 통해 관광객의 요구를 예측하고 이를 기반으로 새로운 관광상품과 서비스를 만들어 낼 것이다. 또한 알파고의 활약과 같이 미래에는 우리가 현재 전혀 상상할 수 없는 방식으로 AI를 활용한 관광활동을 할 것이다.

관광산업에서의 AI 생태계 구축을 위해서는 앞서 언급한 양질의 데이터 확보뿐만 아니라 AI 기반의 관광기업을 육성하기 위한 R&D 지원, 투자환경 조성, 타 분야 AI 전문가와의 교류 및 협력 등을 활성화할 필요가 있다. 이를 통해 단순 AI의 적용이 아닌 관광 관점에서의 AI 활용이 활성화되도록 해야 한다.

또한 AI를 기반으로 자동화가 이루어지면서, 관광기업 측면에서는 생산성과 업무의 효율성 증가가 예상되지만, 관광산업의 일부 노동력이 대체될 것으로 전망되고 있다. 현재 활용되고 있는 AI 기반의 챗봇, 안내로봇, 추천 서비스 등도 과거에는 관광산업 종사자가 하던 일이었다. 물론 이러한 일자리 감소에 대한 반론도 있다. 관광산업에서 자동화로 인한 일자리 손실이 발생할 수 있지만, AI를 활용하는 새로운 유형의 일자리(예, 관광 AI 기반 알고리즘 개발자)나 새로운 관광기업(예, AI 기반의 관광안내 서비스 제공 기업)이 창출되기 때문에 일자리 대체 효과가 생길 것이라는 전망도 있다. 이처럼 새롭게 만들어지는 관광산업 일자리는 AI에 대한 이해와 능력이 필요할 것이다.

따라서 이러한 미래 변화에 맞게 예비 관광 종사자 및 관광종사원에 AI와 관련 교육을 강화하여 관광산업의 미래 경쟁력 확보가 필요할 것이다.

참고문헌

고길준, 스마트관광의 열쇠는 DTI 표준화 구축에서 시작된다, 한국관광정책, 2014.

김성욱, 모바일 시대의 소셜 여행, 여행노트, 기업탐방, 한국관광정책, 2014.

김천중, 관광정보시스템(관광사업과 정보통신), 대왕사, 2000.

이원희 · 박주영 · 조아라, 관광 트렌드 분석 및 전망(2010-2024), 한국문화관광연구원, 2019.

조아라, 4차 산업혁명과 관광 트렌드(2020-2024), 한국문화관광연구원, 2019.

최자은, 스마트관광의 관련 기술 동향 및 현황, 2013.

최자은, 스마트관광의 추진 현황과 향후 과제, 한국문화관광연구원, 2013.

한희정, 관광산업에서의 인공지능 현재와 미래, 한국문화관광연구원, 웹진 문화관광(7월호),
        2021.

한국관광공사, 정보기술(Information Technology)과 관광산업, 관광정보, 1995.

CHAPTER

관광정보의 구성

관광정보의 구성

제1절 안전 정보

1. 안전의 정의

안전(安全)이란 위험이 생기거나 사고가 날 염려가 없거나 없을 상태라고 정의
할 수 있다. 그러나 단어의 추상성으로 인하여 안전(safety)이라는 용어를 명확하
게 정의 내리기는 어려움이 있다고 하고 있다. 또한 안전이라는 용어를 관광산
업에 적용하여 정의하는 것은 더욱 쉽지 않다고 하고 있으며, 용어가 추상적이
고 사용 영역에 따라 내용도 다르며, 범위도 해당되는 곳을 찾기 힘들 만큼 범위
가 넓기 때문이라고 하고 있다.

따라서 안전의 중요성에 대한 인식을 하고 경각심을 고취함으로써 안전에 대
한 책임감을 가질 필요가 있다. 개인의 안전은 개인 스스로에게도 있으나 안전
한 환경을 조성하는 것은 정부를 비롯한 우리 모두에게 있을 수 있다. 또한 재난
이나 그 밖의 각종 사고로부터 사람의 생명·신체 및 재산의 안전을 확보하기
위하여 하는 모든 안전관리 활동도 매우 중요한 의미를 갖는다.

▶ 재난 및 안전관리 기본법에 의한 재난의 유형

구분	유형	비고
자연재난	태풍, 홍수, 호우(豪雨), 강풍, 풍랑, 해일(海溢), 대설, 한파, 낙뢰, 가뭄, 폭염, 지진, 황사(黃砂), 조류(藻類) 대발생, 조수(潮水), 화산활동, 소행성·유성체 등 자연 우주물체의 추락·충돌, 그 밖에 이에 준하는 자연현상으로 인하여 발생하는 재해	
사회재난	화재·붕괴·폭발·교통사고(항공사고 및 해상사고를 포함한다)·화생방사고·환경오염사고 등으로 인하여 발생하는 재해로 대통령령으로 정하는 규모 이상의 피해와 국가핵심기반의 마비, 감염병, 가축전염병의 확산, 미세먼지 등으로 인한 피해	
해외재난	대한민국의 영역 밖에서 대한민국 국민의 생명·신체 및 재산에 피해를 주거나 줄 수 있는 재난으로서 정부차원에서 대처할 필요가 있는 재난	

관광은 사람의 이동을 전제로 하며, 이동하면서 다양한 교통수단을 이용하기도 하며, 주변의 환경으로부터 영향을 받을 수 있다. 관광 안전을 확보한다는 것은 안전사고를 사전에 방지하는 것뿐 아니라 재난 및 위기 상황에 대응함으로써 위험을 경감시킬 수 있는 것을 의미한다.

▶ 관광안전에 대한 정의

학자	정의
포라스(Porras) (2014)	• 관광 안전(safety)이란 강력 범죄, 항공 안전, 테러, 건강위협, 전문가의 잘못된 처리로 인해 피해자가 될 수 있다는 두려움 • 보안(security)이란 관광객들에게 긍정적인 관광 경험을 주기 위한 전략적이고 실용적인 조치들을 의미
포테스쿠 (Popescu) (2011)	• 비교적 협소한 범위로 관광 보안을 정의 • 관광 보안(security)은 관광객, 관광객 소유물의 안전뿐만 아니라 낯선 환경에서 잘 적응할 수 있는 능력, 지역 시스템에 대한 이해, 사회적 관습에 대한 이해, 마지막으로 쇼핑과 서비스에 대한 보안(security)을 포함
염명하	• 보다 추상적인 관광 안전을 정의 • 관광 안전이란 관광객이 관광지에서 행복한 삶을 영위할 수 있도록 원치 않은 상황이나 사회가 수용할 만한 수준 이상의 위험에서 해방되어 평안한 상태를 의미 • 또한 관광 안전관리란 관광 안전을 보장하고 관광객의 생명과 재산을 보호하기 위한 기술적이고 체계적인 활동을 의미
서용건·고광희·이정충(2006)	• 관광객 안전이란 관광객이 관광 활동 중에 느끼는 신변에 대한 위협이나 건강상의 위협을 주는 것으로 범죄, 사고, 전쟁, 정치적 불안정, 자연재해, 테러리즘(terrorism)에 대한 불안감이 없는 상태를 지칭

자료: 조아라, 관광안전 확보를 위한 정책과제 연구, 한국문화관광연구원, 2014, p.10

관광 안전에 대한 정의를 살펴보면 관광객이 관광 활동 중에 느끼는 신변에 대한 위협이나 건강상의 위협을 주는 것으로 범죄, 사고, 전쟁, 정치적 불안정, 자연재해, 테러리즘(terrorism)에 대한 불안감이 없는 상태를 지칭하고 있다. 또한 관광 안전이란 관광객이 관광지에서 행복한 삶을 영위할 수 있도록 원치 않은 상황이나 사회가 수용할 만한 수준 이상의 위험에서 해방되어 평안한 상태를 의미하고 있다.

세계관광기구(UNWTO)는 관광객들의 안전관리를 위해서 국가는 물론 지방 조직, 관광업계, 관광객의 책임을 명확히 제시하려고 노력하고 있으며, 개인의 안전에 대한 책임은 관광객에게 있고 정부 및 산업계에서는 안전을 책임질 수 있는 환경 및 근거를 만들어야 할 의무가 있다고 제시하고 있다.

안전은 고객의 생명과 재산을 보호하는 것이며, 사람들이 활동하는 장소와 공간에서 사고 발생을 사전에 방지할 수 있는 계기가 되므로 이러한 정보를 미리 고객에게 알려주는 것도 중요한 의미가 있다.

정부에서는 여행지의 안전 정보 제공 지침을 통하여 여행상품 계약에 따른 안전 정보 제공 의무와 여행계약서의 의무를 함께 명기하도록 하고 있다.

본 내용은 여행지와 여행상품을 판매하는 여행 분야로 한정하여 그 내용을 제시하고자 한다.

2. 여행 안전 정보

여행자는 여행을 떠나기 전에 여행 국가에서 일어날 수도 있는 건강이나 위험에 관한 정보를 요구할 수 있으며, 관광객이 여행지에서 현지 주민이 누리는 의료 수준 이상을 기대할 수는 없겠지만 목적지를 결정할 때 그 지역의 안전 및 보건 등 의료사정을 미리 알 수 있도록 해주어야 한다.

1) 분쟁과 테러

관광은 국가의 정치 및 안보 상황에 민감하게 반응하는 사업이다. 여행자들의 교통, 숙박 그리고 방문 국가에서 안전한 조치를 기대하게 되는데, 모든 분야에서 그 중요성이 점차 강조되고 있으며, 더욱더 많은 인력과 경비의 투자를 요구한다. 여행자들이 관광 행동 시 위협요인은 다음과 같다. ① 근본적이고 장기적인 혼란 상황, ② 진행 중인 변화와 불확실 상황, ③ 단기 및 단일 사건의 상황 등이다.

미국의 항공기가 아랍의 테러리스트들에게 납치(1985년)됨으로써 지중해 지역, 그 후에는 유럽지역에서 미국인들의 관광 활동이 급격히 감소하게 되는 배경이 되기도 하였다. 레바논, 북아일랜드, 스리랑카, 유고 등은 전쟁, 내전 또는 지속적인 테러활동으로 인해 관광 목적지로서 국제관광을 완전히 붕괴시키기도 하였다.

테러 행위 등은 테러를 입은 나라들과 테러리스트들에게는 정치적으로 우호적인 국가들 사이에서 대립을 초래하고 있지만 일부 국가들의 경우에는 내부적으로 테러리스트들의 야만적인 행위에 분개하면서도 테러의 화(禍)가 자기 나라에 미칠 것을 두려워하여 침묵을 지키고 있는 것이 일반적인 현상이다.

국제사회에서 충격으로 받아들인 테러(2001년 9월 11일), 또한 지난 수십 년간 이어진 중동 분쟁이나 아시아 일부 지역의 정치 불안정은 이 지역의 관광에 많은 제약요인이 되었다. 따라서 이러한 관점에서 안전조치를 강화해야 할 책임이 운수업계라고 하고 있으나, 국제관광에서 안전조치를 확보하기 위해서는 국제 간의 이해, 우호 증진을 위해 타 기구 및 조직과 협력하는 것이 필수 불가결하다.

▶ 여행의 안전조건

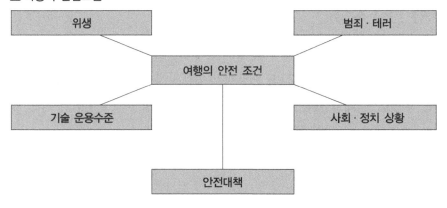

2) 보건 문제

전염병(傳染病)이란 다른 사람에게 전염될 수 있다는 측면에서 인류에게 크나큰 영향을 미칠 수가 있다. 전염병은 다른 매개체를 통해서 얻게 되는데, 국제화 시대에는 사람들의 이동이 많고 짧은 시간 안에 왕복이 가능한 교통수단의 발달로 인하여 전염병이 쉽게 이동할 수 있기 때문이다. 국가들은 질병의 위협에 대한 인식이 높아지면서 관광산업이 크게 위축되었으며, 다른 국가에도 그 공포가 확산하고 있다. 관광객은 위험이 있는 지역의 여행을 기피하고 있으며 반면에 감염이 비교적 적은 국가는 질병을 전파할 소지가 있는 관광객의 입국을 점차 꺼리고 있고, 외국인 입국을 허용하는 데 있어 검사를 전제로 하자는 제안까지 나오고 있다.

또한 일부 국가에서는 해외여행자들이 입국할 때 예방접종(vaccination) 카드 제시를 요구하기도 하며, 특정 지역을 여행하는 경우 의무적으로 접종하도록 의무화하는 사례도 있다. 예방접종은 지정된 기관에서 맞아야 하고, 국제공인 카드에는 공인기관의 서명이 있어야 하며, 유효기간도 확인해야 하는 정보 등이다.

▶ 세계 전염병

질병	시기	병원체	사망자 수	비고
스페인 독감	1918~1920년	H1N1 인플루엔자 A	5,000만 명	제1차 세계대전이 확산시킴
아시아 독감	1957~1958년	H2N2 인플루엔자 A	200만 명	중국 야생오리에서 변종 발생
에이즈	1960년~현재	HIV(에이즈 바이러스)	3,900만 명	미국에서 최초 발견
7차 콜레라	1961년~현재	콜레라균	57만 명	인도네시아에서 발병 전 세계 확산
홍콩 독감	1968~1969년	H3N2 인플루엔자 A	100만 명	홍콩에서 발병 전 세계 확산
사스	2002~2003년	SARS-CoV(사스 코로나 바이러스)	774명	중국 남부에서 최초 발병
신종 플루	2009년	H1N1 인플루엔자 A	28만 4,000명	멕시코에서 발견 43개국으로 전파
서아프리카 뇌수막염	2009~2010년	수막(髓膜)구균 A	1,210명	1805년 스위스 제네바에서 최초 유행
콩고 홍역	2011년~현재	홍역 바이러스	4,555명	홍역은 2000년 동안 지속적으로 발병
에볼라	2014년	에볼라 바이러스	1만여 명	아프리카 남수단에서 처음 발견
메르스	2012년~현재	메르스 바이러스	587명	중동에서 발병
지카 바이러스	2015년~현재			선천성 기형 소두증 유발 추정
코로나 바이러스	2019년~	SARS-CoV-2	1,500만 명 (추정)	급성 호흡기 질환

자료: 최근 100년간 유행한 12대 전염병, 이 데일리 뉴스(2016.03.23) 및 기타 자료를 참조하여 작성함

공중위생 측면에서는 예방이 중요하지만 방문하는 지역의 특성에 따라 여러 가지 무서운 질병들이 토착화된 경우가 있으며, 이러한 지역을 방문하는 경우 풍토병에 노출되는 경향이 높다. 일부 질병(疾病)들은 한국에서는 거의 발생하지 않아 내수롭지 않다고 생각하기 쉬운 경향이 많다. 그러나 질병의 유입을 막고 자신을 위하여 충분히 예방하고, 감염되지 않도록 하는 것은 매우 중요한 정보이다.

3. 여행경보제도

여행경보제도(旅行警報制度)는 우리 국민의 안전한 해외 거주 및 체류, 방문을 도모하기 위해서 운영(2004년)해 오고 있다. 미국, 영국, 캐나다, 호주, 뉴질랜드 등의 국가에서도 한국과 유사한 경보제도를 운영하고 있으며, 안전한 해외여행에 기여하고 있다.

우리나라 국민의 안전에 대한 위험을 기준으로 해당 국가 및 지역을 여행·체류할 때 특별한 주의가 필요한 국가 및 지역을 지정하여 위험 수준과 이에 따른 행동 지침 및 안전대책의 기준을 안내하는 제도이다.

대상 국가에 대한 위험(위협)을 중요한 기준으로 해당 국가(지역)의 치안 정세와 기타 위험요인을 종합적으로 판단하여 안전대책의 기준을 판단할 수 있도록 중·장기적 관점에서 여행경보를 지정·공지하는 제도이다. 해외에서 치안 정세, 테러 위협, 정정 불안(政情不安), 자연재해 등 다양한 사건 사고의 위험이 인지되거나 발생하여 여행경보의 지정이 필요하다고 판단하는 경우 해당 국가의 여행경보를 조정하여 국민에게 위험 수준과 행동 지침을 안내하고 있다.

여행 시 주의사항 및 관련 정보와 해외 공관(130여 개)으로부터 수집된 각 국가별 정정 불안 치안 상태, 테러 위험의 정보를 토대로 하여 여행유의, 여행 자제, 철수 권고, 여행금지 단계의 여행정보를 제공하는 것을 말한다.

특별 여행주의보는 단기적인 위험 상황이 발생하는 국가(지역)에 대하여 발령되며, 여행경보는 2단계 이상에 해당하는 것으로서 여행 자제 및 철수 권고와 관련되는 정보이다. 특별 여행주의보는 여행자들에게 국가의 치안이 급속히 불안정해지거나, 전염병이 창궐하거나, 재난이 발생하는 경우 등에 발령된다.

▶ 여행 경보단계의 분류

단계별 여행 경보			여행 예정자	체류자
1단계	남색경보	여행유의	신변안전 위험 요인 숙지 · 대비	신변안전 유의
2단계	황색경보	여행자제	불필요한 여행 자제	신변안전 특별 유의
3단계	적색경보	출국권고	여행 취소 · 연기	긴급용무가 아니면 철수
4단계	흑색경보	여행금지	여행금지 준수	즉시 대피 · 철수

자료: http://www.mofat.go.kr을 참조하여 작성

　해외여행자가 해외여행 시 안전한 여행을 위하여 실시간 다양한 정보를 제공 받을 수 있으며, 재외 공관 연락처 목록, 여행경보 현황, 위기 상황별 대처가 가능한 매뉴얼 등 안전한 해외여행을 제공하기 위한 애플리케이션 서비스(2019년)를 제공하고 있다.

▶ 해외여행 안전 앱을 사용하는 이유

구분	이유	비고
모바일 동행 서비스	• 여행 일정을 등록해 두면, 국가별 최신 안전정보가 실시간 푸시 알림으로 제공 • 위급상황 발생 등 필요시, 등록된 비상연락처를 통해 국내 가족 또는 지인에게 위치정보(위도 · 경도 및 주소)를 문자메시지로 즉각 전송 가능	
국가정보와 재외공관 연락처	• 국가/지역별 기본정보 및 여행정보(날씨, 교통정보, 현지문화 등), 여행경보 발령현황 최신 안전소식 등을 쉽게 확인 가능 • 대표번호(근무시간 중)와 긴급연락처(24시간)를 바로 찾아볼 수 있음	
사태에 대한 만반의 대비	• 사증(비자), 입국 수속 등 여행 전 점검사항을 미리 확인하고 준비 가능 • 인질/납치, 대규모 시위, 테러 등 위기상황별 대처 매뉴얼을 간편하게 숙지 가능 • 영사 콜센터에 전화해서 도움(3자 통역서비스 긴급여권 발급, 신속 해외송금 등) 가능	

자료: http://www.mofat.go.kr을 참조하여 작성

　또한 해외에서의 위기 상황에 대처하기 위한 방법을 숙지하기 위한 정보를 습득하는 것도 매우 중요하다고 할 수 있다.

▶ 위기상황별 대처 사례

상황	내용	비고
분실/도난	낯선 사람의 접근 시에는 경계 등	
부당한 체포 및 구금	해당 공관에 연락해 주도록 요청 등	
인질/납치	여행 전 치안 사각지대 확인, 혼자 외출 삼가 등	
교통사고	사고 관련 진술서 및 사진 보관 등	■ 영사 콜센터
자연재해	위기 대처 방법 숙지 등	■ 외교부 해외안전여행 애플리케이션 활용(여행경보제도, 위기상황별 대처 매뉴얼, 대사관 및 영사관 연락처)
대규모 시위 및 전쟁	시위 현장 접근 금지, 비상시 정부와의 소통 등	
테러/폭발	안전시설 위치 파악, 신속히 현장에서 이동	
마약 소비 및 운반	낯선 사람의 요청은 거절, 자기 수하물 관리 등	
여행 중 사망	재외 공관에 인적 사항, 사고 경위 등 안내	
보이스피싱	보이스피싱에 노출되지 않도록 대처	

자료: http://www.mofat.go.kr의 해외여행안전여행 정보를 참조하여 작성

4. 여행계약과 안전 정보

1) 여행계약

여행자가 여행사를 이용하여 여행하는 경우 한국의 관광진흥법(제14조: 여행계약 등) 규정에 따라 여행업자는 해당 여행지에 대한 안전 정보를 제공해야 하는데, 안전 정보에는 다음과 같은 유형의 정보가 포함되어 있다.

여권법에 따라 여권의 사용을 제한하거나 방문·체류를 금지하는 국가목록 및 벌칙 등의 정보 등이다. 또한 외교부의 안전 여행 인터넷 홈페이지에 게재된 여행 목적지의 국가 및 지역의 여행경보단계 및 국가별 안전 정보와 관련된 사항이다.

▶ 여행지 안전 정보 제공 지침

안전 정보	현행	실시 방법	비고
제공 시점	여행상품 계약 시 또는 상 품 홍보 시	여행상품 계약 시 반드시 제공	
제공 방법	• 여행상품 세부 일정표 또 는 계약서에 명시 • 외교부 안전 정보 사이트 링크	여행상품 계약서에 안전 정보 명시	• 여행업자가 여행자와 여행계약을 체결할 시 안전 정보 제공 의무와 여행계약서 교부 의무를 함께 부과하고 있음(법 14 조). 따라서 안전 정보 제공 역시 계약서 에 명기하여 교부하는 것이 바람직함 • 공정거래위원회 국외여행 표준약관 제6조 (안전 정보 제공 및 계약서 등 교부) 참조
제공 내용	• 외교부에서 운영하는 여 행경보단계 제도 안내 • 해외안전여행 홈페이지 • 해외여행자 인터넷 자율 등록제 권장	• 계약 시 여행상품에 포 함한 여행지에 대한 명 확한 여행경보단계 명시 (여행계약서상 붙임 안 내문 참조) • 여행경보 단계제도, 해외 안전여행 홈페이지 안내, 해외여행자 인터넷 자율 등록제 권장 등 포함	• 안전 정보 제공 시 해당 여행지에 대한 안전 정보를 제공하도록 하고 있음(시행 규칙 제22의4). 이는 계약 당시 여행자 가 여행할 국가(지역)에 대한 명확한 여 행경보단계를 제공해야 하는 것을 말함 • 외교부에서 제공하는 해외여행 경보단계 에 대한 단순 안내 또는 해외안전 여행 홈페이지 링크 등으로 갈음하는 것은 동 법 취지에 충분하지 않음
안전 정보 변경 시		관광진흥법 시행규칙 22조 의4(여행지 안정 정보 등) 의 2항, 3항, 4항 등을 참 조하여 여행계약 내용 변 경 등에 따른 고지 의무에 갈음하여 정보 제공	

자료: 한국여행업협회, 여행 불편 신고사례집, 2015, p.162

2) 여행 공제 및 보증보험 가입

여행 알선에 따른 사고로 인한 피해를 최소화하기 위한 사후적 보호장치로 여
행업 개시 전, 기획여행을 실시하기 전에 여행 공제 및 보증보험 가입 또는 영업
보증금을 예치하도록 관광진흥법에서 규정(제9조)하고 있는데, 이는 여행을 하는
소비자 보호 측면에서 매우 중요한 제도로서, 위험에 대비하기 위한 최소한의
제도는 갖춰져 있다고 볼 수 있다.

제2절 **관광과 상품 정보**

1. 교통정보

1) 교통의 의의

일반적인 교통(交通, transportation)이란 사람이나 화물을 한 장소에서 다른 장소로 이동시키는 모든 활동과 활동을 위한 과정 절차를 말한다. 교통수단의 발달은 우리 인간의 삶에 많은 영향을 끼쳐왔으며, 국가·지역 이동의 편리성으로 인하여 사람들은 다양한 국가 및 지역을 편리하게 방문할 수 있게 되었고, 또한 많은 양의 물자들을 다양한 지역과 교환할 수 있는 계기가 되었다.

교통은 정치적으로 국가 또는 지역사회 발전의 정도를 평가하는 기준이 되고, 경제적으로 생산성의 극대화와 산업구조의 개편을 위한 수단이 되며, 사회적으로는 지역 간의 격차 해소와 문화적 일체감을 조성하기도 한다.

관광에 있어서 가장 중요한 요인은 관광목적지까지의 거리이다. 관광객에게 교통과 관련된 정보는 이동 수단과 이동시간에 대한 정보라고 하겠다. 교통수단의 가격과 시간은 고객의 건강 및 심리상태와 관계가 높으므로 정확한 정보 제공이 필요하게 된다. 여행하는 경우 같은 지역을 간다고 하여도 교통수단이 어떠한 종류인지가 중요하게 되는데, 교통수단에 따라 여행시간과 비용이 차이가 발생할 뿐만 아니라 피로도와 감동에 대한 차이가 발생하기 때문에 중요한 정보라고 할 수 있다.

교통정보는 관광의 형태를 정태적인 관광에서 동태적인 관광으로 전환하는 역할을 하고 있으며, 관광지까지의 거리를 단축하고, 시간을 절약할 수 있으며, 교통수단을 개발하여 수요를 창출하고 있다.

2) 교통의 분류

교통정보에는 지역적 관점에서 다양한 교통수단이 존재하게 되는데, 국제교통, 국가교통, 지역 교통, 도시교통 등으로 분류할 수 있으며, 교통정보와 항공기, 선박, 철도, 버스 등과 같은 이동 수단에 대한 정보도 필요하며, 교통시간표, 교통 요금, 관광지에서 이루어지는 관광객의 보행교통, 즉 지구교통인 관광지 안에서 이동이 필요한 교통정보 등이 있다.

(1) 교통의 지역적 분류

교통의 지역적 분류는 국제교통, 국가교통, 지역 교통, 도시교통, 지구교통 등으로 구분하고 있으며, 주요 교통체계 및 통행에 따른 특성이 있다.

▶ **교통의 지역적 분류**

구분	목표	범위	교통체계	통행특성
국제교통	국가 간 왕래 촉진	세계	항공, 철도, 항만, 도로	국제 왕래를 위한 교통
국가교통	국토의 균형발전을 위한 교통망 형성	국가	항공, 철도, 항만, 고속도로	국가 경제 발전을 위한 교통
지역 교통	균형발전 및 교류 촉진	지역	항공, 고속도로, 철도	장거리, 지역 간 교류
도시교통	도시 내 교통효율 증대 및 대량 교통수요 처리	도시	간선도로, 도시고속도로, 철도, 버스, 택시, 승용차	단거리 이동, 대량 수송 첨두시간 교통량 발생
지구(地區)교통	• 지역 내 자동차 통행 제한 • 쾌적한 보행 공간 확보 • 대중교통의 접근성 확보	주거 및 상업시설, 터미널	보조간선도로, 이면도로, 주차장	보행교통, 지구 내 교통 처리

자료 : 이항구·고석면·이황, 관광교통론, 기문사, 1999, p.25

■ **지구교통**

지구(地區)교통은 일정한 목적을 위하여 특별히 지정된 지역을 지칭하며, 구역을 설정하여 통행과 관련된 사항을 지정한 곳이다. 관광지에서 특정 지역에 자동차 통행 제한을 하는 것은 관광객이 관광을 원활히 할 수 있도록 하는 조치이며, 관광에서 관광객의 보행교통을 하는 지역 설정은 매우 중요한 의미가 있다.

---

(2) 교통수단에 따른 분류

교통을 수단에 따라 분류하면 개인교통수단, 대중교통수단, 준대중교통수단, 화물교통수단, 보행교통수단으로 분류할 수 있다.

▣ 교통수단에 따른 분류

구분	내용
개인교통	이동성, 접근성, 부정기성(자가용, 오토바이, 자전거)
대중교통	대량 수송으로 정기성, 노선 일정(버스, 지하철, 전철)
준(準)대중교통	고정된 노선이 없음(택시)
화물교통	화물 수송(장거리 및 대량 운송 - 철도, 단거리 및 소형 - 화물자동차)
보행교통	보행 자체로 교통 목적 충족(타 교통수단과의 연계기능 담당)

자료 : 이항구·고석면·이황, 관광교통론, 기문사, 1999, p.24

2. 숙박 정보

1) 숙박시설의 의의

숙박시설은 여행과 관광산업을 구성하는 필수적인 기반 시설이다. 숙박(宿泊)이란 집을 떠나 여행을 하는 사람들에게 일반 가정과 같은 주거 공간이 되는 기능적 공간이다. 이는 자기 집을 떠난 사람들이 타지방을 이동하면서 가장 먼저 필요로 하는 것이 숙박시설이기 때문이다.

숙박시설은 관광객을 위한 수면, 식사, 휴식 공간은 물론 날씨가 춥거나 비를 피하기 위한 안전 공간, 짐의 보관과 같은 기능을 수행한다. 현대의 호텔은 단순한 개인 생활, 개인사무실의 공간개념보다는 국가 및 지역사회의 경제, 사회, 문화, 예술 등을 활용하는 공간적 기능의 역할도 하게 되었다.

국가의 독특한 문화, 역사와 관련성이 높은 지역에서의 다양한 숙박시설의 종류들이 존재하여 호텔과 숙박시설에 대한 명확히 구분하는 것은 어렵다. 관광이라고 하는 관점에서는 여행자가 선택하여 결정하는 숙박할 수 있는 곳을 지칭할 수도 있어 넓은 의미의 숙박시설이라고 하고자 한다.

숙박시설은 종류에 따라서 여러 가지로 구분할 수 있으며, 관광객들이 표현하는 호텔, 모텔, 호스텔, 여관, 민박 등은 수면하고 휴식을 취하는 장소적 개념이다.

숙박시설의 정보는 이용자들이 숙박시설의 종류, 입지, 등급, 서비스 수준 등의 적절성을 확인하기도 하며, 더 나아가 가격도 숙박시설 선택에 중요한 요인으로 작용하게 된다.

숙박시설에서 숙박시설의 종류와 가격, 등급, 브랜드, 서비스 제공 여부 등은 이용자들이 원하는 정보가 되며, 객실 수, 식음료 시설, 부대시설 등과 관련된 정보를 알고자 한다. 이러한 정보를 탐색하는 이유는 숙박의 편의성을 추구하는 중요한 의미가 된다. 여행자는 방문하고자 하는 지역, 국가의 문화 및 생활을 체험하기 위해서 전통적인 숙박시설을 선회하는 경향이 높아지고 있으며, 다양한 숙박시설에 대한 종류를 이해하는 것이 필요하고 이를 상품화하는 방안도 고려해야 할 것이다.

2) 숙박시설의 분류

숙박시설은 입지, 숙박 목적, 숙박 형태, 문화 특성, 운영 특성, 경영 형태, 체재 기간, 등급, 서비스 수준 등에 따라서 다양하게 분류할 수 있다.

▶ **숙박시설의 분류**

구분	분류 내용	비고
입지	시티(city)호텔/다운타운(down town)호텔, 서버반(suburban)호텔/컨트리(country)호텔, 에어포트 호텔(airport hotel), 씨포트 호텔(seaport hotel), 터미널 호텔(terminal hotel), 역전호텔(station hotel), 하이웨이 호텔(highway hotel), 컨벤션 센터(convention center), 리조트(resort)호텔, 다목적 호텔(mixed-use)	
숙박 목적	컨벤션 호텔(convention hotel), 커머셜 호텔(commercial hotel), 리조트 호텔(resort hotel), 카지노 호텔(casino hotel), 아파트먼트 호텔(apartment hotel)	
숙박 형태	커머셜 호텔(commercial hotel), 컨벤션 호텔(convention hotel), 리조트 호텔(resort hotel), 스위트 호텔(suite hotel), 장기체재 호텔(extended stay), 컨퍼런스 센터(conference center), 마이크로텔(microtel), 카지노(casino)호텔, 베드 앤 브렉퍼스트 인(bed and breakfast inn), 마 앤드 파 호텔(ma-and-pa hotel), 부티크 호텔(boutique hotel), 온천호텔(health spa), 보텔(boatel)	
문화 특성	한옥(韓屋) 호텔, 토루(土樓), 파라도르(paradore), 게르(ger)(유투루), 료칸(ryokan), 리야드(riad), 사찰 체험(temple stay)	
운영 특성	콘도미니엄(condominium), 펜션(pension), 이글루 호텔(glass igloo hotel)	
경영 형태	단독경영 호텔(independent hotel), 체인 경영(chain hotel)	
호텔 등급	5성급 호텔, 4성급 호텔, 3성급 호텔, 2성급 호텔, 1성급 호텔	
	최고급(luxury), 1급(first-class), 2급(standard, mid-rate), 3급(economy, budget), 4급(micro budget)	
체재 기간	단기체재(transient)호텔, 장기체재 호텔(extended stay)	
서비스 수준	제한된 서비스(limited service hotel), 풀 서비스(full service hotel)	

구분	분류 내용	비고
기타	게스트하우스(guest house), B&B(Bed & Breakfast), 농장(farm house), 아파트먼트(apartments)호텔, 빌라(villas), 커티지(cottages) 콘도미니엄(condominium), 시간 배분제 리조트(time share resorts), 휴가촌(vacation village, holiday centers), 회의 및 전시 센터(conference & exhibition centres, 캐러밴(touring caravan), 캠핑장(camping sites), 마리나(marinas)	
한국 (관광진흥법)	• 관광숙박업: 호텔업(관광호텔업, 수상관광호텔업, 한국전통호텔업, 가족호텔업, 호스텔업, 소형호텔업, 의료관광호텔업), 휴양콘도미니엄업 • 관광객이용시설업(외국인관광도시민박업, 한옥(韓屋)체험업) • 관광편의시설업(관광펜션업)	

자료: Stephen Rushmore, Hotel Investment(A guide for Lenders and owners), Warren, Gopham & Lamont, pp.3-8; 고석면, 호텔경영론, 기문사, 2012, pp.15-22; 차길수·윤세목, 호텔경영학원론, 학림출판사, 2011, pp.54-73를 참고하여 작성함

3) 호텔의 등급과 브랜드

호텔업 등급은 소비자들이 호텔을 선택하는데 소비자들에게 얼마나 다양한 서비스를 제공하는가, 즉 어떠한 서비스를 제공하는가는 매우 중요한 의미가 있다. 호텔업은 시설현황과 서비스 수준, 소비자의 만족도 등에 의해서 등급을 정하게 되는데, 이는 이용자의 편의를 도모하고 시설 및 서비스의 수준을 효율적으로 관리하며 이용자의 취향과 필요에 따라 호텔을 선택할 수 있는 객관적인 지표를 제시하기 위한 것이라고 할 수 있다.

호텔들이 소비자에게 제공하는 상품과 서비스를 제공하는 제공범위도 다양한 차이를 나타내고 있어 대다수 국가는 소비자들에게 선택의 폭을 넓히고 선택권을 강화하며, 호텔 선택을 보완해 주기 위한 제도로서 채택하게 된 것이 호텔 등급 제도이다.

소비자가 생각하는 기업 브랜드는 상품의 품질과 연관성이 있다는 인식을 하고 있으며, 고객의 요구를 충족시켜 주고, 품질도 우수할 것이라는 고정관념을 갖고 있다. 소비자들이 인식하는 브랜딩(branding) 이미지는 서비스 품질의 구성 요소가 되는 물적 서비스인 설비·장치·기구·가구·비품·집기 등이 우수하고 종사원의 인적서비스와 전문적인 기술과 지식 및 숙련도 등이 높을 것이라는 판단 때문이다.

브랜드 상품은 회사의 이미지나 소비자의 기억에 남을 수 있는 상품으로 오랫

동안 기억하는 브랜딩(branding) 명칭(name)을 선정하는데 기업의 특성이나 여행자들이 기억하고 쉽고 상상할 수 있는 상품명을 선택하는 것이 기업의 발전에도 기여한다고 인식하는 것이다.

▣ 호텔 브랜드 현황

분류	사례
Hyatt	Park Hyatt, M/Raval(life in balance spa), Grand Hyatt, Hyatt Regency, Hyatt, Hyatt, Zilara(Hyatt Ziva), Hyatt place, Hyatt house, UrCove by Hyatt, Hyatt Residences Club, Andaz, Alila, Thompson hotels, Hyatt Centric, Exhale spa+fitness
	Unbound collection, Destination hotels, Joie de vivre
IHG 그룹	Six sense, Regent, Intercontinental hotels & resort, Kimpton hotels & resort, Crown Plaza hotels & resort, hotel Indigo, Voco, Hualuxe, Even hotels, Holiday inn, Holiday inn express, Holiday club vocation, Holiday inn resort, Stay bridge suites, Atwell suites, Avid, Candlewood suites
Starwood hotels & resorts	Ritz-Carlton Rewards, Ritz-Carlton, Edition, JW Marriott, Autograph collection hotels, Renaissance hotels, Marriott, Delta hotels Marriott, Marriott executive apartment, Marriott vacation club, Marriott rewards, Gaylord hotels, AC hotels Marriott, Courtyard Marriott, Residence inn Marriott, Spring hill suites Marriott, Fairfield inn & suites Marriott, Towne place suites Marriott, Protea Hotels Marriott, Moxy hotels, SPG(Starwood Preferred Guest), ST Regis, Luxury collection, W hotels, Westin hotels & resort, Sheraton, Le Meridien, Tribute Portfolio, Design hotels, Aloft. Four points by Sheraton, Element
Marriott hotels & resorts	ST Regis hotels & resort, Rirz-Carlton, JW Marriott, Edition, Luxury collection, W hotels, Bvlgari hotels & resort, Autograph collection hotels, Le Meridien, Tribute Portfolio, Westin hotels & resort, Renaissance hotels, Gaylord hotels, Marriott, Delta hotels, Sheraton, Marriott executive apartment, Court yard Marriott, Four points by sheraton, Spring hill suites Marriott, Residence inn by Marriott, AC hotels Marriott, Aloft hotels, Element by Sheraton, Moxy hotels, Protea Hotels, Fairfield by Marriott, Towne place suites by Marriott
Hilton hotel	Waldorf Astoria collection, LXR hotel, Conrad hotels & resort, Canopy, Signia hilton, Hilton, Curio collection, Double Tree hotels · suites · resorts · clubs, Tapestry collection, Embassy suites hotels, Tempo, Motto, Hilton garden inn, Hampton, Tru, Homewood suites hilton, Home 2 suites, Hilton Grand vacation
ACCOR	Raffles, Orient Express hotels, Faena Hotel Miami beach, Banyan Tree, Delano, Sofitel legend, Fairmont, SLS(museum hotel), SO//(hotels & resort collection), Sofitel, House of Original, Rixos hotels, Mantis, M gallery hotels collection, Discover(boutique museum hotel), Art series hotel, Mondrian, Pullman, Swissôtel, Angsana, 25h(twenty five hours hotels), Hyde hotels resorts & residence, Mövenpick hotels & resort, Grand Mercure, Peppers, the Sebel, Mantra, Novotel, Mercure, Adagio apart hotel premium, Mama shelter, Tribe, Break free, Ibis, Ibis style, Adagio apart hotel, Greet, Joe Joe, Ibis budget, hotel F!, Thalassa sea & spa, Hauzuh hotels group ltd(화주주점: 花柱酒店), Adagio apart hotel access, One fine stay

분류	사례
Choice hotel	Ascend hotel collection, Cambria hotels & suites, Comfort Inn, Comfort Suites, Sleep Inn, Quality, Clarion, Main stay suite, Wood spring suite, Suburban, Econo lodge, Rode way inn
Best western	Best western(BW), VIB best western, Premier Best western(BWP), Residency Executive, Best western plus(BW), BW Premier collection, GLO Best western
Mandarin	Mandarin Oriental
Island Shangri-ra	Shangri-ra hotels & resort, Traders hotel by Shangri-ra, Shangri-ra Reas Sayang resort & spa, Golden sands resort(Penang Malaysia by Shangri-ra)
Peninsula	Peninsula
Wyndham	Wyndham hotels & resorts, Ramada world wide, Super 8, Wingate by Wyndham, Knights Inn, Baymont Inn & suites, Travel lodge, Days inn, Howard Johnson, Hawthorn suites by Wyndham, Planet holly wood, Wyndham Garden hotels, Tryp, Microtel by Wyndham, Dream hotels, Wyndham Grand and resorts
	Ramada(Ramada, Ramada plaza, Ramada resort, Ramada hotel & resort, Ramada hotel & suites, Ramada encore)
BENIKEA	

자료: http://hotelchoice.com; http://www.basshotels.com; http://www.bestwestern.com; http://www.hilton.com; http://www.hilton.com; http://www.hyatt.com; http://www.ichotelsgroup.com; http://www.marriothotels.co.kr/; http://www.shangri-la.com; http://www.starwoodhotels.com을 참고하여 작성함

3. 식사 정보

1) 식사의 의의

식사(食事, meal)란 음식을 먹는 일이다. 인간은 음식물을 섭취함으로써 생명을 유지하고 활동과 성장에 필요한 영양을 보충하는 행위라고 할 수 있다. 음식은 개인의 생리적·심리적 욕구를 충족하면서 국가 및 지역 문화를 이해할 수 있는 제도화된 문화 양식이라고 할 수 있다.

식사는 본능에 의해서 먹는 것도 중요하지만 국가 또는 지역의 독특한 특성에 따라서 다른 가치관을 형성하게 되었고, 문화로 정착하여 발전해 왔으며, 음식물의 종류를 선택하거나, 요리법이나 식탁에서의 예의로 인하여 식사 행동에 차이가 발생하게 되었는데 이는 문화적 관점에서 이해해야 할 필요성이 있다.

사람들은 사회생활을 영위하는 과정에서 새로운 환경에 접하면서 새로운 문화를 접하게 된다. 특히 관광은 새로운 욕구와 동기를 충족하려고 하는 심리적인 과정으로서 관광 일정 중에서 외부에서 다양한 문화를 접하기도 하는데, 역

사의 조류 속에서 식생활 문화는 자연·사회·문화·경제 등의 변천에 따라 영향을 받으면서 형성되어 왔고, 각 민족의 식생활 양식은 그 민족이 처한 지리적·사회적·문화적 환경에 따라 형성되고 발전된다고 할 수 있겠다.

세계에는 여러 민족 또는 국가가 다른 환경에서 제각기 발달시켜 온 음식 문화와 특유의 방법으로 먹으며, 생활을 해왔다. 일상생활 속에서 접하는 음식과 식품은 오랜 역사의 산물이며, 각 나라의 대표적인 음식이나 기호식품을 보면 문화의 차이를 이해할 수 있다.

식사는 관광에 있어서 중요하며, 신경이 많이 쓰는 정보이기도 하다. 식사시설로 이용하는 식당의 종류와 식사 장소, 식사의 종류, 식사의 메뉴, 식사의 횟수 등에 관한 사항이다. 또한 현지에서 식사 내용의 현지식(現地式)과 특별식(特別式)이 적절히 조화되어 있는지를 이해할 필요성이 있다.

특히 식생활은 국가 및 지역의 특성에 따라 다양하게 분류할 수 있으나, 식생활 문화는 주식(主食)과 먹는 방법에 따른 문화권으로 분류하고 있다. 주식(主食)에 따른 분류는 쌀, 밀, 옥수수, 감자, 고구마, 토란, 마 등을 주식으로 하는 문화권이다. 또한 국가들이 먹는 방법에 따라 수식(手食) 문화, 저식(著食) 문화, 기물(器物) 문화권으로 분류하고 있다.

2) 주식(主食)에 따른 분류

(1) 쌀을 주식으로 하는 문화권

쌀을 주식으로 하는 문화권은 주로 인도, 동북아시아, 동남아시아이며 우리나라와 일본 및 중국은 끈기가 있는 쌀밥을 선호하며, 동북아시아 지역에서는 끈기가 적은 쌀밥 또는 쌀국수를 선호하는 추세가 있다.

(2) 밀(wheat)을 주식으로 하는 문화권

밀(wheat)을 주식으로 하는 문화권은 인도 북부, 파키스탄, 중동, 중국 북부, 북아프리카, 유럽, 북아메리카 등이며 건조한 곳이어서 수확량이 적고, 목축이 많이 이루어지고 있어서 동물성 식품을 상대적으로 많이 섭취하는 특성이 있다.

(3) 옥수수(corn)를 주식으로 하는 문화권

옥수수를 주식으로 하는 문화권은 미국의 남부, 멕시코, 페루, 칠레, 아프리카 등이며, 페루나 칠레에서는 낟알 그대로 또는 거칠게 갈아서 죽을 만들어 먹으며, 아프리카는 옥수수를 가루로 만들이 수프 또는 죽을 끓여 먹는다.

(4) 서류(薯類)를 주식으로 하는 문화권

서류(薯類: root and tuber crops)란 감자, 고구마, 토란(土卵), 마(麻, yam) 등을 주식으로 사용하는 것이며, 동남아시아와 태평양 남부의 여러 섬 등에서 주식으로 하고 있다. 1550년경 유럽에 전래된 감자는 현재 밀과 함께 유럽에서 주식으로 많이 활용되고 있다.

3) 먹는 방법에 따른 분류

(1) 수식(手食) 문화권

수식(手食) 문화는 음식을 손으로 집어서 먹는 식문화이다. 식문화의 특징은 이슬람교 · 힌두교 · 남아시아의 일부 지역에서는 엄격한 수식 예의(manner)를 지키고 있으며, 남아시아 · 서아시아 · 아프리카 · 오세아니아(원주민) 지역 수식 문화권에서는 음식을 먹을 때 손을 사용하는 방법은 다른 문화권에서는 비위생적이고 원시적이라고 생각할 수 있겠지만, 이러한 생활 자체가 그 문화권의 특색이라고 할 수 있다.

(2) 저식(箸食) 문화권

저식(箸食) 문화는 숟가락이나 젓가락을 이용하여 음식을 먹는 문화이다. 중국의 문명인 화식(火食)에서 발생하였다고 하고 있으며, 중국과 한국은 수저를 함께 사용하며, 일본은 젓가락만 사용한다. 대표적인 국가는 한국, 일본, 중국, 대만, 베트남 등이다.

(3) 기물(器物) 문화권

기물(器物) 문화권은 나이프, 포크, 숟가락(spoon)을 쓰는 문화권이다. 17세기의 프랑스 궁정(宮庭) 요리에서 정착되었으며, 유럽 · 러시아 · 북아메리카 · 남아메리카 등의 국가 및 지역에서 사용한다.

▶ 식생활 문화권의 분류

먹는 방법	특징	지역	인구
수식(手食) 문화권	이슬람교·힌두교·남아시아의 일부 지역에서 발전되었으며, 엄격한 수식 예의	남아시아, 서아시아, 아프리카, 오세아니아(원주민)	24억(40%)
저식(箸食) 문화권	중국 문명에서 화식(火食)에서 발생하였다고 하고 있으며, 중국과 한국은 수저를 함께 사용하며, 일본은 젓가락만 사용	한국, 일본, 중국, 대만, 베트남	18억(30%)
기물(器物) 문화권	나이프, 포크, 숟가락을 사용하는 문화권으로 17세기 프랑스 궁정 요리에서 정착	유럽, 러시아, 북아메리카, 남아메리카	18억(30%)

자료: 이지현·김선희, 글로벌 시대의 음식문화, 기문사, 2013, pp.14-15을 참고하여 작성함

4) 식사와 예절

현지에서 통용되는 식사 예절 등에 관한 정보는 중요하다. 식사는 종교적 관점에서 다양한 이해가 필요하며, 신화적인 측면에서 금기시하거나 종교행사에 강한 영향을 미치는 종교적 측면이 나타나는 경우도 많이 있다.

▶ 식사 정보

구분	분류 내용	비고
식당 명칭	레스토랑(restaurant), 커피숍(coffee shop), 카페테리아(cafeteria), 다이닝 룸(dining room), 그릴(grill), 뷔페식당(buffet restaurant), 런치 카운터(lunch counter), 리후레쉬먼트 스탠드(refreshment stand), 드라이브 인(drive-in, through), 다이닝 카(dining car), 스낵 바(snack bar), 백화점 식당(department store restaurant), 인더스트리얼 레스토랑(industrial restaurant), 스카이 라운지(sky lounge), 델리카티슨(delicatessen)	
국가별 식사	한식, 일식, 중국식, 미국식, 프랑스식, 이탈리아식, 스페인식 등	
식사 내용	정식 코스 요리(table d'hote), 일품요리(a la carte), 뷔페(buffet)	
식사 시간	조식(breakfast), 브런치(brunch), 점심(lunch, luncheon), 저녁(dinner), 서퍼(supper)	
여행상품 구성	호텔식, 기내식(機內食), 현지식(現地式), 특별식(特別式) 등	
주식(主食)에 따른 분류	쌀(rice), 밀(wheat), 옥수수(corn), 서류[薯類, root and tuber crops; 감자, 고구마, 토란(土卵), 마(麻, yam)] 등	
먹는 방법	수식(手食) 문화권, 저식(箸食) 문화권, 기물(器物) 문화권	
식사 장소	패스트푸드(fast food), 패밀리 레스토랑(family restaurant), 퓨전 레스토랑(fusion restaurant), 전문식당(dining restaurant)	
종교 관점 식사 메뉴	불교, 기독교, 힌두교, 이슬람교, 유대교 등	

자료: 고석면·이기국·정강국·한영일, 식음료관리, 대왕사, 2021, pp.26-43, 176-191을 참고하여 작성함

인도의 힌두교는 소를 식용으로 하지 않는다고 알려져 있으며, 윤회전생(輪回前生)이라는 문화적 관념에 따라 육식을 먹지 않는 채식주의자(vegetarian)가 인구의 다수를 차지하고 있기도 하다.

이슬람은 코란(koran)에서 금지된 돼지고기, 동물의 혈액 등이 있고 음주도 바람직하지 않다고 인식하고 있으며, 이슬람교도가 기도하면서 도살한 동물만 식용으로 허용되었다. 또한 이슬람은 라마단(Ramadān)이라고 하여 일체의 음식물을 입에 대는 것이 허용되지 않고 식사는 야간에만 허용하고 있다.

유대교는 식사에서 이슬람교와 공통되는 점이 있으며, 발굽이 갈라져 있지 않고 위 주머니에서 반추(反芻)하지 않는 동물은 식용이 금지되어 있기 때문에 돼지고기, 말고기를 먹는 것은 허용되지 않으며, 비늘, 수염이 없는 생선인 새우, 게, 오징어, 문어도 먹지 않는다.

4. 관광지

관광지(觀光地) 또는 여행지(旅行地)는 자연적 또는 문화적 관광자원을 갖추고 관광객을 위한 기본적인 편의시설이 설치된 지역으로서 관광, 여행, 유람하는 데 적정하고 역사, 문화, 자연경관 등의 관광 자산을 가지고 있는 곳이라고 할 수 있다.

관광지의 날씨는 의사결정에서 중요한 요인이 된다. 지역 및 국가의 기후는 우기(雨氣) 및 건기(乾期)를 비롯하여 온도와 관련이 되는 정보를 제공하여 여행 시 불편하지 않고 여행하도록 하는 것도 중요한 정보이다.

관광지에 대한 정보는 관광지의 역사, 문화, 기후, 위치, 교통편, 숙박, 쇼핑, 축제 등을 포함한다. 더 나아가 관광지의 지도, 사진, 역사, 특색, 유래, 연계 관광지 등을 포함하고 있는 것이 좋다. 고객이 요청하는 정보를 제공할 수 없는 경우에는 고객에 대한 신뢰감을 실추시킬 수 있어 정확하고 신뢰감이 있는 정보를 제공하는 것은 중요한 의미가 있다. 따라서 상담자가 모든 정보를 알 수가 없어 관광정보시스템 구축이 필요한 것이며, 관광지를 입력하면 그 지역의 역사와 문화자원에 관한 다양한 정보를 제공받을 수 있으며, 효과적인 상담이 될 수도 있다.

많은 국가 또는 지역은 관광객을 유치하기 위하여 관광지를 홍보하기 위한 브랜딩(branding) 전략을 추구하고 있으며, 지역의 관광마케팅 기관 및 지역의 특화 산업개발, 지역관광 산업 촉진을 위한 지역관광 마케팅 조직(DMO: Destination Marketing Organization)을 설립하여 운영하는 경향이 높아지고 있어서 이들 기관과의 정보교류 등 협력을 통한 정보를 활용하는 것도 중요하다.

지역 문화는 아주 오래된 기간에 형성된 것이며, 지역의 특성에 따라서 문화의 호기심을 유발하는 중요한 관광 동기의 요인이 된다. 그러나 한편으로는 불편하고 당황스러운 상황이 발생될 수 있는 요인이 되기 때문에 미리 문화에 대한 정보를 제공하여 지역 및 국가의 문화를 이해하는 기회를 제공하는 것도 매우 중요하다.

▶ 관광자원 정보

구분	분류내용	비고
자연 관광자원	산악, 해안, 하천 · 호수, 온천, 동굴 등	
문화 관광자원	유형문화재(visible cultural assets), 무형문화재(invisible cultural assets), 기념물(monuments), 민속자료(folk customs materials)	
사회 관광자원	문화 · 축제, 교육 · 사회 · 문화시설(박물관, 미술관), 향토음식 · 특산물	
산업 관광자원	농업(農業), 임업(林業), 어업(漁業), 공업(工業), 상업(商業), 산업(産業)	
유네스코 세계유산	문화유산(cultural heritage), 자연유산(natural heritage), 복합유산(mixed heritage), 무형문화유산(intangible cultural heritage)	

5. 쇼핑

쇼핑은 관광 활동의 중요한 동기 중 하나이며, 쇼핑 경험은 관광객의 만족뿐만 아니라 향후 관광목적지 선택에도 영향을 미치며, 쇼핑은 단순히 필요한 물건을 구매하는 개념이 아닌 관광을 유발하는 중요한 동기 중 하나이고 쇼핑관광 그 자체가 하나의 여가활동의 일종이라고 강조하는 것처럼 중요한 역할을 하게 된다.

쇼핑(shopping)이란 장(場)보기라는 의미로도 사용되는데, 생활필수품이나 상품을 구매하는 행동으로 구매를 목적으로 재화와 용역을 조사하는 것을 말한다. 또한 쇼핑은 선별하는 과정 또는 구매과정이라고도 하며, 환경적 측면에서는 경제활동이니 여가활동이라고 표현하기도 한다.

여행하면서 여러 가지 아이템, 여행지에서의 추억을 남길 물건들을 구매하는 것은 여행의 피로를 해소시켜 주고 여행의 기쁨을 마무리할 수 있는 계기를 제공하기도 한다. 기념품은 국내·외를 불문하고 관광객이 여행하는 도중에 거의 필수적으로 구매하는 품목이고 지역의 전통과 문화를 보여주며 관광지의 이미지를 보여주는 기능을 하고 있으며, 기념품을 통해 관광지를 회상하게 되고 구전으로 기념품과 방문했던 지역을 주변에 소개하는 효과가 있다고 하겠다.

기념품이란 용어를 영어에서는 선물(gift) 또는 기념품(souvenir)으로 표현하고 있는데, 일반적으로 선물(gift)은 은혜, 고마움에 대한 표현이며, 기념으로 주고받는 물건을 기념품이라 표현하고 있다.

기념품의 개념을 안종윤 교수는 "상품이건 물건이건 간에 지나간 여행을 회상(回想)하도록 하는 물건"이라 하였고, 더바스(C. Dervase)는 "방문한 관광지를 기념하기 위하여 여행하는 도중에 구입한 것", 문화체육관광부에서는 "한국 고유의 전통성을 지닌 공예품과 일상용품 등 관광객이 방문지에서 구입 또는 취득할 수 있는 모든 상품"이라고 정의하였다.

관광객이 방문하는 방문 국가 또는 지역의 고유한 전통성과 독창성, 지역적 특성이 표출된 토산품, 공예품, 민예품, 특산품 등 관광객이 구매하여 취득할 수 있는 상품이라고 할 수 있다.

관광지에서는 기념품뿐만 아니라 다종다양한 상품이 관광객에게 판매되고 있으나, 관광기념품은 여행자의 구매 의욕을 유발할 수 있어야 한다.

상품을 구매하는 쇼핑은 구매에 앞서서 상품과 관련된 정보를 입수한 후에 구매하게 되며, 경우에 따라서는 충동 구매하는 경우도 발생된다.

소비를 목적으로 한국에 수입되는 외국산 상품에 부과되는 관세와 자국(自國)에서 생산되어 유통되고 있는 상품에 부과되는 제(諸) 세금을 일정한 지역을 지정하여 자격을 갖춘 특정인에게 면세로 판매하는 점포를 면세점이라고 한다. 면세점은 외국인 여행자들과 출국하는 내국인 여행자들에게 매력적인 장소로서 부각되고 있다.

쇼핑을 하는 일반적인 원칙은 정보 입수와 의사 결정, 품질 표시 여부, 상점의 선택, 지불 방법의 선택, 불만 처리 및 서비스라는 것은 쇼핑의 관점에도 중요한 선택요인이 된다.

▶ 쇼핑 정보

구분	분류내용	비고
쇼핑 장소	공항 면세점, 기내 면세정, 페리 면세점, 시내 면세점, 기념품점, 백화점, 전통시장, 호텔 내 쇼핑점 등	
쇼핑 품목	공예품(工藝品), 생활용품(生活用品), 산업공예품(産業工藝品), 수공예품(手工藝品), 민예품(民藝品), 민속(民俗)공예품, 공산품(工産品), 식품(食品), 향토 전통음식 등	
서비스 품질	외국어(한국어) 사용, 종사원 서비스, 운영시간, 가격 정찰제, 지불 수단, 품질 보증 표시, A/S 여부	
쇼핑 특성	규모, 국제적인 브랜드, 할인율, 교통 편리성 및 접근성, 환율 안정성, 환불금 정책 등	

자료: 윤주, 쇼핑관광 환경분석을 통한 경쟁력 강화방안, 한국문화관광연구원, 2017, p.79

6. 서비스

현대사회에서 이미 보편화된 언어로 널리 사용하고 있는 서비스의 개념을 정의한다는 것은 매우 어려운 문제라고 하겠다. 서비스 용어는 우리 주변과 생활에서 공존하고 있고, 복합적인 개념을 포함하여 폭넓게 사용되고 있으며, 서비스의 의미를 활용하는 것은 사회적인 현상이다. 서비스란 우리말로 봉사라는 뜻이며 봉사(奉仕)는 '윗사람에게 사용되는 말, 헌신적으로 국가나 사회를 위해 공헌하는 말, 타인을 위해 자기 스스로 애쓰고 수고하는 말'이라 정의하고 있다.

서비스의 의미는 오랫동안 많은 기업이 중요한 이슈로서 제기해 왔다. 서비스는 도시가 생성되고 산업들이 태동하면서 경쟁기업이 등장하게 되었고 경쟁에서 승리하기 위한 전략의 한 가지 방안으로 서비스라는 용어에 관심을 갖게 되었다.

서비스 산업이 발전하고 산업적 위치를 공고히 하면서 다양한 소비자의 요구를 충족시키기 위한 노력의 일환으로 서비스에 대한 중요성을 인식하게 되었고

서비스 활동을 실행하기 위한 시도가 있었다. 특히 기업 환경의 변화는 과거의 생산 중심에 의존하던 방식에서 소비자의 욕구를 충족시키고 품질이 우수한 서비스를 제공하는 것이 중요하다는 것을 인식하게 되었다.

현대사회에 있어서 서비스(service)라는 용어는 일상생활에서 자주 등장하고 사용하고 있으며, 마케팅 분야에서도 소비자 지향이라는 고객 중심적 사고방식으로 전환하면서 고객 만족(CS: Customer Satisfaction), 고객 감동(CI: Customer Impression)이라는 표현을 사용하면서 서비스가 기업의 생존경쟁에 있어서 중요한 개념으로 등장하였다.

고객이 상품이나 서비스를 구매하는 것은 특정한 욕구를 충족시키기 위해서이다. 고객이 원하는 서비스를 설계하기 위해서는 고객의 욕구뿐만 아니라 고객이 우선 서비스에 대해서 기대하는 것이 무엇인지를 이해하는 것이 필요하다.

▶ 고객 지향적 측면에서의 서비스

구분		의미
S	Smile, Speed, Sincerity, Smartness, Study	미소, 신속, 정성, 우아, 연구
E	Energy	활기
R	Revolutionary	신선하고 혁신적인 것
V	Valuable	가치 있는 것
I	Impressive	감명 깊은 것
C	Communication	의사소통
E	Entertainment	환대

자료: 정기영 편저, 서비스 경영, 신지서원, 2008, p.17을 참고하여 작성함

여행 도중에 발생할 수 있는 각종 사고와 사망, 손해, 분실 등에 대비하여 가입하는 여행자 보험과 여권, 비자 수속(手續) 대행 등에 관한 정보이다. 또한 안내사의 동승 여부, 현지에서의 안내자 정보 등도 중요한 고려 요인이 된다.

여행자들에게는 고객에게 제공하는 서비스 차원의 관점에서 고객의 이해를 증진시킬 수 있고 무형의 여행 현상을 유형의 상품으로 구체화시킨 것으로서 관광 일정(Tour Itinerary)을 나타내는 표라고 할 수 있다. 여행 일정은 여행 조건에 영향을 받으며, 여행지역, 여행 기간, 교통수단, 숙박시설, 식사 조건, 관광지, 쇼핑,

선택 관광(OPTR: Option Tour) 등에 대한 정보이다. 여행자는 여행정보를 통해서 상품을 선택하고 여행에 대한 만족을 얻을 수 있으며, 여행사는 여행상품의 판매력을 제고시킬 수 있다.

| 제3절 | 가격 정보 |

1. 가격의 이해

가격(價格)이란 어떤 한 재화가 다른 재화와 교환되는 비율이며, 시장에서 판매되는 상품은 가격이 있으며, 상품이 실제로 매매되는 가격을 시장가격이라 한다. 가격 형태는 수요와 공급의 원리에 의해 나타나며, 시장의 상태에 의해 결정된다.

가격(price)이란 상품의 생산자가 미리 정해놓은 판매량과 수입에 도달하기 위한 목표 고객과 미래 고객이 상품을 선택하는데 가치를 높이려는 상품교환을 의미한다.

가격은 소비자들이 상품을 선택할 때 가장 중요하게 고려하는 요인이며, 최근에는 비가격 요인도 구매자의 선택에 많은 영향을 미치고 있다. 상품이 차별화되지 못하는 동질의 상품은 가격이 구매 결정의 중요한 요인이 된다.

가격 지식도 상품 지식의 일부처럼 소비자는 여러 가지 상품들에 대해서 가격수준과 가격 차이에 대한 정보에 관심을 기울이게 된다. 상품속성에 대한 사전지식이 부족한 경우 가격이 의사결정에 있어서 절대적인 역할을 하게 되며, 가격에 대한 지식은 절대가격(絶對價格)과 상대가격(相對價格)에 대한 지식으로 구분하고 있다.

가격결정의 방식은 원가를 기준으로 한 가격, 구매자를 기준으로 한 가격, 경쟁을 기준으로 한 가격, 품질을 기준으로 한 가격, 공급자를 기준으로 한 가격, 판매지역을 기준으로 한 가격결정 방법이 있다.

소비자들은 상품가격의 계절성, 단기성, 한계 효용성 등과 같은 시장 환경과 상품 구매자의 요구가 반영되는 할인 가격, 가격 인상(引上) 등에 민감하며, 이러한 것은 가격 정보의 중요한 핵심이 되고 있다. 소비자는 가격결정의 방법을 이해하고 있어야 하며, 상품 제공자의 가격결정은 원가 중심, 수요자 중심, 경쟁자 중심의 방법이 있다.

2. 가격 정책

관광객들이 원하는 상품을 선택할 때 중요하게 생각하는 정보 탐색의 한 가지는 가격이다. 소비자들이 선호하지 않는 상품을 구매하도록 유도하는 것은 가격 정책이다. 따라서 가격할인(price cut), 경품(premium) 제공과 같은 판매촉진(sales promotion)의 수단을 통해서 소비자들의 태도 변화를 유도하고 있다.

관광객이 목적지를 선택할 때는 국가 및 지역도 중요하게 인식하고, 구체적인 상품 내용 및 품질수준에 대한 정보도 중요하지만 민감하게 인식하고 반응하는 것은 상품가격이다. 관광상품은 필수품적인 특성이 아니며, 상황에 매우 민감하기 때문에 가격은 구매 의도나 행위에 절대적인 영향을 미칠 수 있는 행동 변화이다.

가격정책의 형태는 수요와 공급의 조건에 따라 분류가 가능하며, 첫째, 저(低)가격 둘째, 고(高)가격 셋째, 할인(discount)가격으로 구분하며, 가격정책은 소비자의 반응이 민감하게 작용할 수밖에 없다.

관광상품도 일반적인 상품과 마찬가지로 수요와 공급의 원리에 의해서 가격이 결정된다. 상품의 가격도 이러한 원리가 적용되고 있으며, 상품의 가격은 하드(hard)와 소프트(soft) 측면에서 그 원리를 이해할 수 있다.

관광상품의 가격 정보는 일반적으로 교통, 숙박 및 식사비 그리고 관광지 입장료 등으로 구성된다고 할 수 있다.

◨ 가격 정보

구분	내용	비고
상품 가격	교통요금, 숙박요금, 식사요금, 관광지 입장료, 관광시설 이용료 등	
가격결정 방식	원가 기준, 구매자 기준, 경쟁 기준, 품질 기준, 공급자 기준, 판매지역 기준	
가격정책	저(低)가격, 고(高)가격, 경쟁가격, 할인(discount)가격 등	

제4절　**경영관리 정보**

1. 고객관리

고객(顧客, customers)이란 경제에서 창출된 재화와 용역을 구매하는 개인이나 가구(家口)를 표현하는 용어이다. 고객관리(顧客管理, customer relations)는 생산업체나 회사 등이 거래처인 판매점에 대하여 행하는 관리 활동이다. 종전의 고객 관리는 고객 대장이나 고객 카드 등을 작성하여 관리하였으나 컴퓨터의 보급에 따라 그 내용을 입력하고 분석하여 정보를 활용하는 추세가 증가하고 있다. 이용자의 이용 상황이나 기호(嗜好) 등 정보를 모아서 관리하고, 여러 가지 서비스의 실현이나 마케팅 할동에 적극적으로 활용하기 위한 것이다.

고객관계관리(顧客關係管理, CRM: Customer Relationship Management)란 소비자들을 고객으로 만들고, 이를 유지하고 관리하기 위한 경영방식이며 기업들은 고객과의 관계를 관리하고 고객 확보, 판매 관련자 및 협력자와 내부 정보를 분석하여 이를 효과적으로 사용하기 위한 광범위한 관리 방법이다.

기업의 충성고객(loyal customer)은 수익에서 차지하는 비중(90%)이 높고 새로운 고객을 창출하는 데 지출되는 비용보다 적은 마케팅 비용으로 고정고객을 유지할 수 있다고 한다. 고정고객에 대한 정보(guest history)를 지속적으로 관리하기 위하여 고객의 기호·습성 등을 정보화하여 고객의 재방문 시 활용하는 서비스 체제를 구축하고 있다. 따라서 고객정보를 확인하여 최적화하는 절차를 표준화해야 하며, 이를 경영정보에 반영하고 고객 특성에 맞는 마케팅 활동을 하기 위해서는 고객관리(CRM) 시스템을 통합하는 것이 중요하다.

고객에 대한 정보체계를 구축한 기업들은 운영수익(operational profit)과 마케팅 수익(marketing profit)에 영향을 끼쳤다고 언급하고 있는데, 고객의 구매 성향(性向) 분석이 가능하고 고객이 원하는 것을 적절한 시기에 정확히 전달할 수 있는 결과라고 한다.

고객정보는 고객의 인적 사항, 취미 등 다양한 정보를 데이터베이스(DB)화해서 마케팅에 활용하기 위한 정보이다. 일반적으로 고객정보는 고객의 성명, 성별, 연령, 학력, 소득 등을 참고하여 고객 성향을 파악하는 중요한 자료가 되며, 행사가 종료된 후에도 광고(DM: Direct Mail) 발송, 마케팅(marketing) 활동을 관리할 수 있어서 재구매를 유도할 수 있는 중요한 정보이다.

2. 경영정보

경영(經營)이라는 용어에서 경(經)은 계획(plan)하고, 영(營)은 실행(operation)한다는 것이며, 목표를 세우고 계획하여 다양한 방법으로 실행에 옮긴다는 것이며, 기업은 매출액과 목표를 세우고, 그 목표를 달성하기 위하여 다양한 방법을 모색하여 그 방법을 실천하는 것이다. 기업을 경영하는 과정에서 경영관리의 각 기능에 대한 관리가 서로 적절한 관련성이 있어야 종합적인 효과를 달성할 수 있으며, 기업경영 목표를 달성할 수 있을 것이다. 경영자가 의사결정을 어떻게 정확·신속하게 하느냐가 오늘날 기업의 경쟁 우위를 통한 고부가가치 창출, 즉 기업의 이윤으로 나타난다고 하겠다.

경영활동을 효과적으로 운용하기 위해서는 조직을 갖추는 것이 매우 중요하며, 기업의 성과에 절대적인 영향을 끼친다. 경영정보는 양질의 관광상품을 판매하여 이익을 창출할 수 있는 요인으로서 판매현황, 재고 현황, 매출액, 이익, 회계, 인사 및 총무 등에 관한 정보를 포함한다.

경영정보(經營情報, Management Information)란 기업의 경영과정에서 전반적인 정보를 통합적으로 분류 축적하고, 기업 내의 각 분야에서 이 정보를 이용하여 의사결정을 신속히 수행하도록 지원하기 위한 것이다. 또한 경영자가 기업을 통합

관리 운영하는 데 필요한 정보를 활용하여 의사결정과 신속한 조정통제가 유기적으로 진행될 수 있도록 설계하는 것으로서 이를 체계화시킨 것은 경영정보시스템(經營情報體系, MIS: Management Information System)이다.

캐너밴(Kennevan)은 경영정보시스템(MIS)을 조직의 운영과 환경에 관련된 과거와 현재, 그리고 미래에 예상되는 정보를 제공해 주기 위해 조직화한 방법이며, 의사 결정자에게 적절한 시기에 정보를 제공해 줌으로써 조직의 계획, 운영 및 통제기능을 지원해 주고 있다.

최고 경영자를 위한 컴퓨터 기반의 정보 전달 및 통제 시스템이라 할 수 있는 중역정보시스템(EIS: Executive Information System)은 임원 또는 최고 경영자들이 기업의 운영을 위하여 필요로 하는 조직 내·외부의 정보를 취합하여 정확한 의사결정을 지원할 수 있다.

▶ 경영관리

구분	내용	비고
고객관리	고객 성명, 직위, 회사명, 직장 및 자택 주소, 생활 스타일 등	
경영관리 정보	조직관리, 생산관리, 마케팅관리, 인적자원관리, 회계·재무관리(경영분석, 투자환경 분석)	

참고문헌

고석면·이기국·정강국·한영일, 식음료관리, 대왕사, 2021.

김상훈, 관광학개론, 빅벨출판사, 1992.

김충호, 현대 서어비스론, 형설출판사, 1978.

박상수, 국제관광원론, 형설출판사, 1996.

서성한·김준석·금웅연, 소비자 행동론, 박영사, 2005.

윤주, 쇼핑 관광환경분석을 통한 경쟁력 강화방안, 한국문화관광연구원, 2017.

이지현·김선희, 글로벌 시대의 음식문화, 기문사, 2013.

이항구, 관광학서설, 백산출판사, 1995.

이항구·고석면·이황, 관광교통론, 기문사, 1999.

정기영 편저, 서비스 경영, 신지서원, 2008.

정석중 외 8명, 관광학, 백산출판사, 1997.

조성극, 일본여행업의 해외여행 상품론에 관한 연구, 경기대학교 대학원 박사학위논문, 1995.

조아라, 관광안전 확보를 위한 정책과제 연구, 한국문화관광연구원, 2014.

차길수·윤세목, 호텔경영학원론, 학림출판사, 2011.

최승이·한광종, 관광 광고 홍보론, 대왕사, 1993.

허갑중, 관광토산품 국제경쟁력 강화방안, 한국문화관광연구원, 1997.

長谷正弘 편저, 관광마케팅(이론과 실제), 한국국제관광개발연구원 譯, 백산출판사, 1999.

한국관광공사, 불안과 안보상황이 국제관광에 미치는 영향, 관광정보, 1994.

한국여행업협회, 여행 불편 신고사례집, 2015.

국립보건원, 해외여행과 질병.

이데일리 뉴스(2016.03.23)

Stephen Rushmore, Hotel Investment(A guide for Lenders and owners), Warren, Gopham & Lamont.

http://hotelchoice.com

http://www.basshotels.com

http://www.bestwestern.com

http://www.hilton.com

http://www.hyatt.com

http://www.ichotelsgroup.com

http://www.marriotthotels.co.kr/

http://www.mofat.go.kr

http://www.shangri-la.com

http://www.starwoodhotels.com

http://www.traveltimes.co.kr

CHAPTER

관광발생과
관광행동

Chapter 5 관광발생과 관광행동

제1절 관광발생의 요인

1. 관광 주체적 요인

관광발생은 과거, 현재, 미래에 대한 기대 등에서 연유되는 많은 요인에 따라 영향을 받게 된다. 인간을 둘러싸고 있는 환경, 즉 자연적, 사회적, 경제적 요인에 의해서 지배를 받게 되며, 문화적 가치, 관습, 역할 등에 의해서 영향을 받게 된다. 관광객들은 내·외적 요인에 의한 영향을 받으며, 외부환경과 심리적 측면에서 내적 갈등을 극복하고 자기 목표를 지향하기 위해 행동하게 되는데, 개인의 가치관, 인생의 궁극적인 목적과 관련된 인식에 따라 생활 형태(pattern)에 많은 영향을 받게 된다.

1) 경제적 여건

관광행동은 일종의 소비 행동인 만큼 경제적 여건은 관광행동에 있어 중요한 변수가 된다. 관광이 특정 계층의 전유물에서 벗어나 모든 사람이 관광을 즐길 수 있는 대중관광 시대의 출현 역시 그 근원에는 일반 사람들의 경제적 여건이 향상되었기에 가능하게 되었다. 생활환경과 경제적인 능력의 변화, 즉 국민소득의 증가, 특히 가처분소득(假處分所得, disposable income)의 증가 여부는 관광행동에 많은 영향을 미치게 된다.

> ■ **가처분소득**(假處分所得, disposable income)
>
> 개인의 자유의사에 따라 쓸 수 있는 소득을 의미하며, 가처분소득의 증가 여부는 소비자들의 소비심리에 직접적인 영향을 미치며, 소비와 구매력의 원천이 된다.

2) 시간적 여건

관광은 근로시간을 제외한 나머지 여유시간의 여부가 관광행동에 영향을 끼치게 된다. 시간적 조건은 사회 환경적 변수로서 근로시간과 여가시간, 휴가제도 등과 같은 산업사회의 정책·제도적 특성에 영향을 받게 되며, 관광객의 여가시간 양과 질에 의해서 결정되며, 관광발생에 영향을 끼치게 된다.

3) 정보획득 여건

정보·통신의 발전은 사회 전반에 걸쳐 영향력을 발휘하고 있으며, 관광환경을 변화시키는 요인이 되고 있다. 이러한 현상은 관광과 여가에 대한 욕구가 높아지고 있으며 관광이 행동으로 이어지기 위해서는 개인의 정보획득 역시 중요한 변수로 작용하게 된다. 각종 정보를 얼마나 많이 획득할 수 있으며 또한 정보를 획득할 수 있는 정보환경의 구축 여부가 관광객의 욕구를 자극하여 관광발생을 불러일으키며, 관광 패턴에도 많은 영향을 주게 된다.

2. 관광 객체적 요인

1) 자연적 조건

관광객의 행동에 많은 영향을 주는 것이 자연적 조건이다. 관광지가 입지한 지역의 자연적·사회적 제반 환경과 자원의 조건에 따라 관광행동에 많은 영향을 끼치게 된다. 자원으로서의 매력성이란 기후의 연교차(寒·署差)가 적어야 하며, 좋은 날씨(good weather), 훌륭한 경치(scenery), 청정한 자연(무공해) 등이 선택요인이 되고 관광발생에 직접적인 영향을 준다.

2) 관광지 및 관광자원의 조건

관광지는 관광객의 선택행동에 중요한 요인이 될 수 있다. 그리고 여기에는 관광지 지역주민들과의 관계 역시 중요한 변수로 작용하게 된다. 또한 여행 촉진활동의 강화 및 관광과 관련된 시설의 확충 등도 관광을 활성화할 수 있고 발전시키는 요인이 될 수 있다. 또한 관광목적지로 발전하기 위해서는 관광자원이 다소 부족하더라도 아이디어를 창출하고 투자를 하여 관광의 가치를 높일 수 있어 관광발생의 요인이 된다.

> ■ **투자**(investment)
>
> 투자란 항상 위험을 수반하며, 투자하여 이익을 내지 못하고 손실을 볼 수 있다는 것은 아마도 당연한 결과인지도 모른다. 투자 시에는 이익을 최대로 하고, 위험을 최소화하는 방안을 강구해야 하며, 투자가들은 위험을 피하려고 노력하기 때문에 부담이 큰 투자는 높은 수익 가능성이 있어야 한다고 하였다.

3. 사회 · 문화적 요인

1) 사회적 요인

산업화로 인한 도시로의 인구 집중화 현상은 현대인들의 도시로부터의 일탈(逸脫)현상이 관광에 영향을 주는 요인이 된다. 인간의 기본적 본능은 삶을 유지하기 위하여 공해 · 소음으로부터 탈출하기를 원한다. 따라서 본인이 살고 있는 거주지보다 먼 곳으로 이동하고자 하는 욕구가 강해지는 원심력(遠心力)이 증가 및 확대된다.

체계화된 교육제도를 바탕으로 문맹률의 저하와 고학력 사회, 컴퓨터 중심의

사회로 변화, 발전되어 가면서 교육 기회 및 수준의 향상으로 인한 흥미의 증가, 매스 커뮤니케이션(mass communication)의 발달로 인한 정보획득의 용이성은 관광 발생의 요인으로 작용하게 된다.

근로시간의 단축으로 인한 자유시간의 증가, 유급 휴가(paid holiday)제도, 사회보 장제도(social security system)의 발전은 관광발생에 많은 영향을 미친다.

2) 문화적 요인

문화적 요인인 종교나 민족의 문화는 국가나 사회 전반의 가치관과 윤리관을 형성하게 되며, 전통적인 문화적 가치나 행동에 대해서 이질적 문화를 체험하고 자 하는 집단에게 자기 나라(지역)와는 다른 정서나 멋이 있는 이국정서(異國情緖) 라면 매력적인 장소가 되면서 관광발생에 영향을 끼치게 된다.

국제화 · 개방화로 인한 문화 활동에 대한 참여욕구의 증대, 문화수준의 중요 성에 대한 인식이 확산되면서 역사적 유래 및 문화유산이 있는 사적지의 방문, 문화적 풍습 · 습관이 있는 지역의 탐방, 매력적인 향토음식의 시식(試食), 토 속적인 관광기념품 구입이 가능한 지역을 방문하고자 하는 경향이 증가하고 있다.

4. 정치 · 경제적 요인

1) 정치 · 군사적 요인

관광은 국가의 정치 및 안보상황에 민감하게 반응하는 요인이다. 정치적 불안 정, 군사적 상황은 항상 존재할 수 있으며, 불안과 공포를 야기하는 중요한 요인 이 되며, 전쟁이나 쿠데타, 테러 등과 같은 안전이 확보되지 않은 불안은 관광의 가장 큰 장애요인이 된다.

따라서 정치가 안정되어 있고 범죄 및 테러가 없으며, 군사적인 평화 모드가 조성되어 있다면 관광객은 안전하게 관광활동을 할 수 있다는 인식을 하게 되 며, 이는 관광발생에 직접적인 영향을 끼친다.

2) 경제적 요인

소비자들이 관광목적지로 선택하고 행동하기 위한 선결조건은 물가수준이다. 관광에는 반드시 소비가 수반되며, 환율이나 경기변동에 민감하고, 급격한 환율 변동, 경기변동은 개인의 소득과 소비 지출에 영향을 주게 된다.

일반적으로 물가수준은 관광객의 구매력을 좌우하며, 높은 물가수준은 여행 비용의 실질적인 부담으로 이어지게 되어 소비를 자제하게 하는 경제적 요인이 되며, 소비 패턴은 고환율 국가에서 저환율 국가로 이동하게 된다.

5. 정책 · 기술적 요인

1) 정책 · 제도적 요인

정부는 여러 가지 상황에 따라 관광에 대한 지원이나 규제 등과 같은 일련의 조치들을 시행하게 되는데, 휴가제도와 관광 · 여가에 대한 국가의 각종 정책이 여기에 포함된다.

관광객에게 편의를 제공할 수 있는 출입국 수속 및 세관 통관절차의 간소화와 같은 법 · 제도적인 조치와 적극적인 교통망 확대 정책, 교통수단 개선정책, 요금 정책 등과 같은 관광장려 정책은 관광지 및 관광자원의 이용을 확대시킴과 동시에 관광발생에 영향을 주는 요인이 된다. 산업화로 인한 노동시간의 단축에 따른 여가시간의 확대와 근로자의 각종 휴가제도는 관광객의 개인적 변수에 많은 영향을 주게 된다.

2) 기술적 요인

관광은 이동을 수반하기 때문에 목적지까지의 이동과 연관된 교통수단의 발달은 관광을 보다 용이하게 하며 기회를 확대시켰다. 기술의 발달로 도로 · 항만 · 통신 · 공항 · 용수 · 전력 등과 같은 사회간접 시설을 확충하게 되었으며, 교통수단의 발달과 시설의 개선은 관광지 · 관광자원까지의 거리감을 단축시켜 관광객 이동에 따른 심리적 영향요인을 완화시켰다.

기술의 발달로 교통수단은 안전성(safety), 편리성(convenience), 정시성(on-time service), 운항 횟수의 빈번성(high frequency, 頻繁性), 시설의 우수성(excellence of facilities), 서비스(service)성 등이 확보됨으로써 관광객이 안전하고 편리하게 이용할 수 있다는 것은 관광객에게 영향을 끼치는 요인이 된다.

> **■ 교통수단의 ESLM**
>
> 교통수단의 ESLM이란 경제성(Economy), 속도성(Speed), 호화성(Luxury), 이동성(Mobility)을 지칭한다.

제2절 관광행동의 의의와 영향요인

1. 관광행동의 개념

관광을 '즐거움을 위한 여행'이라고 한다면 이 행위는 기본적으로는 개인적인 행동이고, 현상으로서의 관광은 개인적 행동의 집합인 사회현상으로 이해할 수 있다. 인간이 왜 여행을 하는가 하는 문제는 개인의 행동으로서 고찰할 필요성이 있으며, 관광행동(行動)의 구조를 이해하는 것은 관광을 학습하는 데 기초가 된다고 할 수 있다.

관광은 사람의 행동으로 이해해야 하며, 여행의 과정이나 일정 또는 목적지에서 경험하고 관찰하는 여러 가지 활동이며, 이동행위, 체재행위, 활동행위 등을 총칭해서 관광행동이라고 할 수 있다.

관광객 행동(tourist behavior)이란 관광객이 여행하기 위하여 계획을 세우는 단계부터 여행 과정에서 실제로 행동하면서 발생되는 여러 가지 상황을 포함하는 폭넓은 개념이며, 관광객 행동은 개인행동, 집단행동, 일반행동, 특수행동 등으로 분류할 수 있다.

문화인류학적 관점에서 관광객의 행동은 소비행동에 속한다고 인식하고 있으며, 관광행동을 소비행동의 한 과정으로 규정하기도 한다. 소비행동에서 관광객이 구입하는 것은 신체적 위안(慰安), 보고 들은 지식정보, 참가에 따른 즐거움 등 다양한 측면이 포함되어 있다.

관광자와 관광객의 개념은 인식하는 관점에 따라 차이가 있다. 관광자는 '관광을 하려는 사람을 주체적 및 주관적으로 표현하는 것이며, 관광하려는 경우 목적지 선택을 신중히 고려하여 구매행동을 하려는 사람들이다. 즉 주체성이라는 관점에서 관광행동을 연구하는 경우에는 관광자라는 용어로 표현하는 것이 적합할 것이다.

관광객이란 '관광사업의 대상이 되는 사람, 즉 소비자로서의 고객'을 지칭하는 경우가 많으며, 사업을 경영하는 사업자의 입장에서는 관광객이라는 용어로 표현하는 것이 의미가 있다고 할 수 있다.

2. 관광행동의 영향요인

관광행동은 개인의 행동에 영향을 미치는 많은 요인이 있으며, 의사결정을 어떻게 하는가를 이해하기 위해서는 관광행동의 선택에 미치는 심리적 요인을 고려할 필요가 있다.

관광행동에 미치는 요인에는 개인적, 사회적, 문화적 요인들이 있으며, 이러한 요인들은 관광행동에 영향을 미치게 된다.

▶ 관광행동의 영향요인

구분	내용	비고
개인적 영향요인 (심리적 영향요인)	지각(perception), 학습(learning), 성격(personality), 동기(motivation), 태도(attitude), 생활양식(life style)	
사회적 영향요인	가족(family), 사회계층(social class), 준거집단(reference group)	
문화적 영향요인	국적(nationality), 종교(religion), 인종(race), 언어(language), 지역(region)	

1) 개인적 영향요인

(1) 지각

인간은 시각·청각·미각·후각·촉각 등 감각기관을 통해 세상의 사물과 사건을 알게 된다. 지각(知覺: perception)이란 특정한 감각기관이 포착한 환경으로서 외부환경뿐 아니라 신체의 상태도 포함하면서 주변의 세계를 이해하는 과정이라 할 수 있다.

지각에 영향을 주는 요인은 자극요소(stimulus factors), 개인적 요소(personal factors), 상황적 요소(situational factors)가 있다. 자극요소에는 크기, 색깔, 구조, 모양, 주변환경 등과 같은 대상이나 상품의 물리적 특징으로 구분할 수 있다. 개인적 요소란 인구 통계적 요소인 연령, 직업, 소득, 성별, 국적 등을 비롯하여 자신의 개인 태도와 동기, 관심과 경험, 기대, 감정 상태 등과 같은 요소이다.

상황적 요소(situational factors)란 동일한 자극이라 하여도 사물이나 사건을 보는 시간과 장소, 주위환경이 바뀜에 따라 지각에 각각 다르게 영향을 미칠 수 있다.

(2) 학습

학습(learning)은 어떤 행위의 경험 결과에 의해 나타나는 영속적 행위이며, 심리학자들은 학습을 인간행동을 이해하기 위한 기본적 과정이라 설명하고 있다. 관광목적지를 선택하는 데 있어 쉽고 빠른 의사결정이 이루어지는 것은 경험에 의한 학습의 반복적 결과라고 볼 수 있기 때문이다.

일반적으로 관광자의 학습은 사전의 경험과 정보에 의해 이루어진다. 관광을 하려고 할 때 경제사정에 변화가 온다면 다른 목적지를 선택하도록 학습될 수 있으며, 관광자의 행동은 개인적으로 느끼는 인지(認知)도에 의한 학습 결과로 나타난다고 볼 수 있다.

학습은 동태적 과정이기도 하며, 독서·관찰·사고 등을 통해 새롭게 획득되는 지식이나 실제 경험의 결과로서 계속적으로 진화되고 발전한다. 학습되는 사물이 중요할수록 더 많이 강화될수록, 자극의 발생이 많을수록, 사물에 대해 느끼는 심상(image)이 많을수록 오래 지속되며, 더욱 신속하게 선택을 하게 한다.

(3) 성격

성격(personality)이란 개인의 특성을 나타내는 행동 또는 체험의 기반이며, 학습, 지각, 동기, 감정과 역할의 복합적 현상이라고 할 수 있다. 따라서 어떤 학자들은 성격을 "특성의 축적"이라고 설명하기도 하며, 성격은 여러 가지 특성이 복합적으로 형성되어 표출되기도 하지만 분석을 잘한다면 성격이 관광객 행동에 대해 어떠한 역할을 하고, 어떠한 영향을 미치는지를 파악할 수 있다.

성격에 관한 이론에는 정신분석 이론, 사회심리 이론, 자질론, 프로이트(S. Freud) 이론 등이 있으며, 관광행동에 있어서 성격의 특성을 이해하는 것은 중요하다. 성격이 관광행동에 어떠한 영향을 미치는지에 대한 학자들의 연구에 의하면 성격 유형에 의한 관광행동의 유형을 내성적인 사람(introverts)과 외향적인 사람(extroverts)으로 구분하였으며, 플로그(Plog)는 연구에서 관광객의 성격적 특성에 따라 내부중심(psycho-centric)형과 외부(allo-centric)형, 중간(mid-centric)형으로 구분하기도 하였다.

일반적으로 내향성 성격의 소유자들은 자기 생활에 대한 예측(豫測)적인 성향이 강하고, 이러한 사람들은 직접 운전하여 갈 수 있는 친숙한 관광지를 방문하는 것이 일반적이다. 외향성 성격의 소유자들은 반대로 자기 생활에 대한 비예측 성향이 강해서 목적지를 선택하는 경우 멀리 떨어져 있고 많이 알려지지 않은 곳을 선호하는 경향이 많다고 할 수 있다.

▶ 성격에 따른 관광행동 특성

내부중심형(내향성)	외부중심형(외향성)
• 친숙한 관광지 선호	• 일반 관광객이 잘 가지 않는 곳을 선호
• 관광지에서 평범한 활동 선호	• 다른 사람이 방문하기 전에 새로운 경험을 했다는 느낌을 갖고자 함
• 휴식할 수 있는 태양과 즐거움이 있는 곳을 선호	• 새롭고 색다른 관광지 선호
• 활동수준이 비교적 낮음	• 활동수준이 높음
• 자동차 여행을 선호	• 항공기 여행을 선호
• 대형호텔, 가족식당, 기념품점 등에 많은 사람이 모이는 곳을 선호	• 훌륭한 호텔과 음식을 선호하는 편이지만 현대적이거나 체인 호텔을 원하지는 않음 • 인적이 드문 관광시설 선호
• 가족적인 분위기, 친숙한 오락 활동을 선호 • 이국적인 분위기가 나지 않는 곳을 선호	• 타 문화권 사람들과 만나거나 교제를 시도
• 활동 일정이 꽉 짜인 완벽한 패키지(package)여행 선호	• 교통·호텔 등 기본적인 것만 여행 일정에 포함하는 경우가 있음 • 자유와 융통성을 주는 활동 선호

자료: Robert, Mcintosh & Shashikant, Gupta, Tourism, Third Edition, Grid Publishing Inc., 1980, p.72를 참고하여 작성함

(4) 동기

동기(motivation)란 어떤 행동을 일으키게 하는 심리적인 직접요인(直接要因)을 말하며, 목적에 대한 의미가 강하다. 동기에서는 유인요인(pull factor, 誘引要因)과 추진요인(push factor, 推進要因)의 개념을 중요시하고 있다.

유인요인이란 여행자의 내적·심리적 상황에서 특정한 유인 대상물(attraction)에 의해 발생하는 매력적 요인을 말하며, 독특한 상품(축제 등), 친구나 친척의 방문, 스포츠 참가 및 관전 등을 말한다.

반면에 추진요인이란 여행자의 사회·심리적인 요인에 의하여 발생되는 것으로, 위기적 요인을 말하며, 일상생활이나 직장의 환경 및 도시의 오염이나 교통 혼잡 등의 이유에서 탈출하고 싶다는 것을 의미한다.

일반적으로 관광객의 관광행동은 목적지를 선정하는 데 있어서 다양한 유인요인이 존재하며, 유사한 목적지인 경우에는 사전에 비교, 분석하여 상대적 가치를 평가하는 과정을 거치게 된다.

▶ 관광욕구와 관광행동과의 관계

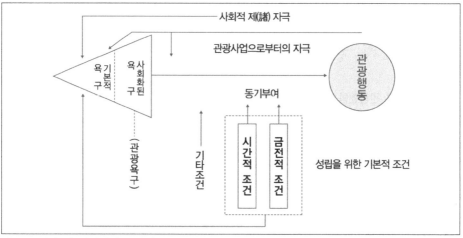

자료: 고석면 외, 관광사업론, 백산출판사, 2022, p.69

(5) 태도

태도(attitude)란 어떤 일이나 상황에 대해서 느끼는 마음가짐 또는 자세로서 호의적(好意的) 또는 비호의적(非好意的)으로 표현된다. 관광객이 어떤 상품 및 서비스 등에 대해서 느끼는 전반적이고 지속성을 갖게 되는 긍정적 또는 부정적 느낌을 의미한다.

태도는 학습된 성향에 의해 표출되는 심리적 표현이라 할 수 있고, 대상물에 대해서 느끼는 태도가 여러 부문에서 나타나게 되며, 목적지까지의 거리, 시간, 요금, 서비스의 내용, 관련 시설의 품질 등과 같은 요인들에 대해서 인식하는 정도의 차이라고 할 수 있다. 심리적으로 느끼는 태도는 목적지 선택에 많은 영향을 끼치게 되는데, 관광자의 태도를 변화시켜 관광행동으로 전환시키는 것은 마케팅의 중요한 목표이다. 마케팅 담당자는 마케팅 활동을 통해서 개인이 지향하는 가치, 개인의 목표 및 추구하는 목적 등의 태도를 변화시키는 데 중요한 역할을 한다.

▶ 태도와 의사결정

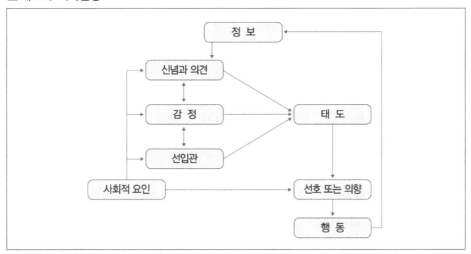

자료: 고석면 외, 관광사업론, 백산출판사, 2022, p.70

(6) 생활양식

생활양식(life style)이란 사회학에서 사용하는 용어로서 인생관, 생활 태도까지를 포함하는 개념이다. 개인이나 집단이 삶의 목표를 어떻게 추구하는지에 대한 방식을 결정해 주는 신념뿐만 아니라 살아가는 방식을 의미하며, 행동으로 나타나게 된다. 생활양식은 구체적인 행동으로 나타나는 것이기 때문에 단순한 가치관도 아니며, 또한 태도와도 다르지만 가치와 태도를 모두 포함하는 복합적인 개념이라고 할 수 있다.

생활양식은 개인의 행동이나 사고방식에 따라 독특한 방식이 있으며, 이 방식을 이해함으로써 전체 혹은 개인의 특성을 이해할 수 있고 국민성, 문화, 사회집단의 생활 및 관습과 더불어 개인의 재화에 대한 소비 형태, 직업, 자녀 양육, 교육 수준과 교육 유형에 의해서 형성된다.

2) 사회적 영향요인

(1) 가족

가족(family)은 개인과 사회의 중간에 위치하며, 가장 기본적인 사회적 단위로서 관광행동에 광범위하고 지속적인 영향을 주는 소집단이다.

가족은 가족 형태, 가족의 수, 세대별 유형 등에 따라서 생활주기가 다르게 나타날 수 있으며, 가족 구성원의 의사결정에 따라 관광행동에 미치는 영향이 크게 작용할 수 있다.

(2) 사회계층

사회계층(social class)은 사회의 동일한 지위에 있는 사람들로 구성된 집단을 의미하며, 개인과 집단 사이에 존재하는 불평등을 논의할 때 사용되는 개념이다.

사회계층은 구성원들의 사고, 행동, 신념, 태도, 가치관을 비롯하여 행동양식도 유사한 형태를 나타내는 경향이 높다. 계층을 구성하는 분류기준은 다양하며, 계층의 구분은 생활양식의 차이에서 발생된다. 재산과 소득을 위주로 한 경제적 기준을 비롯하여 권력과 같은 사회적 지위, 직업, 학력, 생활양식 등을 기준으로 구분하는 경향이 있으며, 구별하는 계층의 기준이 많아지면 계층 간의 장벽이 생기기도 하고 높아지게 된다.

관광에서 사회계층을 구분하는 요인은 만든 상품을 계층별 특성에 맞추어 판매할 수 있으며, 휴양지나 골프장 같은 시설들을 이용자의 선호에 맞추어 개발할 수도 있어 비용의 효율성을 기할 수 있고 마케팅 활동의 효과와도 연관성이 높기 때문이다.

(3) 준거집단

준거집단(reference group)은 인간의 행동에 가장 강하게 영향을 미치는 집단으로서 개인이 비록 그 구성원은 아니더라도 귀속(歸屬) 의식을 갖거나 귀속하기를 희망하는 집단을 말한다.

준거집단(準據集團)에는 개인의 행동을 지배하는 규범과 기준이 있으며, 특정한 가치를 추구하며, 개인의 행동에 영향을 미치는 신념 및 태도, 행동 방향을 결정하는 것을 기준으로 하는 사회집단이라고 할 수 있다.

관광사업자는 상품을 판매하는 과정에서 의사결정이 어느 준거집단의 영향을 받았는지를 파악할 필요가 있으며, 특히 준거집단의 의견 선도자(opinion leader)와 접촉하는 것은 효과적인 마케팅 방법이 될 수 있다.

3) 문화적 영향요인

문화는 사회구성원들이 지키는 전통이며, 공유하고 있는 생활양식으로 사회생활을 통해 배운 행위의 유형이며, 의식과 믿음의 총체이다.

문화는 관광행동에 광범위하게 영향을 미치는 요인이고 개인의 욕구와 행동 변화에 근본적으로 영향을 주며, 문화의 내부에는 독자적이고 정체성을 보여주는 소집단의 문화를 하위문화(subculture)라고 한다. 하위문화란 사회의 전통적인 문화에 대하여 어떤 특정한 집단만이 가지는 문화적 가치나 행동양식 가운데서 이질적(異質的) 특성을 갖는 문화를 말한다. 오상락은 하위문화를 국적, 종교, 인종, 지역의 4가지로 구분하고 있는데, 본 내용에서는 국적, 종교, 인종, 언어, 지역으로 구분하고자 한다.

(1) 국적

국적(nationality)이란 국가의 구성원이라는 것을 나타내는 자격이다. 사람은 국적에 의해서 특정한 국가에 소속되고 국가의 구성원이 되는 정치적·법적인 개념이다. 개인을 그 나라의 국민으로 하는가에 대해서는 전통·경제·인구정책 등 그 나라의 이해와 직접적으로 관련되는 일이며, 일부 국가에서는 국적법상

국적과 관련하여 시민권(citizenship)이라는 용어가 사용된다. 국적이 국민으로서 자격을 의미하는 것과 마찬가지로 시민권은 시민(citizen)으로서 자격을 의미한다.

(2) 종교

종교(religion)라는 말은 불교, 기독교, 유교 등의 개별 종교들을 총칭하는 개념으로 사용되고 있다. 종교는 인간의 정신문화 양식의 하나로 경험을 초월한 존재나 원리의 힘을 빌려 해결하기 어려운 인간의 불안·죽음의 문제, 심각한 고민 등을 일반적인 방법으로 해소(解消)하기 위한 것이다.

종교는 정치·경제·사상·예술·과학 등 사회의 전 영역과 깊이 관련되어 있고, 절대적이며 사람의 가치체계를 형성하는 중요한 역할을 하였으며, 종교생활에 참여하는 사람들은 관광의 기회와 행동을 종교와 연관하여 행동하려는 경향이 높다고 할 수 있다.

(3) 인종

인종(race)은 유전적으로 부여된 신체적, 생물학적 특성에 따라 구분되는 인류 집단이다. 신체적 특징, 사회적, 문화적 차이가 발생된다고 느껴지는 특징을 구분하여 분류하고 있으나 생물학적 특성 구분은 사실상 무의미하다고 하고 있고 피부색, 문화, 종교 등의 요소가 크게 작용한다.

(4) 언어

언어(language)는 다른 동물과 구별하여 주는 특징의 하나이다. 지구상의 모든 인류는 언어를 가지고 있다. 언어란 생각이나 느낌을 말 또는 글로 전달하기 위하여 사용하는 음성·문자·몸짓 등의 수단으로서 사회·문화적 관습의 체계이다.

(5) 지역

지역(region)이란 사회과학적 측면에서 동질적인 특징이 있는 지구(地區)를 지칭하며, 지방 또는 지구(地球) 등과 동의어로 사용하기도 한다. 지역(地域)의 학술적 의미는 일정한 목적과 특정한 방식에 의해 구획된 곳을 의미하며, 자연환경에 의하여 구분되는 자연지역과 정치적·행정적으로 구분하는 정치·경제 지역, 역사·문화적으로 구분하는 유적 지역 등으로 구분할 수 있다.

지역은 지리적인 면에서 다른 곳과 구별되는 지표상의 공간적 범위로서 관광 목적지까지의 거리는 관광행동에 있어서 지속적인 영향을 미치며, 심리적인 영향이 크다고 할 수 있다.

제3절 관광행동의 유형

1. 관광행동의 형태

관광은 인류의 출현과 더불어 지속되어 온 활동으로 초기의 이동은 삶의 목적, 생활하기 위한 이동의 목적에서 관광을 이해할 필요가 있으며, 종교 목적, 건강 목적, 자기만족을 위한 목적의 형태가 있다고 할 수 있다.

마리오티(A. Mariotti)는 관광행동의 유형을 7가지로 분류하였다. ① 견학(상업 도시, 전적지, 동굴 및 명소 등을 시찰·견학), ② 스포츠(자동차 여행, 승마, 등산 및 경기대회에 참가하고 관람하는 여행), ③ 교육(수학여행, 고고학적 탐사를 위한 여행), ④ 종교(성지순례, 성당의 탐방을 위한 관광), ⑤ 예술(연주 여행, 음악회 및 기타 공연을 감상하기 위한 것), ⑥ 상업(상품전시회, 무역박람회, 시장 및 출장판매를 위한 여행), ⑦ 보건(保健, 온천, 요양 등을 위한 관광)이다.

베르네커(P. Bernecker)는 관광행동의 종류를 6가지로 분류하였다. ① 요양적(療養的) 관광, ② 문화적 관광(명승·고적의 관람), ③ 사회적 관광(신혼여행, 친목여행), ④ 스포츠관광, ⑤ 정치적 관광, ⑥ 경제적 관광이다.

훈치커와 크라프(Hunziker & Krapf)는 관광행동의 목적을 3가지로 구분하였다. ① 개인 자신을 지탱하기 위한 여행(이주, 보양 및 요양 여행, 직업여행), ② 종족을 유지하기 위한 여행(신혼여행, 성묘(省墓) 관계로 인한 여행, 친척 방문), ③ 개인발전을 목적으로 한 여행(위락목적의 여행, 연구 및 교육 목적, 종교적 근거에 따른 신앙 목적)이다.

일반적으로 관광행동은 한 가지만으로 특성화될 수 없고 대부분은 중복되는 복합적인 현상이 나타나고 있다고 할 수 있다.

2. 특정 관심 분야의 관광

1) 특정 관심 분야 관광의 발전

관광은 복합적인 성격과 수요시장의 변화로 인하여 각 개인이 특별히 관심 있는 분야에 대한 지식과 경험을 높이기 위하여 특정한 주제와 관련된 장소 또는 지역을 방문하는 단체 또는 개별여행자들이 많이 증가하게 되었고, 같은 직업이나 취미 등을 가진 동호인들이 특정 분야에 관심이 있는 관광(SIT: Special Interest Tour)의 형태가 탄생하게 되었다.

특정 관심 분야의 관광은 과거의 휴식, 쾌락의 차원을 탈피하여 개인 발전을 위한 활동 기회를 찾기 위해서 관광 동기가 변화하였고, 소득 및 여가 시간의 증대, 소비자들의 학식 및 여행에 대한 경험의 증대에 따라 여행의 결정요인이 여행의 비용뿐만 아니라 만족도를 중요하게 인식하게 되었으며, 보는 관광, 단순히 휴식을 취하는 관광에서 벗어나 관심이 있는 활동에 중점을 두어 직접 경험을 하면서 식견(識見)을 높일 수 있는 관광의 형태로 변화되었기 때문이다.

▶ 시장의 단계적 특성

단계별	시장의 특성	관광의 동기
1단계	노동 지향 (삶을 위해서 일을 함)	• 피로회복: 휴식하지 않음 • 자유: 관심이 없음
2단계	즐거움을 추구하는 생활양식 (즐겁게 살기 위하여 일을 함)	• 무엇인가 다른 경험, 변화하고 싶어 함 • 즐거움을 추구하고 놀이를 하고자 함. 스스로 즐김 • 활동적이 되고, 다른 사람들과 교류(交流)하고자 함 • 스트레스 없이 편안히 쉬고 싶은 대로 행동함 • 자연과의 접촉, 환경과의 접촉을 즐김
3단계	생활 형태에서 여가를 추구 (일과 여가와의 양극성이 축소됨)	• 식견을 넓히기 위해 무엇인가를 배우려고 함 • 개방된 마음을 갖고 타인들과 의견을 교류하고자 함 • 자연으로 회귀(回歸)하고자 함 • 새로운 활동을 하고자 하는 창조성이 있음 • 언제나 여가활동을 해보고 싶은 자세를 가짐

자료: 한국관광공사, 관광패턴의 변화와 새로운 관광상품의 등장, 관광정보(5 · 6월호), 1994, p.41을 참고하여 작성함

2) 특정 관심 분야 관광의 특징

특정 관심 분야의 관광은 일반적으로 활동적이고 경험적이며, 교육적이고 참

여적이다. 또한 양보다는 질적인 여행을 추구하는 것이 특징이라고 할 수 있다. 관광객은 주로 고학력이며, 소득 수준도 비교적 높고 전문직업이 많다. 특히 일반관광에 비해서 여행 기간이 길고 관광 활동도 자연조건에 큰 영향을 받지 않는다.

리드(Read)라는 학자는 특정 관심 분야의 관광을 ① 보람(rewarding)이 있고, ② 몸과 마음을 풍요롭게 하고(enriching), ③ 모험성(adventuresome)이 있으며, ④ 교육(learning)적인 특징이 있다고 하여 진짜 여행(real tourism)이라고 표현하기도 했다.

▶ **특정 관심 분야 관광(SIT)의 영역**

구분	Specialty Travel Index지(誌)(미국)	Fodor's Guide Book(남미편)
종류	고고학 탐방, 기구 타기(ballooning), 자전거 여행, 양조장 관람, 운하 크루즈, 염소 달구지 여행, 골프 관광, 미식 여행, 건강관리 여행, 오페라 관람, 사진 촬영 여행, 뗏목 타기, 사파리, 스쿠버 다이빙, 테니스 여행, 열차 여행, 포도주 생산 현장 관광 등	하이킹 및 트레킹(trekking), 낚시 여행, 고고학 탐방, 건축물 탐방, 예술여행, 흑인문화여행, 동식물 관람, 클럽메드(Club Med) 등

자료 : 한국관광공사, SIT의 개념과 사례, 관광정보(3 · 4월호), 1995, p.33을 참고하여 작성함

3) 특정 관심 분야 관광의 분류

특정 관심 분야 관광은 종류가 다양해서 그 영역을 설정하기가 어려워 관련 잡지 및 안내 책자 등에 의한 내용들을 참고하여 분류하고 있다.

특정 관심 분야 관광(SIT)의 영역은 7가지로 구분하고 있다. ① 교육관광(educational travel), ② 예술 및 유적관광(arts and heritage tourism), ③ 모국(母國) 관광(ethnic tourism), ④ 자연관광(nature tourism), ⑤ 모험관광(adventure tourism), ⑥ 스포츠관광(sports tourism), ⑦ 건강관광(health tourism)이다.

그러나 특정 관심 분야 관광은 모험관광 · 스포츠관광 · 건강관광은 관광 동기가 유사한 기능이 있으며, 개인의 삶의 질을 중요시하고 적극적인 참여 활동 그리고 신체를 이용하여 활동하며, 전반적으로 야외에서 행해지는 특징이 있다.

모험관광, 스포츠관광, 건강관광의 여행 동기 및 활동성 비교

활동성/ 동기	비경쟁적 ←———————————————→ 경쟁적		
비경쟁적 ↕ 경쟁적	건강관광 (온천관광)	건강관광 (휴양지의 신체 단련시설 이용)	모험관광 (급류 뗏목 타기, 스쿠버 다이빙)
	모험관광 (요트 타기)	건강·스포츠·모험관광의 요소를 복합적으로 가진 활동 (사이클링, 카약, 스쿠버 다이빙)	모험관광 (등반)
	스포츠관광 (경기 관전)	스포츠관광 (골프, 볼링)	스포츠관광 (해양 스포츠 경주)

자료: 한국관광공사, SIT의 개념과 사례, 관광정보(3·4월호), 1995, p.44을 참고하여 작성함

(1) 교육관광

교육관광(educational travel)이란 관심 있는 분야에 대한 배움의 욕구를 충족시켜 줄 수 있는 지식과 경험을 포함하는 여행이라고 할 수 있다.

교육 여행의 기원은 17세기 유럽에서는 유행을 추구하는 사람들이 유럽의 지역들을 여행하는 경향이 높았으며, 이것을 교양 관광(grand tour)이라고 하였다. 당시에는 신사나 권력층의 교육에 있어서 중요한 역할을 하였으며, 배움을 목적으로 한 여행은 미국 및 유럽의 고등교육에서 필수적인 관광이 되었다.

그러나 교육관광은 관광산업으로부터 관심을 끌지 못했으며, 불확실한 자리매김으로 교육관광에 관한 연구는 부진하였다. 교육관광은 관리·통제가 어렵고, 젊은 계층을 상대로 해야 하며, 구매력도 낮은 수학여행과 같다는 전통적 관념으로 비중을 낮게 취급하였다.

그러나 교육관광은 보편화된 수학여행으로서 건전한 발전을 이룰 수 있는 학생 인구의 급속한 성장과 자신의 가치를 높이기 위해서 투자하는 성인 시장 그리고 교육과 레저와의 결합으로 인하여 중요성이 점차 높아지고 있다.

(2) 예술 및 유적 관광

예술 및 유적 관광(arts and heritage tourism)은 예술관광과 유적관광을 통칭하는 말로서 관광 형태가 문화성이 높다는 데 공통점이 있어 함께 표현하는 경우가 많다. 예술 및 유적관광과 문화관광과의 상관성을 세계관광기구(UNWTO)는 공연예술을 비롯한 각종 예술감상, 축제 및 기타 문화행사 참가, 명소 및 기념물 방

문, 자연·민속·예술·언어 등의 학습 여행, 성지 순례(巡禮) 등과 같은 문화적 동기에 의한 이동을 문화관광(culture tourism)이라고 지칭하고 있다.

예술관광은 미술, 조각, 연극, 기타 인간 표현과 노력의 창조적 형태를 경험하는 관광행동이며, 유적(遺蹟)관광이란 다양한 문화적 환경을 경험하려는 욕구에 기반을 둔 유적을 주제로 한 관광 형태이다. 유적이란 형태가 있는 기념물뿐만이 아니라 민속축제, 생활관습과 같이 무형의 유적 및 자연 유적도 포함된다.

(3) 모국관광

모국(母國)관광(ethnic tourism)이란 박물관이나 문화센터 등에서는 살아 있는 문화를 느낄 수가 없으며, 이러한 관광유형은 인간의 실질적인 접촉을 통한 인간의 생활 모습을 경험할 수가 없다. 따라서 원시 자연의 생활환경과 사람들의 삶의 모습을 경험코자 하는 욕구가 증가하게 되어 이를 만족시켜 주기 위한 관광의 형태로 발전하게 되었으며, 관광객은 마을주민 등과 함께 어울려 인종·문화적 배경이 다른 사람들과 직접적인 접촉을 통해 삶을 느끼고 체험하는 관광이다.

> ■ **모국(母國)관광**(ethnic tourism)
>
> 모국관광을 일부에서는 고국(故國)관광, 종족 생활을 체험하는 관광이라고 표현하는 경우가 있다.

(4) 자연관광

자연관광(nature-based tourism)이란 자연환경을 기반으로 자연을 훼손시키지 않으면서 직접 체험하고 즐길 수 있는 관광 형태이다. 자연관광은 자연이나 생태계를 활용한다는 관점에서 자연 여행(nature travel), 자연 지향적 관광(nature oriented tourism), 생태관광(ecotourism)이라고 하며, 또한 자연을 훼손시키지 않기 위해 노력한다는 점에서 책임지는 관광(responsible tourism), 녹색관광(green tourism), 지속 가능한 관광(sustainable tourism)이라고도 한다. 오늘날 많은 관광지가 목적지로 성공한 경우는 자연환경의 보호가 우수하고 물리적 시설이 청결하고 지역의 특성이 명확히 구분되는 환경을 갖추고 있는 곳이다.

(5) 모험관광

모험관광(adventure tourism)은 1970년대 말부터 1980년대 초기에 서구사회, 특히 호주, 북미, 아시아지역을 중심으로 급속히 발전하였으며, 모험성이 강한 관광객이 야외 레크리에이션(recreation) 활동을 즐기기 위한 관점에서 시작되었다. 모험관광에는 도보여행(밀림 탐험), 트레킹(trekking), 크로스컨트리(crosscountry) 스키, 뗏목타기(rafting), 행글라이딩, 사이클링, 사냥, 낚시, 등반, 열기구 타기, 줄 타고 암벽 내려오기(repelling), 산악자전거 타기, 암벽 등반, 스쿠버 다이빙(scuba diving), 동굴탐험, 번지점프, 세일링(sailing) 등과 같은 다양한 종류가 있다.

> ■ **세계 스쿠버 다이빙 관광지**
>
> 세계에서 유명한 스쿠버 다이빙 관광지는 바하마(Bahamas), 케이만 군도(Cayman), 멕시코(Mexico)의 코주멜(Cozumel), 하와이(Hawaii), 미국령 버진 아일랜드(United States Virgin Islands), 멕시코(Mexico)의 칸쿤(Cancun), 영국령 버진 아일랜드(British Virgin Islands), 자메이카(Jamaica), 온두라스(Honduras)의 베이 아일랜드(Bay Islands) 등이 있다.

(6) 스포츠관광

스포츠관광(sports tourism)이란 비상업적 목적으로 스포츠를 즐기거나 관전하기 위한 여행으로 신체 단련하는 것을 특징으로 하며, 경쟁을 유발하여 조직의 활성화에 기여하고 조직의 일체감을 조성하기도 한다. 스포츠관광은 활동적이라는 관점에서 모험관광과 많은 유사성이 있고 스포츠 경기를 관람하기 위해서 떠나는 관광 형태가 급증하고 있다.

(7) 건강관광

건강관광(health tourism)이란 신체의 건강을 단련하고 향상하기 위한 목적으로 집을 떠나 여가를 즐기기 위한 관광으로서 온천(溫泉), 광천(鑛泉) 여행이 대표적인 건강관광의 종류이다. 이러한 관광 형태는 로마 시대부터 시작되었으며, 현대 리조트(resort) 탄생의 기반이 되기도 하였다.

건강관광의 종류는 태양과 휴식을 취하는 여행(자연·생태 등), 건강에 도움이 되는 활동형 여행(하이킹, 골프 및 모험 등), 건강을 유지하기 위한 여행(온천 여행), 질병(疾病)의 치료 및 요양을 위한 여행(요양 관광) 등이 있다.

 제4절 | **트렌드 변화와 관광행동의 분류**

1. 환경변화와 트렌드

관광 현상이라는 중심에서 관광 주체는 바로 인간이며, 인간은 환경에 의해서 형성·제약(制約)이 되고, 환경과의 상호 의존성이 증대된다고 할 수 있다. 현대 사회에 들어와 환경변화가 관광행동에 영향을 미치고 관광은 환경으로부터 영향을 받기도 하고, 반대로 환경에 영향을 주기도 한다는 새로운 인식을 하게 되었다.

관광의 인식도 경제적인 관점뿐만 아니라 현상학적 관점에서 이해하고자 하는 경향이 높아지면서 관광은 환경과 연관성이 있으며, 관광환경은 국가 및 사회뿐만 아니라 관광객에도 직·간접적으로 영향을 주고 있다는 것을 의미한다.

▶ 환경요인별 트렌드

환경	트렌드	비고
정치	거버넌스(governance)의 중요성 증대, 남·북 관계 및 국제협력의 중요성 확대 등	
경제	세계 경제의 변화, 융합 패러다임 및 공유경제 확산, 저성장 및 양극화 심화, 주력 소비시장으로 여성 및 아시아 국가의 부상, 신흥 경제국의 성장 등	
사회	저(低)출산·고령화 사회, 새로운 가구 유형(소규모 가구), 개인 성향 증대, 안전의식의 중요성 증대, 소비문화의 변화 및 세분화, 일과 생활(life balancing) 병행 추구, 웰빙(wellbeing) 및 힐링(healing) 생활 방식(life style)의 변화 등	
문화	신 한류(음악, 드라마, 영화 등), 문화마케팅, 창조산업(소프트웨어 등 관련 산업)	
생태	친환경 패러다임(paradigm) 확산, 지구환경 변화의 심각성 인식, 에너지 절감 및 자원 활용의 가치 제고, 기후변화 대응노력 강화 등	
기술	SNS의 무한 확장, 초연결 사회로의 진전(사물 인터넷, 빅 데이터, 클라우드 서비스 등), 모바일 활용의 심화, ICT 기반 융합산업의 확대 등	

자료: 고석면·이재섭·이재곤, 관광정책론, 대왕사, 2018, pp.293-306을 참고하여 작성함

트렌드(trend)란 어떠한 경향이나 동향, 추세 또는 단기간 지속되는 변화나 현상을 의미하며, 소비자들이 필요로 하고 원하는 형태이거나 생활방식에 영향을 주는 현상의 방향이라고 표현할 수 있다. 유행(流行)이란 상품 자체에 적용되는 의미가 강하지만 트렌드는 소비자들이 물건을 구매하도록 하는 원동력이라고도 하며, 그 의미는 광범위하다고 할 수 있다.

트렌드에 민감한 소비자들은 변화의 의지가 강하고 독특한 브랜드를 추구하기도 하며, 다양성을 선호하는 경향이 높다고 할 수 있다.

개인의 욕구 증대와 사회, 문화적 환경변화는 생활에도 많은 변화로 나타나고 있으며, 일이라는 개념을 초월하여 자유시간을 활용하여 다양한 취미생활을 하려는 성향이 높아지고 있다.

2. 관광행동의 분류

서구사회에서 초기에 등장한 종교관광을 비롯하여 식도락(食道樂), 예술 및 유적관광, 교육관광, 모국(母國)관광, 자연관광, 모험관광, 건강관광, 스포츠관광 등과 같은 형태가 주종을 이루었다. 그러나 개인이 추구하고자 하는 욕구와 특성이 변화하고, 체험활동이 반영되는 상품의 필요성이 증대하면서 관광행동도 세분화하고 있으며, 의료관광(medical), 골프 관광, 포도주(wine) 관광, 축제 및 이벤트(festival & event), 쇼핑관광, 도시 관광(urban), 농촌관광(rural), 크루즈(cruise), 마이스(MICE), 안보 관광, 노인관광(silver) 등 다양한 관광의 형태가 탄생하게 되었다.

- **마이스(MICE)**

  마이스(MICE)란 기업 회의(Meeting), 포상(Incentives), 컨벤션(Convention), 전시(Exhibition)의 분야를 통틀어 표현하는 용어이다.

- **인센티브 투어(incentive tour)**

  포상 여행의 개념으로 기업, 단체 등에서 직원 또는 회원을 상대로 근로의욕을 고취시키거나 협동심을 높이기 위해 실시하는 여행이다.

■ **팸투어(FAM tour: Familiarization tour)**

정부, 지방자치단체, 항공사, 여행사, 호텔업자, 기타 공급업자들이 자기네 관광상품이나 특정 관광지를 홍보하기 위하여 유관인사, 여행 전문 기고가, 보도 관계자, 블로거(blogger), 협력업체 등을 초청하여 설명회를 개최하고 관광, 숙박, 식사 등을 제공하여 실시하는 일종의 사전 답사여행을 지칭한다.

■ **다크 투어리즘(dark tourism)**

잔혹한 참상이 벌어졌던 역사적 장소나 재난·재해 현장을 돌아보며 교훈을 얻는 여행으로 블랙 투어리즘(black tourism), 네거티브 헤리티지(negative heritage·부정적 문화유산), 그리프 투어리즘(grief tourism)이라고도 한다.
비극적 역사의 현장이나 엄청난 재난과 재해가 일어났던 곳을 돌아보며 교훈을 얻기 위하여 떠나는 여행을 일컫는다.

▶ 관광행동의 새로운 분류

구분	사례	비고
교육	수학여행, 역사 탐방, 고고학(考古學) 탐사	
예술 및 유적	박물관(국립, 도립, 시립, 사설), 미술관, 고궁(古宮)	
모국(母國)	생활 체험, 종족(種族) 생활 체험	
자연	생태(生態)관광	힐링(healing)
모험	오지(奧地) 탐험, 동굴 탐험	
스포츠	스포츠 관람(태권도, 택견, 씨름, 축구, 농구, 배구, 야구 등)	
건강	온천관광, 골프 관광, 산악관광(등반)	웰니스(wellness)
사회	신혼(honeymoon)여행, 효도 여행, 실버(silver) 관광	
산업	산업시찰(technical visit), 농업(farm)관광 등	
문화/축제/이벤트	축제(festival), 이벤트(event), 다도(茶道) 관광, 공연관광, 역사관광, 체험관광	
종교	종교관광(불교, 기독교, 천주교, 힌두교, 이슬람교 등)	
장소	드라마 관광(드라마 세트장 등)	
의료	미용관광(beauty), 요양(療養) 관광, 한방(韓方)관광	웰니스(wellness)
식도락(食道樂)	음식, 와인(wine) 관광, 맥주 관광, 막걸리 관광	웰빙(wellbeing)
회의	MICE 관광(Meeting, Incentive, Convention, Exhibition)	
지역	도시 관광(urban), 농촌(rural)관광, 어촌(漁村) 관광 등	
교통수단	크루즈(cruise), 기차, 전세버스	도보(徒步) 관광
상품 개발	창조관광(creative), 한류(韓流) 관광	
쇼핑	면세점, 백화점, 기념품점, 전통시장	
안보	전적지(戰跡地), 격전지(激戰地)	다크 투어리즘(dark tourism) 블랙 투어리즘(black tourism)

주: 관광행동의 분류는 중복적이고 인식하는 관점에 따라 다양한 접근이 가능하다고 할 수 있음
자료: 고석면·이재섭·이재곤, 관광정책론, 대왕사, 2012, p.225를 참고하여 작성함

관광 활동과 관련한 연구도 활발히 진행되었고 다양한 시각에서 유형(類型)을 제시하고는 있으나 대다수의 관광유형은 시장에서 배타적인 형태가 아닌 중복적인 형태로 발전되어 왔다.

관광객 행동에 관한 연구도 개인적인 관심에서 출발하였으나 자신에게만 국한되는 것이 아니라 기존 관광 활동의 유형과 병행되어 왔기 때문에 그 유형과 범주를 한정시키는 것은 매우 어려운 과제라고 할 수 있다.

소비자들의 욕구는 변화하고 있으며, 새롭고 다양한 상품을 추구하려는 경향이 높아지고 있다. 상품과 정보의 홍수 속에서 소비자들은 선택의 폭이 넓어지고 욕구도 다양해지고, 쉽게 변하기도 한다. 따라서 트렌드 변화를 예측하고 관광객의 욕구를 자극할 수 있는 상품을 개발하여 수요를 창출하는 비즈니스 활동이 필요하게 되었다.

참고문헌

고석면 · 이재섭 · 이재곤, 관광정책론, 대왕사, 2018.

한국관광공사, 관광패턴의 변화와 새로운 관광상품의 등장, 관광정보(5 · 6월호), 1994.

한국관광공사, SIT의 개념과 사례, 관광정보(3 · 4월호), 1995.

한국관광공사, 환경적으로 지속 가능한 관광개발, 1997.

Robert, Mcintosh & Shashikant, Gupta, Tourism, Third Edition, Grid Publishing Inc., 1980.

관광과 소비자 보호

제1절 소비자의 이해와 행동

1. 소비자의 이해

소비자(consumer)란 일반적으로 사업자가 소비자를 위해 제공하는 상품과 서비스를 구매하거나 사용하는 사람을 지칭하며, 소비자는 보통 특별한 선호도나 기호를 갖고 있다. 기업이 소비자를 이해하고 소비자의 기호와 선호도를 파악하고 행동 특성을 분석하여 소비자의 욕구를 충족시키는 상품을 개발한다는 것은 쉬운 일이 아니지만, 소비자의 선호도에 부응하기 위한 노력이 필요하다. 관광에 있어서 소비자는 상품을 이용하고 소비하려는 여행자이며, 관광의 본질은 관광객 관점에서 모든 것을 생각하고 행동하려는 일련의 과정을 이해하는 것이 중요하다.

관광사업자들은 일반적으로 자신들이 판단하여 자사(自社) 상품의 강점만을 강조하여 잠재적으로 인식한 채 소비자에 대한 분석을 실행함으로써 많은 우(愚)를 범하게 된다. 이로 인하여 고객이 실질적으로 원하는 상품 즉, 고객의 구매욕구를 자극할 수 있는 상품 제공이 필요하지만 단순히 상품 및 의사전달만 이루어지는 경우가 많이 발생하게 되며, 소비자를 인식하지 못하는 상황이 초래될 수 있다.

성공적인 상품 판매의 출발점은 소비자의 관점에서 시작할 때 가능하며, 소비자를 정확히 파악하지 못하면 소비자의 욕구를 충족시키지 못하는 상품이 개발되어 실패할 가능성이 높으며, 커뮤니케이션을 통한 메시지의 전달도 어렵게 된다.

급변하는 시장 환경은 보다 다양한 욕구를 가진 소비자 계층이 출현하게 되었고 이를 충족시키기 위한 경쟁이 더욱 치열해졌다. 또한 소비자의 구매 및 의사결정에 직접적인 영향을 미치는 다양한 정보도 양적으로 증대하고 있으며 질적인 면에서도 심도 있는 정보로 변화되고 있다. 더욱이 소비자에게 간접적인 영향을 미치는 환경적인 요인들도 더욱 다양해져서 소비자에 대한 지속적인 이해와 체계적인 관리를 더욱 어렵게 하고 있다.

관광산업에서도 관광객은 관광상품을 소비하는 수요자이며, 넓은 의미의 소비자라는 인식이 절대적으로 필요하며, 소비자의 욕구와 행동의 특성을 분석하여 관광상품을 기획하고 판매하기 위한 지속적인 관리체계가 요구된다.

2. 소비자 행동의 행태

소비자의 소비 행동은 정보를 수집하고 의사를 결정하며, 행동을 실천하는 과정에서 내부적·환경적 요인들에 의해 많은 영향을 받는다. 소비자는 자신이 속한 사회의 분화와 사회계층의 영향을 받으며, 가족 구성원과 준거집단으로부터의 영향을 받아 의식적 혹은 무의식적으로 행동하게 된다.

■ 소비자 행동 행태

태평양·아시아관광협회(PATA: Pacific Asia Travel Association)는 고객 수요 측면에서 관광객 행동의 행태를 염가 추구(economy seeking)형, 품질 추구(quality seeking)형, 지위 추구(status seeking)형의 3가지로 구분하고 있다.
- 염가 추구: 저렴한 관광 요금을 선호하는 형
- 품질 추구: 최고의 시설을 갖춘 휴양지를 선택하고, 고급화된 호텔에서 숙박하는 형
- 지위 추구: 관광객이 추구하는 것이 표면상으로 나타날 수 있도록 하는 행동하는 형

　　소비자 자신의 인구 통계적 특성이나 개성 및 생활양식(life style)과 같은 개인적 요인에 따라서도 행동은 다르게 나타나게 되는데, 특정한 상황에 대한 변수가 관여도이다.

　　관여도(involvement)란 특정의 대상에 대하여 개인의 관련성 지각 정도(perceived personal relevance) 혹은 중요성에 대한 지각 정도(perceived personal importance)라고 정의하고 있다. 관여도란 소비자가 자아(自我) 이미지나 자신의 사회적 지위를 고려하여 관광 및 여행에 대해서 생각하고 있는지에 대한 지각의 정도를 말하며, 관광 및 여행이 중요하다고 생각한다면, 그 소비자는 상품의 구매에 대한 관여도가 높아질 것이다.

　　관광객이 상품을 선택하는 과정에서 관여도의 차이가 발생한다. 그러나 관여도의 높고 낮음은 절대적인 것이 아니지만 상품의 특성, 상황에 따라 달라질 수 있다는 것을 의미한다. 관광 및 여행에 있어서 어떤 소비자는 특정 여행사, 특정 호텔 등 특정 상표의 이용을 고집하는 반면, 다른 소비자는 상표에 관계없이 이용하는 것이다.

　　관여도는 상품의 가격, 회사의 재무 위험성, 자아 표현의 중요성(self-expressive importance)과 같은 심리적 위험이나 다른 사람들로부터의 부정적 평가와 같은 사회적 위험에 따라서도 달라진다. 관여도는 상황에 따라 차이가 발생하기도 하는데, 같은 소비자, 같은 상품일지라도 본인이 사용하기 위한 경우와 누군가에게 선물하기 위해 구매하는 경우에 관여도의 정도가 달라질 수 있다.

　　관여도는 지속적 관여도(enduring involvement)와 상황적 관여도(situational involvement)로 구분된다. 지속적 관여도란 개인이 특정 회사, 상품에 대하여 오랜 기간 동안 지속적으로 관심을 갖는 것을 말하며, 상황적 관여도란 특정 회사, 상품보다는 어떤 대상에 대하여 일시적으로 높은 관심을 보이는 것을 말한다.

소비자와 관광

1. 소비자의 관광정보

관광객은 관광 대상을 찾아 이동하려는 심리적인 특성이 있기 때문에 이를 활용하기 위한 정보 제공은 중요한 역할을 하게 된다.

인간의 행동을 불러일으키게 하는 구성요소는 관광객의 심리적인 측면과 실행에 옮길 수 있는 자원의 특성, 숙박, 교통 등과 같은 다양한 요소가 있으며, 관광이 구체적으로 성립되기 위해서는 관광을 둘러싸고 있는 여러 가지 조건이 충족되어야 한다.

일반적으로 소비자가 관광 활동에 참여하는 계기는 정보와 관련된 내용을 기준으로 하여 인식하고 소비자에게 인지된 정보는 수요 측면과 공급 측면으로 구분하여 그 정보를 판단하게 된다. 수요자 측면에서의 관광정보는 관광 욕구를 충족시키고 목적에 맞는 활동을 하기 위하여 가치 있는 형태로 생산되고 전달되는 정보라고 할 수 있으며, 공급자 측면에서는 관광사업자가 관광행동을 선택, 결정하도록 하는 데 필요한 관광정보를 제공하는 데 목적이 있다.

관광 수요자는 관광행동에 옮기기 위해서는 자신의 경험을 상기하는 등 모든 관련 정보를 수집하고 가치를 평가한 후에 관광상품을 선택하게 되는데, 관광상품에 대한 인지도, 관광지에서의 유익한 정보 제공 여부, 안내 및 해설 등도 평가하는 기준이 된다.

정보의 발전은 소비자들의 만족도를 높임과 동시에 정보처리에 대한 관리도 가능하게 하였으며, 정보처리의 중요성은 정보가 정보기술과 결합되면서 더욱더 확산되고 있으며, 최근에는 온라인을 이용한 정보나 휴대전화를 이용하는 정보 제공 형태가 활성화되면서 관광산업의 영역에도 커다란 영향을 미치고 있다.

2. 소비자의 정보 순환 과정

소비자는 많은 정보에 노출되어 있으며, 의사결정과 관련하여 정보에 노출되면 주의를 기울이고 그 내용을 지각하여 반응하게 된다. 이때 소비자들의 반응은 긍정적이든 부정적이든 소비자의 기억 속에 저장되어 향후 의사결정에 활용하게 되는데, 이러한 일련의 과정을 정보처리 과정이라 하며, 이러한 과정에서 특정 상품에 대한 소비자의 신념이나 태도가 형성되고 변화된다.

1) 정보 노출

소비자의 정보처리과정은 소비자가 정보에 노출(exposure)되는 것으로부터 시작된다. 따라서 관광사업자들은 관광상품에 대한 정보가 소비자에게 노출되도록 많은 노력을 기울인다. 소비자들이 있는 곳을 중심으로 광고 등 다양한 매체를 활용하고자 하는 생각을 하게 되며, 목표 고객의 시청률 자료에 근거한 매체를 활용한 전략의 수립 및 실행 등이 이에 해당된다.

그러나 많은 정보가 노출되어 있어도 소비자들은 필요로 하는 정보만을 결정하는 선택성(selectivity)이 있다. 즉 소비자는 자신이 원하지 않는 자극은 회피하거나, 신문 사이에 있는 광고물을 버린다거나 일부는 그냥 지나치는 행위 등을 하게 된다. 따라서 관광행동을 하려고 하는 관광객에게는 미래의 의사결정에 필요로 하는 의도적 정보가 있으며, 관광행동과 관련이 없는 우연적 정보로 구분할 수가 있다.

2) 주의

소비자는 정보에 노출되면 주의(attention)를 기울이게 된다. 그러나 노출된 모든 자극에 주의를 기울이지는 않으며, 필요한 정보만을 이해하려는 노력을 선택적 주의(selective attention)라고 한다. 즉 소비자가 관광을 하려고 하는 욕구가 있는 경우에는 관광상품에 주의를 기울이게 되며, 광고매체가 소비자의 주의를 끄는 정도를 주목(注目) 환기력(stopping power)이라 한다. 기업들은 자사의 상품 및 이미지 광고가 소비자들에게 관심이나 생각을 불러일으키기 위한 환기(喚起)를 높이기 위해 노력하는데, 광고의 질적인 효과성에 대한 많은 논란에도 불구하고 유명인(celebrity)을 상품광고에 적극 활용하는 전략을 쓰는 이유는 주의나 여론, 생각 따위를 불러일으키는 힘인 환기력(喚起力) 때문이다.

> ■ **주의**(attention)
>
> 상품을 판매하거나 기업 이미지를 높이기 위해서 TV매체를 통해 광고를 할 때 유명인 등을 활용하는 요인은 관심이나 생각을 불러일으키기 위한 전략이다.

3) 지각

지각(perception)이란 소비자가 주어진 자극을 이해하고 해석하여 소비자 스스로가 의미를 부여하는 과정이다. 지각이란 특정한 감각기관이 포착한 환경으로서 외부환경뿐 아니라 개인의 느낌 상태도 포함하면서 주변 세계를 이해하는 과정이라 할 수 있다. 따라서 제품의 경쟁력은 지각(인식)의 차이라고 할 수 있으며, 의미가 있는 정보, 의미가 없는 정보들은 소비자들의 지각 여부에 따라 다르게 인식될 수 있다.

소비자가 자극을 지각하는 것은 지각적 조직화와 지각적 범주화라는 메커니즘으로 구성되는 지각에 의해 이루어진다.

지각적 조직화는 자극을 구성하는 여러 요소를 따로따로 지각하지 않고 전체적으로 통합하여 지각하는 것을 말하는데, 예를 들어 광고에 등장하는 모델에 대한 소비자의 지각과 배경음악에 대한 지각 및 광고되는 제품에 대한 정보 등이 통합되어 제품 및 광고에 대한 태도가 형성되는 것을 말한다. 지각적 범주화(perceptual categorization)는 소비자에게 유입된 자극, 특정한 정보를 소비자가 기억 속에 인지(認知)시키기 위한 과정으로 이를 스키마(schema)라고 한다. 여기서 인지적 구조란 특정 제품과 관련한 소비자의 기억구조를 말한다.

> ■ **지각**(perception)**적 범주화**
>
> 지각적 범주화는 포지셔닝(positioning)과도 밀접한 관련이 있는 개념이다.
> 여행상품을 판매하는 업체들이 다른 업체와 별개로 최상의 상품과 품질이 우수하고 우수한 안내사를 채용하여 최고의 서비스를 제공한다는 인식을 소비자에게 지각하도록 하는 전략이 있다. 또한 일부 호텔들이 우리 호텔은 세븐 스타(7 star)급의 호텔이라고 하여 호텔 시장에 진입하면서 기존의 경쟁상태에 있는 호텔들에 대해 소비자가 가지고 있는 일반적인 인식을 초월하여 별개의 호텔군(hotel category)으로 지각하도록 하는 것을 목적으로 하는 포지셔닝 전략이었다.

4) 반응

소비자는 정보처리의 결과로서 상품 및 이미지에 대하여 긍정·부정 혹은 중립적 태도를 형성한다. 태도는 어떤 대상에 대하여 일관성 있게 호의적 혹은 비호의적으로 반응(response)하려는 학습된 경향이라고 정의된다. 따라서 관광사업자는 상품에 대한 소비자의 태도가 우호적으로 형성되도록 다양한 노력을 하게 되며, 이를 측정하여 자사(自社) 상품의 판매 가능성을 예측하거나 소비자의 평가를 파악한다.

태도는 특정 대상에 대한 소비자 평가의 요약이며, 소비자가 우호적인 태도를 갖는 상품은 구매할 가능성이 높다.

태도는 소비자의 정보처리 결과로 형성되거나 변화되는데, 그 정보처리 과정에서 소비자의 반응은 인지(認知)적 반응(cognitive response)과 정서(情緖)적 반응(emotional response)으로 구분된다. 인지적 반응은 소비자가 정보처리 과정에서 자연스럽게 떠올린 생각들을 말하며, 정서적 반응은 자극을 접하면서 갖게 되는 여러 가지 느낌이나 감정을 의미하는 것으로 소비자의 최종적인 태도는 이 두 가지 반응에 영향을 받는다.

> ■ **소비자 반응(response)**
>
> 상품의 판매촉진을 위해서 연예인을 출연시켜 상품 광고를 하는 것이 대표적인 사례이다. 여행상품 광고를 비롯하여 호텔상품에 연예인을 출연시켜 광고를 하는 것이라고 할 수 있다. 호텔에서 연예인이 출연한 호텔리어와 같은 프로그램의 방영에서 저 호텔 객실이 너무 깨끗하고 외부 바닷가가 보이는 전망이 좋은 장면을 보고 소비자가 '호텔에 가서 객실을 이용하고 싶구나'라는 생각을 떠올리는 것이 인지(認知)적 반응(cognitive responses)이라면, 방영된 프로그램을 보고 '멋있게 촬영을 잘 했구나'라고 느낀다면 이것이 정서(情緖)적 반응(emotional responses)이다.

일반적으로 고(高)관여(involvement)의 소비자가 목표 고객인 경우에는 어떠한 사실을 받아들이고 저장하며, 행동하는 과정인 인지적 반응이 나타나며, 저(氐)관여(involvement)의 소비자들은 마음에서 표출되는 감정을 일으키거나 분위기를 표출하는 정서적 반응이 효과적인 것으로 알려져 있지만 상품과 상황에 따라 달라질 수도 있다.

상품이 객관직인 정보 등에 의하여 평가하기 어려운 경우(예: 보석류)에는 고관여 상황에서도 정서적 반응이 효과적일 것이며, 소비자의 구매 의욕을 자극하기 위해 상품이나 서비스의 우수성을 도출하여 공감을 구하기 위하여 이성적인 호소(rational appeal)를 통하여 자연스럽게 생각을 떠올릴 수 있도록 하는 인지적 반응이다. 그러나 경쟁자와의 차별화를 위하여 상품이나 서비스의 우수성을 호소하여 공감을 구하는 인지적 반응보다 소비자의 정서나 감정을 자극하여 상품의 관심을 높여 구매 행동을 유발시키는 감성적 호소(emotional appeal) 방법이 효과적일 수도 있다.

5) 기억

정보처리의 마지막 단계는 처리된 정보가 기억에 저장(memory)되는 것이다. 새롭게 처리된 정보는 기억에 저장되어 기존의 관련 정보와 통합되어 기억 속에 저장된다.

그러나 소비자는 처리한 모든 정보를 기억에 저장하지 않는다. 기억해서 저장하려고 노력하기도 하지만 때로는 의도적으로 저장을 위한 노력을 포기하기도 하고, 미래에 활용할 정도로 확실하게 저장되지 못하는 경우도 빈번하게 발생한다. 따라서 기업은 자사의 정보가 소비자의 기억 속에 저장될 수 있도록 노력하게 되는데, 이미지, 상징(symbol) 등을 적극 활용하여 소비자의 기억(memory)을 돕는 데 적극 활용하기도 한다.

제3절 소비자의 의사결정

1. 의사결정의 의의

소비자는 자신의 욕구를 충족시키기 위하여 정보 탐색부터 시작하여 여러 가지 대안들을 비교·평가하게 되는데, 이러한 일련의 과정을 소비자 의사결정과정(consumer decision making process) 혹은 문제해결과정이라 한다.

소비자는 충족시켜야 하는 욕구가 환기(arousal)되면 욕구 충족을 위하여 정보를 탐색한다. 탐색한 정보에 근거하여 여러 가지 대안들을 비교·평가하고, 이러한 평가과정을 거쳐 특정의 상표를 구매하며 구매 후 평가를 거쳐 자신의 의사결정에 대한 만족·불만족을 판단하고 기억을 한다.

이와 같은 의사결정과정에 영향을 미치는 변수가 관여도이다. 관여도가 낮은 소비자는 상대적으로 적은 시간과 노력을 투입하여 의사결정을 하게 된다. 이렇게 관여도라는 상황변수에 따라 소비자 문제의 해결 과정은 포괄적 문제해결(extensive problem solving)과 제한적 문제해결(limited problem solving)로 구분된다. 포괄적 문제해결이란 소비자가 상당한 시간과 노력을 투입하여 수집한 정보를 근거로 여러 가지 대안들을 신중하게 평가하여 최종 선택을 하는 것이며, 제한적 문제해결은 상대적으로 적은 시간과 노력을 투입하는 경우를 말한다.

소비자 문제해결의 또 다른 유형으로 일상적 문제해결(routine problem solving)이 있다. 이는 담배와 같은 기호품이나 일상적인 생활용품 등을 대상으로 한 구매 의사결정 과정에 해당된다. 소비자는 이러한 제품군에 대한 구매 결정을 빈번하게 반복적으로 하게 되어 구매 후의 평가가 만족스러운 경우 이를 기억에 저장하였다가 다음의 구매상황에서는 정보 탐색이나 여러 대안들에 대한 구체적인 평가를 거치지 않고 과거에 구매한 대안을 반복적으로 구매하게 되는데, 이러한 형태의 문제해결을 일상적 문제해결이라 한다.

의사결정 과정은 소비자들이 특별한 제품을 구매하는 데 있어 최종 의사결정에 이르는 과정을 알아보는 것으로 가장 많이 사용되는 모델 중 하나는 에탈

(Engel Etal)에 의해 제안된 것으로서 PIECE인 문제 인식, 정보 탐색, 대안 평가, 제품선택, 구매 후 가치의 경험이다. 즉 문제 인식(problem recognition), 정보 탐색(information search), 대안 평가(alternative evaluation), 구매와 구매 후 평가(purchase and post purchase evaluation)라고 할 수 있다.

▶ 관광객 의사결정 과정

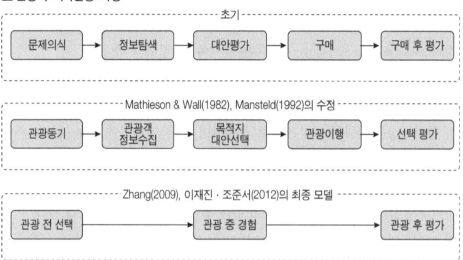

자료: 최자은, 스마트관광의 추진현황 및 향후과제, 한국문화관광연구원, 2014, p.41

2. 소비자 의사결정의 과정

1) 관광 동기

관광 욕구를 가진 관광객이 관광행동을 하기 위한 기대를 하면서 상상력과 흥미가 나타나게 되는데, 실제 여행을 가지는 않았으나 기대감이 생성되고 행복함을 느낄 수 있게 되는 것을 실제와 기대와의 차이를 지각하게 되며, 이를 충족시키고자 하는 욕구가 환기(need arousal)된다. 이러한 욕구의 환기를 문제 인식(problem recognition)이라고 하며, 문제해결의 출발점이며, 소비자가 문제 인식을 하였다고 해서 반드시 문제를 해결하기 위한 과정을 거치지는 않는다.

문제 인식이 실제 상태와 바람직한 상태의 차이에서 발생한다고 할 때 차이가 생겨나는 원인은 실제 상태가 변하거나 바람직한 상태가 변화하거나 혹은 양자 모두가 변했기 때문이다. 문제 인식은 여러 경우에 발생하게 되는데 그 유발요 인은 크게 내적 요인과 외적 요인으로 구분한다.

(1) 내적 요인

소비자 자신이 인식하는 것으로서 생필품의 소모와 같은 제품 고갈(枯渴)이나 제품의 성능 저하에 따른 구매 욕구나 배고픔 등의 생리적 욕구의 발생 등을 말 하며, 여행과 관련하여 항공, 숙박 등과 관련된 구매 욕구가 창출되는 것과 같이 소비자의 상황변화에 따른 문제 인식 등이 이에 해당된다.

(2) 외적 요인

외적 요인이란 외부적인 자극을 말하는 것으로 관광상품의 출시, 여행 광고와 상품 판매원의 노력과 같은 기업의 마케팅 활동이 요인이 될 수 있으며, 가족이 나 준거집단과 같은 사회적 요인은 물론 정치·경제·사회·문화·법률·기술적 환경 등의 거시적 환경 전체가 문제 인식을 위한 외적 요인이 될 수 있다.

2) 관광정보의 수집

소비자는 문제 인식을 통해서 문제해결을 위해 최상의 선택을 위한 방안으로 정보탐색(information search)을 하게 되며, 소비자가 탐색하는 정보의 양은 관여도 에 따라 차이가 발생하며, 고관여가 저관여보다 더 많은 정보를 탐색한다.

소비자가 정보를 탐색하는 과정은 기억 속에 있는 정보를 회상하는 것에서 시 작되며 이를 내적 탐색(internal search)이라고 하는데, 관여도가 낮은 상황에서는 주로 내적 탐색에 의하여 의사결정을 내리게 된다. 그러나 소비자의 관여도가 높 아질수록 보다 많은 정보를 외부에서 찾기 위하여 외적 탐색(external search)을 하 게 된다.

(1) 내적 탐색

소비자의 기억에는 과거의 경험에 의한 정보, 광고, 타인으로부터의 구전(word of mouth)정보, 언론기관으로부터의 정보 등이 있다. 따라서 소비자는 의사결정의 첫 단계로서 기억 속에 저장되어 있는 정보를 자연스럽게 회상하게 되는데, 정보가 충분하다고 판단되면 외적 탐색의 과정을 거치지 않고 내적 탐색에만 의존하여 의사결정을 한다.

(2) 외적 탐색

소비자는 의사결정을 하는 과정에서 기억 속의 정보가 적다면 내적 탐색에만 의존하지 않고 추가적인 정보를 탐색하게 된다. 소비자는 의사결정을 하는 과정에서 외부로부터의 정보를 토대로 결정을 하게 되며, 소비자의 연령, 소득, 교육 수준과 같은 인구 통계적 특성과 소비자 자신의 성향이나 정보에 대한 근본적인 욕구 등의 심리적 특성과 같은 개인적인 변수에 따라서도 외적 탐색의 정도는 달라진다.

외적 탐색의 정도는 획득하게 되는 정보의 기대가치와 정보탐색에 수반되는 비용을 고려하여 결정된다. 여행 및 관광을 할 경우 수반되는 시간적·금전적 실제비용 및 기회비용 등을 고려하여 결정한다.

3) 대안(代案)의 선택과 평가(목적지 선택)

소비자는 내적 탐색과 외적 탐색을 거쳐서 수집된 정보를 바탕으로 여러 대안들을 평가하게 되며, 대안의 평가(alternative evaluation)를 위해서 평가 기준과 방식을 설정하게 된다. 평가 기준(evaluation criteria)이란 여러 대안을 비교·평가하는 데 사용되는 상품의 특성을 말하고, 평가방식(evaluation rule)이란 최종적인 선택을 하기 위해서 평가내용을 통합·처리하는 방법을 말한다.

(1) 평가 기준

소비자가 관광상품을 평가하는 데 사용하는 평가 기준은 개인의 취향과 성격에 따라 다르고 상황에 따라서도 달라진다. 이처럼 평가 기준이 다른 이유는 상품의 다양한 특성으로 인하여 소비자가 추구하고자 하는 편익(benefits)이나 효용(utility)이 사람마다 다르기 때문이다.

평가 기준이 상황에 따라서도 달라지는데 이유는 급박한 상황에서는 평상시보다 훨씬 적은 수의 평가 기준을 결정하게 되는데, 관광객이 목적지에 도착해서 관광호텔이 없어서 민박, 콘도미니엄을 이용하는 경우가 이에 해당된다.

(2) 평가방식

소비자는 평가 기준을 토대로 하여 여러 대안들을 평가한 후 그 내용을 종합하여 최종적인 구매 결정을 하게 되는데, 이처럼 평가의 내용을 통합·처리하는 방법을 평가방식이라고 한다.

■ **다속성 태도모델**(multi-attribute attitude model)

다속성(多屬性) 태도모델은 보완적 방식의 대표적인 사례로써 관광객이 상품을 구매하려는 상표 A, B, C 세 가지가 있다고 했을 때 소비자가 가장 중요하다고 생각하는 상품속성의 차이가 있기 때문에 소비자가 만족할 수 있는 가장 이성적인 상태를 설정하여 평가가 높을수록 소비자를 만족시킬 수 있다는 판단에 따라 상표에 대한 속성을 평가하여 선택하는 소비자의 태도이며, 다양한 평가 과정을 통해 얻어질 수 있다.

---

① 보완적 방식

하나의 상표가 경쟁 상표들과 비교하여 소비자가 중요시하는 모든 평가 기준에서 우월한 경우는 매우 드물다. 일반적으로 각 상표의 강점과 약점이 서로 상충되는 경우가 흔히 발생한다. 이때 한 평가 기준에서의 약점이 다른 평가 기준에서의 강점에 의해 보완되어 전체적인 평가를 받게 되는 방식을 보완적 방식(compensatory rule)이라 한다.

② 비보완적 방식

비보완적 방식(non-compensatory rule)이란 평가 기준에서의 약점이 다른 평가 기준에서의 강점이 보완되지 않는 평가방식을 말하는데, 소비자들은 비교적 의사결정을 신속하게 할 수 있는 특징은 있으나, 보완적 방식이 여러 대안들을 종합적으로 비교·평가하는 데 비해서, 비보완적 방식은 비합리적인 판단이나 선택을 할 가능성이 있다고 할 수 있다.

■ **사전(事前) 편집식**

상품의 중요성에서 품질, 가격, 서비스 등 많은 평가 기준을 선택할 수 있다. 상품
에서 품질을 중요하게 여기는 고객이 있다고 가정을 하면 소비자는 품질이 우수한
상품을 선택하게 된다. 그러나 품질이 우수한 상품이 A, B가 있어 평가가 동일하다면
소비자는 두 번째로 중요하게 인식하고 있는 속성에 따라 선택이 결정된다.

4) 상품 구매(관광 이행)

상품 구매는 관광적 관점에서 이동하고 행동하는 이행(移行)이다. 소비자는 여러 대안들에 대한 비교·평가 과정을 거쳐 최종적인 상품을 선택한다. 그러나 소비자의 의사결정 과정의 결과로 선택된 상품이 항상 구매(purchase)로 이어지는 것은 아니다.

의사결정 이후 구매가 곧바로 이어지지 않고 시간이 경과된 이후에 이루어진다면 소비자 자신의 변화나 시장상황의 변화에 따라 다른 상품을 구매하는 경우도 발생한다. 또한 가족 구성원의 영향에 의해서도 구매자의 결정과는 다른 상품이 선택될 수도 있으며, 구매시점에서 경쟁사의 상품판매 노력에 의해서도 소비자의 의사결정은 변화될 수 있다.

5) 구매 후 평가

소비자는 제품을 구매하여 사용한 후(post purchase evaluation)에는 만족하거나 불만족을 느끼게 된다. 소비자가 느끼는 만족 또는 불만족은 상품구매 이전의 기대와 구매 후의 상품에 대하여 소비자가 느끼는 불일치 정도에 따라 결정된다.

소비자가 지각하는 상품이 구매 이전의 기대치와 같거나 높을 때 소비자는 만족하며, 기대치보다 낮을 때는 불만족하게 된다. 따라서 소비자의 기억 속에 저장되어 기대치가 같거나 높을 때는 상품의 재(再)구매 의사에 반영되어 좋은 이미지로 기억되지만 기대치보다 낮은 상품은 불만족하게 되어 상품을 생산한 기업 전체의 이미지에 부정적인 영향을 미칠 수도 있다.

구매한 제품에 대하여 불만족한 소비자는 불평하게 되는데, 소비자의 불평행

동은 무(無) 행동에서 사적 행동을 거쳐 공적 행동으로 나타나게 된다. 무 행동이란 공개적인 불평 행동을 보이지 않는 경우를 말하고, 사적 행동이란 재(再)구매 의도의 포기 및 해당 제품과 기업에 대한 부정적 태도 형성과 같은 내부적 행동과 주변 사람에게 부정적 견해를 전달하는 구전 등의 외부적인 행동이 포함된다.

공적 행동은 회사에 대한 배상 요구, 정부나 민간단체에 불만족을 접수하거나 법적 소송을 제기하는 행동 등을 말한다.

따라서 소비자의 불만을 극소화하고 발생한 불만을 적극적으로 해결해 주는 노력을 체계적이고 지속적으로 경주하여야 한다. 고객만족 경영이라는 목표를 많은 기업들이 경영이념으로 설정하는 이유는 불만족을 최소화하여 기업의 이미지를 제고시키기 위한 것이다.

제4절 소비자 보호

1. 소비자 보호의 의의

소비자 보호란 시장거래의 주체인 기업과 소비자들의 불평등 거래를 시정하고 개선하며 소비자의 권리를 보장하고 소비자들의 주권이 행사될 수 있도록 안전 강화와 법적 보호제도를 강구하는 것이라고 정의할 수 있을 것이다.

한국의 관광시장에서 나타나고 있는 현상은 내국인 해외여행자의 급속한 증가이다. 해외여행 자유화 배경에는 국민들의 삶을 풍요롭게 하고 생활의 변화와 신세대의 등장, 자유시간의 증대 및 활용, 관광 및 여가 형태의 변화 등을 들 수 있다. 종래의 단편적인 관광형태가 근래에 들어와 특정한 목적을 갖고 진행되는 교육, 문화, 체험 등을 중요시하게 되었으며, 목적을 추구하는 다양한 관광형태가 등장하게 되었다. 이러한 소비자들의 행태 변화는 기업으로서 시장 확보를 목적으로 한 시장의 세분화가 필요하게 되었고 소비자 계층을 중심으로 한 표적시장의 강화를 위한 시장 이동(market shift)현상도 나타나고 있다.

관광산업에서도 소비시장의 급속한 변화와 서비스를 중시하는 관광분야에서도 소비자인 관광객을 보호하고 만족을 줄 수 있어야 한다는 것을 의미한다.

관광의 시스템적 측면에서 관광주체인 관광객은 자유롭고 편리한 여행을 함으로써 관광 욕구를 충족하고 만족을 찾으려고 한다. 충족과 만족의 핵심적 요인은 소비자를 보호하는 것이며, 그 대상은 관광 객체(관광시설과 자원), 관광 매체(관광사업), 관광조직(공·사 조직)의 총체적인 관점에서 이루어지는 활동이어야 한다.

관광객은 관광상품과 서비스를 이용하고 있으나 전체 사업영역에서 판매되는 다른 상품과 서비스를 구매하는 소비자와 동일한 관점에서 같은 권리와 이익을 갖게 된다는 인식하에 일반 소비자를 보호한다는 인식이 필요하다.

2. 관광객 보호의 필요성

여행이 대중화되면서 세계관광기구(UNWTO)는 필리핀 마닐라에서 개최된 세계관광대회(1980년)의 "마닐라 선언"에서 '관광공급을 개선하는 것은 소비자의 입장에서 품질을 고려해야 한다'고 하였으며, 선진국과 개발도상국을 중심으로 진행되는 패키지(package)를 이용하는 관광객들이 처하게 되는 중요한 문제를 밝혀내고자 "소비자 보호와 관광정보"라는 보고서를 발간(1981년)하였다.

또한 관광객을 보호할 수 있는 법적 보호의 필요상황을 제시하는 "관광객의 안전과 법적 보호"라는 보고서를 발간(1985년)하기도 했다. 이와 함께 경세협력개발기구(OECD)는 연차보고서(1986년)에서 '관광소비자의 보호를 관광공급의 개발, 관광마케팅, 휴가 분산 정책, 국제협력과 더불어 각국 관광정책의 기조가 되어야 한다'고 강조하기도 하였는데, 관광소비자 보호는 국가의 관광정책 수립에서 최우선 순위로 고려하고, 중요하게 인식해야 한다는 것을 제시한 대표적인 사례이다.

관광객이 만족스러운 관광을 하기 위해서는 관광환경의 중요성을 인식해야 하며, 관광환경이란 관광행동을 쾌적하게 할 수 있도록 자연환경, 관광시설 환경, 사회적, 문화, 제도와 같은 다양한 환경을 구축해야 한다. 관광소비자 보호는 관광객이 이동하고 활동하는 범주에 있는 모든 환경이 포함되며, 관광환경을 조성하는 것은 소비자를 위한 보호라고 할 수 있다.

관광객 보호가 필요한 이유는 다음과 같다.

첫째, 관광객은 넓은 의미의 소비자로서 관광객의 권리와 이익을 보호하기 위한 것이다.

둘째, 소비자의 안전과 건강을 도모하기 위해서이다.

셋째, 소비자들의 관광 활동을 촉진하여 생활의 질(quality of life)을 향상시킬 수 있기 때문이다.

넷째, 관광객의 편의를 증진하고 여행에 수반되는 각종 피해를 해결하고 보상하기 위해서이다.

다섯째, 관광시장의 건전한 발전과 시장경제 원리를 도입함으로써 상품의 품질을 향상시키기 위한 것이다.

여섯째, 건전한 관광시장 질서의 확보와 과당경쟁, 사기행위, 과잉 요금 등을 억제하여 공정거래를 유도하여 소비자의 만족도를 높이기 위한 것이다.

일곱째, 소비자 지향적인 정책을 지향하여 관광사업체의 경쟁력을 배양하기 위한 것이다.

한국은 관광객의 피해와 불편사항을 개선하기 위해 노력하고 있으며, 이를 위해 한국관광공사의 관광사업 개선을 위한 관광불편신고센터를 설치(1977년 6월)하여 운영하고 있다. 관광불편신고센터의 역할은 내·외국인 관광객의 관광불편사항을 해소하고 관광업계의 자율적 서비스 개선을 도모하여 명랑한 관광분위기를 조성하여 한국 관광의 대내·외 이미지를 부각시키기 위한 것이다.

3. 관광객 불평 요인

소비자 피해의 발생원인은 자본주의 경제체제와 생산구조, 유통체제하에서 필연적으로 발생될 수 있는 상황이라고 할 수 있다. 그러나 상품 이용자 측면에서는 경제체제나 구조적인 측면은 고려하지 않고 발생되는 불만족스러운 정보나 서비스의 미비 등에서 나타나는 것으로 인한 행동적 의미를 포함한다. 소비자 피해의 핵심적인 불만요인으로 다음과 같은 것들을 지적할 수 있다.

첫째, 상품 정보 제공의 미흡

둘째, 상품 내용과 구매상품의 차이(과장 광고 및 선전)

셋째, 예약 불이행

넷째, 상품 품질의 저하(低下)

다섯째, 서비스의 미비

여섯째, 부당요금

소비자들의 불편 사항은 곧 불만 요인으로 작용하고 있으며, 국내·외 관광객 수의 증가에 따라 불편 사항은 매년 증가하는 것이 현실이다.

▶ 내국인 연도별 관광불편 신고 접수 현황

연도	불편사항	불편 외 사항	총접수 건수
2012	127	4	131
2013	148	10	158
2014	172	5	177
2015	167	6	173
2016	199	12	211
2017	217	22	239
2018	168	12	180
2019	142	6	148
2020	92	4	96
2021	77	10	87

자료: 문화체육관광부, 2021년 기준 관광동향에 관한 연차보고서(2021년 12월 31일 기준), 2022, p.54

한국관광공사에 의하면 업종의 특성에 따라 다양한 유형의 관광불편신고가 접수되고 있는데, 관광객의 관광행태와 연관성이 높다고 할 수 있다. 내국인들의 불편신고 사항은 숙박, 여행사, 음식점, 관광종사원, 쇼핑, 택시, 공항 및 항만, 분실 및 도난, 철도 및 선박, 버스, 콜 밴(call van), 안내표지판 등이다.

숙박 관련 사항은 예약취소 및 위약금, 서비스 불량, 시설 및 위생관리 불량 등이었다. 쇼핑 관련 사항은 가격 시비, 탁송 지연 및 내역 오류, 부가세 환급, 제품 및 맞춤 불량과 같은 것이었으며, 공항 및 항만의 불편사항은 공항시설 이용, 항공사 운영관리, 출입국관리(CIQ: Customs Immigration Quarantine) 등과 관련된 사항이었다.

이러한 불편사항들은 관광의 이미지를 실추시킬 뿐만 아니라 관광객 수의 감소를 초래하며, 더 나아가 관광수입이 감소할 수 있고, 관광산업 전반에 미치는 영향이 크다고 할 수 있다.

◪ **내국인 연도별/유형별 관광불편신고 접수 사항**

유형		2016년	2017년	2018년	2019년	2020년	2021년
불편 사항	숙박	36	62	44	44	49	57
	여행사	47	62	50	36	4	2
	음식점	10	15	14	20	10	3
	관광종사원	6	4	4	8	5	3
	쇼핑	26	18	3	6	2	1
	버스	5	4	6	3	-	-
	철도 및 선박	5	5	2	3	-	-
	택시	4	6	6	2	-	-
	공항 및 항만	4	7	4	1	3	1
	안내표지판	4	-	3	1	-	-
	콜 밴	-	-	1	-	-	-
	분실 및 도난	-	-	-	-	-	-
	기타	1	34	31	18	19	10
불편 외 사항	감사내용	12	22	12	6	4	10
계		211	239	180	148	96	87

자료: 문화체육관광부, 2021년 기준 관광동향에 관한 연차보고서(2021년 12월 31일 기준), 2022, p.54

4. 관광객 보호 제도

정부는 내·외국인 관광객의 관광불편 사항을 신속히 파악·시정함으로써 쾌적한 관광 분위기를 조성하고 한국 관광의 이미지를 제고시키기 위하여 관광불편신고센터를 설치, 운영하고 있다. 관광시설 및 수단을 이용하는 자는 누구든지 관광사업체의 위법·부당행위 및 종사원의 불친절 행위 등의 불편사항을 신고할 수 있도록 하고 있다.

한국관광공사 관광불편신고센터는 엽서, 서신, 방문, 전화, 팩스, 이메일 및 한국관광공사 웹 사이트를 통한 연중 신고 접수 체제를 갖추고 있다. 한국관광공사로 접수된 불편사항은 직접 처리 또는 관할 행정기관 및 단체에 이송되어 처리되며, 신고 사항을 이송받은 기관은 처리결과를 신고인에게 회신하고 그 처리내용을 한국관광공사에 통보하도록 규정되어 있다. 또한 접수된 관광불편 신고사항을 종합적으로 분석하여 매년 '관광불편신고종합분석서'를 발간하고 있으며, 이는 국내·외 관광객 대상 수용태세의 문제점을 제시하고 관광부문의 정책입안, 연구개발 및 서비스 개선을 유도하기 위한 기초자료로 활용하고 있다.

➡ 관광불편 처리기관

구분	여행불편처리센터	관광불편신고센터	한국소비자원	소비자상담센터
운영주체	한국여행업협회	한국관광공사 (전국 시·도·군)	공정거래위원회 한국소비자원	공정거래위원회 소비자단체
연락처	1588-8692	1330	043-880-5500	1372
웹사이트	www.tourinfo.or.kr	kto.visitkorea.or.kr	www.kca.go.kr	www.ccn.go.kr
운영경과 및 근거	2006년~	1978년~	1987년~	2010년~
	관광불편신고센터 운영에 관한 규정 (문화체육관광부 훈령 제120호)		소비자보호법(1987년)에 의거	
운영시간	09:00~18:00(월~금) 근무시간 외에는 자동 응답	24시간 연중무휴	09:00~18:00(월~금) 근무시간 외에는 자동 응답	09:00~18:00(월~금) 근무시간 외에는 자동 응답
대상	내국인	내·외국인	내·외국인	내·외국인
서비스내용	여행사(계약) 관련 불편 등 중재	관광 전반에 대한 불편, 불친절 사항 접수·처리(영·일·중)	모든 사업자와 소비자 분쟁 중재	모든 사업자와 소비자 분쟁 중재

자료: 한국여행업협회, 여행불편 신고사례집, 2015, p.170

그러나 관광객의 보호로는 소비자의 관광권(travel right) 및 권리의 보장, 제도적 차원의 유급 휴가 확대 및 휴가비의 공제, 관광안전 보장, 관광에 대한 의식향상, 여행보험 제도 등을 들 수 있다. 또한 소비자를 보호하기 위한 규제 측면에서는 관광상품 및 교통의 가격통제, 호텔의 엄격한 등급체계, 관광사업자의 통제, 관광시장에서의 공정한 경쟁 유도, 관광불편 사항 처리 등을 예로 들 수 있다.

　관광객의 보호를 위한 한국의 정책 및 제도는 관광불편신고센터, 종합 관광안내센터 운영, 관광사업자별 약관(여행업 표준 약관, 숙박약관 등), 관광객 피해보상제도, 보증보험 가입 등과 같은 제도가 운영되고 있다.

　그러나 이러한 제도적인 측면도 중요하지만 관광객을 보호하고 불편을 해소하기 위해서는 인적 의존도가 높은 관광산업의 특수성과 구조적 복합성을 고려해야 하며, 정부의 지도 감독 및 정책지원 강화를 통한 근원적인 해소 노력과 관광업계의 자율적 서비스 개선을 위한 노력 그리고 숙박, 교통, 쇼핑 등 관련 업계 종사자의 의식 개선은 물론 전 국민의 서비스 개선을 위한 국민의식 등이 필요하다고 할 수 있다.

참고문헌

김창수, 관광소비자 보호정책개발에 관한 연구, 경기대학교 대학원, 1988.

안영면, 여가관광마케팅, 백산출판사, 1999.

이항구, 관광정신에 입각한 관광환경법의 제정성 연구, 경기대 논문집, 1984.

장병권, 한국의 관광 소비자보호의 실태와 개선방안, 한국관광학회, 1990.

최자은, 스마트관광의 추진현황 및 향후과제, 한국문화관광연구원, 2014.

홍금순, 사회성 소비를 주목하라, 신한종합연구소, 1994.

문화체육관광부, 2021년 관광동향에 관한 연차보고서, 2022.

한국관광공사, 관광불편신고 연간종합분석, 1994.

한국관광공사, 세계관광에 관한 마닐라 선언 및 아카풀코 문서, 1984.

한국여행업협회, 여행불편 신고사례집, 2015.

CHAPTER

7

관광사업의
의의와 분류

관광사업의 의의와 분류

제1절 관광사업의 의의와 영역

1. 관광사업의 개념

관광사업이란 관광을 촉진시키기 위한 일련의 활동이라고 할 수 있는데, 관광객에게 관광활동을 하도록 촉진시키거나 관광객이 필요로 하는 재화와 용역을 생산하여 판매하는 사업이다.

수요를 창출하기 위하여 관광객의 행동에 부응하는 상품과 서비스를 제공하여 경제 · 사회 · 문화 · 환경 등 다양한 효과를 얻기 위한 사업이며, 교통(transportation), 숙박(accommodation), 식음료(food & beverage), 문화(culture), 자원(attraction), 통신(communication), 쇼핑(shopping), 오락 · 유흥(entertainment), 레저(leisure), 서비스(service) 등을 제공하는 포괄적인 사업이라고 정의할 수 있다.

종래에는 많은 학자들이 관광산업이 타 산업과 구별되는 특별한 상품을 생산하지 못하므로 관광산업이 존재하지 않는다고 하였으나, 현대적인 의미의 관광은 자연을 보호하고 상품을 개발하여 관광객이 즐거운 체험을 하게 판매함으로써 산업으로서 인정받기에 이르렀다.

관광은 19세기 중엽만 하여도 비산업화 단계였으나, 1950년 이후 관광에도 산업적인 의미가 부여되기 시작하였다. 관광이 추상적인 의미에서 현실로 전환되면서 사업(business)이나 산업(industry)으로 변화되게 되었다.

관광은 실제 행위가 복잡하고 광범위하기 때문에 관광사업의 개념을 규정하기에는 매우 어렵다. 관광사업은 관광객의 왕래에 대처해야 하고 사회의 급속한 발전과 가치관의 변화는 관광행동을 다양화시키고 있어 사업의 범위와 영역도 지속적으로 확대되어 가고 있으며, 수용 측면에서도 관광왕래를 촉진시키기 위한 선전, 판촉 등 일련의 활동까지도 포함한다면 사업으로서의 범위는 매우 광범위하다고 하겠다.

관광사업을 총칭할 때는 그 범위와 내용이 관광자원의 보호 및 보존, 관광지 개발에서부터 도로, 위생, 휴게(休憩)시설 등과 같은 기반시설의 정비는 물론 국가 공공기관에서 행하는 관광 진흥, 출·입국 절차, 관세 등에 관한 행정제도까지 포함하는 매우 광범위한 분야까지 포함하고 있다고 할 수 있다.

▶ 관광사업의 정의

학자	정의
레이퍼(Leiper)	관광자의 특별한 욕구와 요구에 서비스하는 경향이 있는 모든 기업, 조직, 시설로 구성된다고 정의하였다.
파월(Powell)	관광자의 체험을 구성하는 데 조합되는 모든 요소와 관광자의 욕구 및 기대에 서비스하기 위하여 존재하는 모든 요소를 의미한다고 정의하였다.
미국 상무·과학·교통 (U.S. Commerce, Science and Transportation)	여행과 레크리에이션을 위하여 전체적·부분적인 면에서 교통, 상품, 서비스, 숙박시설과 기타 시설, 프로그램과 기타 자원을 제공하는 사업체, 조직, 노동, 정부기관 등이 상호 관련된 합성체로 정의하였다.
국제연합무역개발회의 (UNCTAD: United Nations Conference on Trade and Development)	외래 방문객 및 국내 여행자들에 의하여 주로 소비되는 재화와 서비스를 생산하는 산업적·상업적 활동의 총체라고 정의하였다.
다나까 기이치 (田中喜一)	관광왕래를 각종 요소에 대한 조화적 발달을 도모(즉 각종 관광 관련 시설과 교통 정비 및 자연적, 문화적 관광자원에 따른 개발과 보호·보존의 도모)함과 동시에 그의 일반적인 이용을 촉진함에 따라 경제적·사회적 효과를 노리기 위해 알선(斡旋), 접대(接待), 선전(宣傳) 등을 행하는 조직적인 인간 활동이다.
이노우에 만수조우 (井上 萬壽藏)	관광왕래에 대응하여 이를 수용하고 촉진하기 위하여 행하는 일체의 인간 활동이다.
관광진흥법	관광객을 위하여 운송·숙박·음식·운동·오락·휴양 또는 용역을 제공하거나 기타 관광에 부수되는 시설을 갖추어 이를 이용하게 하는 업이다.

그러나 관광사업을 표현할 때는 영리를 목적으로 한 사적(私的)인 사업을 의미하며 한국의 관광법규에 의하면 관광사업이란 "관광객을 위하여 운송·숙박·음식·운동·오락·휴양 또는 용역을 제공하거나 기타 관광에 부수되는 시설을 갖추어 이를 이용하게 하는 업"이라고 규정되어 있다.

2. 관광사업의 영역

관광에 대한 개념적 정의가 확대되면서 전통적인 개념을 강조하는 관광 이외에 거버넌스(governance)적 관점, 정책 주체 관점, 권력 관점 등에서 논의가 되고 있다.

관광에 대한 정의가 확대되면서 협의의 개념을 초월하여 관광도 산업규모가 커지고 확대되면서 관광산업의 영역이 점차 확대되고 있으며, 소수에 국한된 관광업종을 대상으로 하는 관광 진흥을 위한 정책도 한계상황에 직면하면서 핵심 관광산업과 같은 직접적인 관광산업뿐만 아니라 간접적인 관광산업도 중요해지면서 이들을 연계하고자 하는 주요한 정책이 등장하게 되었다.

■ **거버넌스**(governance)

공동의 목표를 달성하기 위하여, 주어진 자원에서 모든 이해 당사자들이 책임감을 가지고 투명하게 의사결정을 수행할 수 있게 하는 제반 장치를 의미한다.

관광객의 행동 변화와 이용하는 형태가 다양해지면서 관광객을 대상으로 하는 사업이 탄생하게 되었으며, 특히 정보통신 기술의 급속한 발전으로 인한 온라인(on-line) 업체가 등장하기도 하였다.

전통적인 관광영역으로 강조되었던 숙박, 항공, 식음료, 여행사, 관광지 등의 산업을 초월하여 엔터테인먼트(entertainment)·문화 콘텐츠, 의료·MICE, 스포츠, 정보통신 기술(ICT: Information and Communications Technology) 등 다양한 산업 분야와 융합·복합·연계가 강조되면서 관광산업의 영역은 더욱 확대되고 있다.

관광산업도 융·복합시대를 맞이하여 다양한 산업 분야와의 접목이 강조되면서 새로운 패러다임(paradigm)으로 전환되고 있으며, 따라서 관광산업의 육성과 발전을 위해서는 관광사업 범위와 영역을 새롭게 설정해야 하는 필요성이 요구된다고 할 수 있겠다.

제2절 관광사업의 분류

1. 사업 주체에 의한 분류

1) 관광의 공적 사업(事業)

사업을 추진하는 주체가 정부나 지방자치단체 등이며, 관광 관련 행정기관이 담당하는 사업을 공적인 업무라고 할 수 있다. 이는 대내적으로는 국민경제의 발전과 국민의 복지를 증진하기 위한 것이며, 대외적으로는 국위의 선양과 국제친선 그리고 국제경제의 발전을 위하여 정책적으로 추진하는 관광사업을 말한다. 따라서 공적(公的)인 사업이란 관광의 기본이념을 보급하고 국가의 관광 진흥을 실현하기 위하여 추구하는 것이며, 관광 발전과 사업을 관리하기 위한 것으로 행정이라고 할 수 있다.

관광의 공적 사업은 관광의 공익(public benefit)을 목적으로 이루어지는 사업이며, 관광이념의 보급, 관광자원의 보호·육성 및 이용의 촉진, 관광시설의 정비·개선, 관광지의 개발, 선전매체의 활용을 통한 관광 활동의 촉진, 서비스의 향상, 관광통계의 작성, 조사·연구 활동의 추진 및 실시, 국내·외 관련기관과의 유대강화, 관광사업의 지도, 지원, 행정업무의 추진 등과 같은 사업들을 정부나 지방자치단체 등의 행정 부서에서 주관하는 업무와 공기업(한국관광공사 등), 관광사업자 단체와 같은 공익법인(公益法人)에 의해서 실행되는 사업이 있다.

2) 관광의 사적 사업(事業)

사적(私的)인 사업은 기업으로서 윤리성을 바탕으로 관광객의 왕래에 직접 대처하기 위한 영리 목적의 활동이며, 관광객에게 재화(財貨)나 서비스를 생산, 제공하고 그 대가를 받아 사업을 영위해 나가는 것이다.

여행자들에게 교통, 숙박, 여행, 레크리에이션, 이용시설, 각종 물적 · 인적 서비스를 제공하는 사업으로서 영리 목적이 핵심이며, 관광의 가치와 효과가 최대로 창출될 수 있도록 서비스 수준을 향상하고, 서비스의 개선을 도모하여 관광객을 만족시키기 위한 기업이며, 이러한 기업의 사업관리를 관광 경영이라고 표현한다.

관광사업은 기본적으로 관광객을 대상으로 개별적인 영업활동을 하고 있으나, 관광 왕래의 촉진과 관광객의 유치, 판촉 활동이 공동의 이익을 가져다주기 때문에 관광 선전 및 홍보활동과 같은 마케팅 활동이 관광시장을 확보하기 위해서는 사업들의 주요한 연계 활동이 필요하고 상호 협조가 수반되어야 한다.

▶ 관광의 지향 가치 및 목표

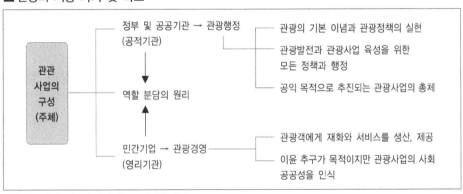

자료: 고석면 외, 관광사업론, 백산출판사, 2022, p.126

2. 기능에 따른 분류

관광사업을 관광기업이라는 관점에 국한해서 살펴보더라도 다양한 관련 산업 분야에서 경제활동이 수행되고 있을 뿐 아니라 복잡성을 갖고 있으며, 관광사업의 경영은 일반사업과는 상이하다는 것을 제시하고 있다. 관광사업의 범위를 기능에 따라 구분하면 다음과 같다.

1) 관광자원 보호 및 개발 관련 사업

관광자원 보호 및 개발 관련 사업을 전개하는 주체는 대부분 비영리적인 조직체로서 국가나 지방 공공단체이다. 이러한 사업 활동의 특징은 국가자원인 자연자원과 인문자원이 전래되도록 보존하고 개발하는 것으로서 관광사업 중에서 가장 기본적인 사업이라고 할 수 있다.

또한 이 사업에는 관광자원까지의 접근성을 개선하기 위하여 도로 및 교통시설의 정비와 설치 그리고 숙박시설의 운영을 기본으로 하는 관광개발 사업도 포함된다.

2) 관광객의 유치 및 선전 관련사업

관광객의 유치 및 선전 관련사업은 관광을 통한 사회·경제적인 효과에 주목하여 지방공공단체나 관광협회 그리고 관광공사와 같은 공익법인이 관광시장을 개척하고 관광객을 유치하기 위해 선전활동을 전개하는 사업 등을 의미한다.

특히 외래 관광객으로 인한 소비가 국가 및 지역사회에 미치는 파급효과가 높기 때문에 관광의 중요성과 그 가치를 재평가하고 관광사업을 국가 전략산업으로 인식하여 외래 관광객의 유치를 위한 다양한 광고, 선전활동과 같은 적극적인 마케팅 활동을 하는 사업이다.

3) 관광시설의 정비와 이용증대 관련 사업

관광시설의 정비와 이용증대에 관한 사업은 관광객들을 수용하는 시설을 사업화한 것으로, 관광객의 왕래를 원활히 하기 위해 운송서비스를 제공하는 교통업과 이들에게 숙식을 제공하는 숙박업 등이 해당된다. 이러한 사업들은 영리를 목적으로 서비스를 제공하는 업체들로서 관광수요에 대처해 나가는 관광사업의 중추적인 역할을 담당하고 있다.

이러한 사업에는 관광객에게 오락시설을 제공하거나 기념품을 판매하는 사업자, 스포츠 및 레저 관련 시설을 갖추고 이용하게 하는 사업자도 포함된다.

4) 상품 기획 및 판매 관련 사업

상품 기획 및 판매 관련 사업은 교통 및 숙박의 예약·수배, 여행상품의 기획·판매, 관광안내와 관련된 형태의 여행서비스를 제공하고 여행객들에게 판매하는 사업 활동이 포함된다. 이러한 활동은 관광여행과 관련되는 각종의 정보, 다양한 서비스의 내용이 체계적으로 구성되어 판매되고 있다는 차원에서 교통 의존적인 사업성격이 포함된다.

▶ **관광사업의 기능별 분류**

관련 사업	사업내용
관광자원 보호 및 개발, 환경 관련 사업	자연, 문화재 등 관광자원을 개발하고 보호하는 일, 관광지 환경 정비, 쾌적한 관광환경의 창조와 관련된 사업
관광객의 유치 및 선전 관련 사업	관광정보 제공 관련 사업으로 출판사업, 여행자들을 위한 정보 제공 사업과 관광선전·PR광고 등의 사업
관광시설의 정비와 이용증대 관련 사업	• 항공, 자동차, 철도, 선박 등의 여객운송기관이 여객을 운송하는 사업 • 호텔 등 숙박시설 포함 숙박서비스 제공 사업 • 스포츠시설과 위락시설 등 관광시설 서비스를 제공하는 사업
상품 기획 및 판매 관련 사업	교통 및 숙박의 예약·수배, 여행상품의 기획·판매 등 여행업을 포함한 여행 전반에 대한 사업

3. 업종에 따른 분류

관광객이 관광행동을 하려면 정보를 수집하고, 교통·숙박을 예약하고, 목적지로 이동하고, 체재함과 동시에 다양한 관광 활동을 하고 돌아오는 일련의 순환과정이다.

따라서 관광객의 욕구와 동기를 충족시키고, 관광 왕래를 촉진하기 위해서는 다양한 사업이 존재하게 되며, 관광객의 행동에 따라 준비, 이동, 체재와 관련한 업종으로 분류하여 범주를 설정할 수 있다.

첫째, 준비에 관한 업종이다. 관광정보의 제공, 이용시설의 예약, 필요 용품의 구입과 관련된 사업이다. 정보를 제공하는 신문, 방송, 출판, 통신과 같은 매스컴과 관계되는 업종, 예약을 취급하는 여행업, 그리고 여행용 의류나 각종 스포츠 용품을 판매하는 업종을 포함할 수 있다.

둘째, 이동에 관한 업종이다. 여행자를 운송하는 사업으로 항공, 철도, 버스, 렌터카, 선박 등이며, 교통수단으로서 접근성을 개선하는 역할을 한다.

셋째, 체재에 관한 업종이다. 관광객에게 숙박과 음식을 제공한다는 행위와 관련된 업종으로 숙박업과 음식업을 비롯하여 '본다, 먹는다, 배운다, 즐긴다, 산다.' 등과 관련된 모든 행위와 관련된 업종이라고 할 수 있다.

▶ 관광 관련 사업의 범주

업종	세부업종
여행업 (travel industry)	• 여행 도매업(wholesaler, tour operator) • 여행대리점(travel agent, sub-agent) • 관광객 모집 전문업자(tour organizer) • 여행 관련 출판업(관광자원 선전책자, 관광기념사진, 관광잡지 등)

운송업
(transportation industry)
	• 항공업: 정기 항공운송(regular scheduled), 부정기 항공운송(irregular)
	• 지상운송업
	  - 전세버스
	  - 택시
	  - 열차(관광열차)
	  - 캠핑카(camping, caravan car) 임대업
	• 수상운송업(surface transportation)
	  - 여객운송(ferry)
	  - 선상 관광(cruising)유선업
	  - 선박 임대업(boat, yacht)
	  - 도선(渡船)업(강, 호수)

숙박업(accommodation, lodging industry)	• 호텔(hotel)/모텔(motel), 유스호스텔 등 • 보조 숙박업(supplementary accommodation facilities): 빌라, 콘도, 야영장 등
음식료 조달업 (catering industry)	• 호텔 연회행사 • 음식점(요식업) : 유흥 음식, 대중 음식 • 식품조달 전문점 : 여객기, 열차의 승객용 식사 공급 • 향토 음식점 : 해산물, 특수요리 공급 판매

회의장 시설업
(convention industry)
	• 호텔 및 회의장 시설업체
	  - 회의장(convention hall, conference rooms, seminar room)
	  - 전시장(exposition, exhibition, show, mart)
	• 국제회의 전문용역업체(PCO: Professional Congress Organizer)

편의용품 조달업 (amenity industry)	• 리넨, 타월, 비누 등 편의용품 조달 • 식품, 육류, 주류 조달 • 주방용품 기구 조달
휴양업 (R/R industry)	• 온천장(spa) • 수영장 • 스키장 • 헬스클럽(fitness center) • 수상, 수중 레크리에이션 사업 • 수렵(hunting), 사파리(safari) • 골프장 • 구기장: 축구, 배구, 농구, 테니스 등 • 바다낚시

업종	세부업종
종합관광지 (resort industry)	• 종합관광지(tourist resort): 관광시설, 놀이시설, 휴양시설을 갖춘 관광단지 • 민속촌(fork village) • 주제공원(theme park) • 관광농장(과수원, 채소농장) • 관광목장 • 해중 공연장: 수중 동물쇼, 수상스포츠 경연 • 수족관: 해변 대형수족관(sea aquarium) 및 휴게시설 • 동굴, 박물관(입장료 징수)
오락 · 유흥업 (amusement industry)	• 카지노 • 나이트클럽
기념품/사진	• 기념품 제작 · 판매(souvenir) • 관광사진업

주: R/R Industry: Rest and Recreation(체력 · 건강관리), Rest and Relaxation(건강회복), Rest and Recuperation (요양)을 의미

4. 관광법규에 의한 분류

한국의 관광사업은 시대적 변화에 따라 그 종류가 다양하게 발전되어 왔다. 1960년대에 제정된 관광사업진흥법(1961년 8월 22일)에 의하면 관광사업의 종류를 여행알선업, 통역안내업, 관광교통업, 관광숙박업, 골프장업, 관광휴양업, 유흥음식점업, 음식점업, 관광토산품판매업, 관광사진업, 유선업(遊船業), 관광전망업, 보울링장업, 관광삭도(索道)업 등으로 구분하여 왔다.

1970년대에는 관광사업법(1975년 12월 31일)이 제정되면서 관광사업의 종류는 여행알선업, 관광숙박업, 관광객이용시설업으로 분류하였고, 1980년대의 관광진흥법(1986년 12월 31일)에서는 여행업, 관광숙박업, 관광객이용시설업, 국제회의용역업, 관광편의시설업의 4종류로 확대하였다.

1990년대의 관광진흥법(1994년 12월)에서는 카지노업을 관광사업의 신규 업종으로 신설하였고 유원시설업을 법적으로 제도화(1999년)하였다.

한국의 관광진흥법에 의한 관광사업의 종류는 여행업, 관광숙박업, 관광객이용시설업, 국제회의업, 카지노업, 유원시설업, 관광편의시설업으로 구분하고 있으며, 세부 업종은 다음과 같다.

▶ 관광사업의 변천과정

구분	관광사업진흥법 (1961~1973)	관광사업법 (1975~1983)	관광진흥법 (1986~1994)	관광진흥법 (1999~2019)	관광진흥법 (2019~현재)
여행 관련	① 여행알선업 ② 통역안내업 ③ 관광교통업	여행알선업 ① 국제여행알선업 ② 국내여행알선업 ③ 여행대리점업	여행업 ① 일반여행업 ② 국외여행업 ③ 국내여행업	여행업 ① 일반여행업 ② 국외여행업 ③ 국내여행업	여행업 ① 종합여행업 ② 국내·외 여행업 ③ 국내여행업
숙박 관련	④ 관광숙박업 - 관광호텔업 - 청소년호텔 - 민박 - 자동차여행자 호텔	관광숙박업 ① 관광호텔업 ② 청소년호텔업(1, 2종) ③ 해상관광호텔업 ④ 모텔(1984년 삭제) ⑤ 휴양콘도미니엄업	관광숙박업 1) 호텔업 ① 관광호텔업 ② 해상관광호텔업 ③ 한국전통호텔업 ④ 가족호텔업 ⑤ 국민호텔업 2) 휴양콘도미니엄업	관광숙박업 1) 호텔업 ① 관광호텔업 ② 수상관광호텔업 ③ 한국전통호텔업 ④ 가족호텔업 ⑤ 호스텔업 ⑥ 소형호텔업 ⑦ 의료관광호텔업 2) 휴양콘도미니엄업	관광숙박업 1) 호텔업 ① 관광호텔업 ② 수상관광호텔업 ③ 한국전통호텔업 ④ 가족호텔업 ⑤ 호스텔업 ⑥ 소형호텔업 ⑦ 의료관광호텔업 2) 휴양콘도미니엄업
이용 시설 관련	⑤ 골프장업 ⑥ 관광휴양업 ⑦ 유흥음식점업 ⑧ 음식점업 ⑨ 관광토산품 판매업 ⑩ 관광사진업 ⑪ 유선업(遊船業) ⑫ 관광전망업 ⑬ 보울링장업 ⑭ 관광삭도(索道)업	관광객이용시설업 ① 골프장업 ② 종합휴양업 ③ 유흥음식점업 (한국식, 극장식당, 특수유흥) ④ 관광기념품판매업 ⑤ 관광사진업	관광객이용시설업 ① 전문휴양업 ② 종합휴양업 ③ 외국인전용유흥음식점업 ④ 관광음식점업 ⑤ 외국인전용관광기념품판매업 ⑥ 관광유람선업 ⑦ 자동차야영장업	관광객이용시설업 ① 전문휴양업 ② 종합휴양업(1종, 2종) ③ 야영장업 - 일반야영장업 - 자동차야영장업 ④ 관광유람선업 - 일반유람선업 - 크루즈업 ⑤ 관광공연장업 ⑥ 외국인관광도시민박업	관광객이용시설업 ① 전문휴양업 ② 종합휴양업 (1종, 2종) ③ 야영장업 - 일반야영장업 - 자동차야영장업 ④ 관광유람선업 - 일반유람선업 - 크루즈업 ⑤ 관광공연장업 ⑥ 외국인관광도시민박업 ⑦ 한옥(韓屋)체험업
국제 회의	-	-	국제회의용역업	국제회의업 ① 국제회의시설업 ② 국제회의기획업	국제회의업 ① 국제회의시설업 ② 국제회의기획업
카지노	-	-	카지노업(1994년)	카지노업	카지노업
유원 시설	-	-	-	유원시설업 ① 종합 유원시설업 ② 일반 유원시설업 ③ 기타 유원시설업	유원시설업 ① 종합 유원시설업 ② 일반 유원시설업 ③ 기타 유원시설업
편의 시설	-	-	관광편의시설업 ① 관광토속주판매업 ② 여객자동차터미널시설업 ③ 전문관광식당업 ④ 일반관광식당업 ⑤ 관광사진업	관광편의시설업 ① 관광유흥음식점업 ② 관광극장유흥업 ③ 외국인전용유흥음식점업 ④ 관광식당업 ⑤ 관광순환버스업 ⑥ 관광사진업 ⑦ 여객자동차터미널시설업 ⑧ 관광펜션업 ⑨ 관광궤도(軌道)업 ⑩ 한옥(韓屋)체험업 ⑪ 관광면세업	관광편의시설업 ① 관광유흥음식점업 ② 관광극장유흥업 ③ 외국인전용유흥음식점업 ④ 관광식당업 ⑤ 관광순환버스업 ⑥ 관광사진업 ⑦ 여객자동차터미널시설업 ⑧ 관광펜션업 ⑨ 관광궤도(軌道)업 ⑩ 관광면세업 ⑪ 관광지원서비스업

자료: 한국관광발전사 및 관광관련 법규집 등을 참고하여 작성함

제3절 관광사업의 종류와 정의

1. 여행업

여행업이란 여행자 또는 운송시설·숙박시설 기타 여행에 부수되는 시설의
경영자 등을 위하여 그 시설 이용 알선이나 계약 체결의 대리, 여행에 관한 안내,
그 밖의 여행 편의를 제공하는 업이다.

▶ **여행업의 종류 및 정의**

세부업종	정의
종합여행업	국내외를 여행하는 내국인 및 외국인을 대상으로 하는 업(사증(査證)받는 절차를 대행하는 행위를 포함한다)
국내외여행업	국외를 여행하는 내국인을 대상으로 하는 업(사증받는 절차를 대행하는 행위를 포함한다)
국내여행업	국내를 여행하는 내국인을 대상으로 하는 업

2. 관광숙박업

1) 호텔업

호텔업이란 관광객의 숙박에 적합한 시설을 갖추어 이를 관광객에게 제공하
거나 숙박에 부수되는 음식·운동·오락·휴양·공연 또는 연수에 적합한 시설
등을 함께 갖추어 이를 이용하게 하는 업이다.

2) 휴양콘도미니엄업

휴양콘도미니엄업이란 관광객의 숙박과 취사에 적합한 시설을 갖추어 이를
당해 시설의 회원·공유자 기타 관광객에게 제공하거나 숙박에 부수되는 음식·
운동·오락·휴양·공연 또는 연수에 적합한 시설 등을 함께 갖추어 이를 이용
하게 하는 업이다.

▣ 관광숙박업의 종류 및 정의

세부업종		정의
호텔업	관광호텔업	관광객의 숙박에 적합한 시설을 갖추어 이를 관광객에게 이용하게 하고, 숙박에 부수되는 음식·운동·오락·휴양·공연 또는 연수에 적합한 시설 등을 함께 갖추어 이를 관광객에게 이용하게 하는 업
	수상관광호텔업	수상에 구조물 또는 선박을 고정하거나 매어 놓고 관광객의 숙박에 적합한 시설을 갖추거나 부대시설을 함께 갖추어 관광객에게 이용하게 하는 업
	한국전통호텔업	한국전통의 건축물에 관광객의 숙박에 적합한 시설을 갖추거나 부대시설을 함께 갖추어 이를 관광객에게 이용하게 하는 업
	가족호텔업	가족단위 관광객의 숙박에 적합한 시설 및 취사도구를 갖추어 관광객에게 이용하게 하거나 숙박에 딸린 음식·운동·휴양 또는 연수에 적합한 시설을 함께 갖추어 관광객에게 이용하게 하는 업
	호스텔업	배낭여행객 등 개별관광객의 숙박에 적합한 시설로서 샤워장, 취사장 등의 편의시설과 외국인 및 내국인 관광객을 위한 문화·정보교류 시설 등을 함께 갖추어 이를 이용하게 하는 업
	소형호텔업	관광객의 숙박에 적합한 시설을 소규모로 갖추고 숙박에 부수되는 음식·운동·휴양 또는 연수에 적합한 시설을 함께 갖추어 관광객에게 이용하게 하는 업
	의료관광호텔업	의료관광객의 숙박에 적합한 시설 및 취사도구를 갖추거나 숙박에 부수되는 음식·운동 또는 휴양에 적합한 시설을 함께 갖추어 주로 외국인 관광객에게 이용하게 하는 업
휴양콘도미니엄업		관광객의 숙박과 취사에 적합한 시설을 갖추어 이를 그 시설의 회원이나 공유자, 그 밖의 관광객에게 제공하거나 숙박에 부수되는 음식·운동·오락·휴양·공연 또는 연수에 적합한 시설 등을 함께 갖추어 이를 이용하게 하는 업

3. 관광객이용시설업

관광객이용시설업은 관광객을 위하여 음식·운동·오락·휴양·문화·예술 또는 레저 등에 적합한 시설을 갖추어 이를 관광객에게 이용하게 하는 업으로서, 대통령령이 정하는 2종 이상의 시설과 관광숙박업의 시설 등을 함께 갖추어 이를 회원 기타 관광객에게 이용하게 하는 업이다.

▶ 관광객이용시설업의 종류 및 정의

세부업종		정의
전문휴양업		관광객의 휴양이나 여가선용을 위하여 숙박업시설을 포함하며, 휴게음식점영업·일반음식점영업 또는 제과점 영업의 신고에 필요한 시설 중 1종류의 시설을 갖추어 관광객에게 이용하는 업(민속촌, 해수욕장, 수렵장, 동물원, 식물원, 수족관, 온천장, 동굴자원, 수영장, 농어촌휴양시설, 활공장, 등록 및 체육시설업 시설, 산림휴양시설, 박물관, 미술관)
종합휴양업	종합휴양업 1종	관광객의 휴양이나 여가선용을 위하여 숙박시설 또는 음식점 시설을 갖추고 전문휴양시설 중 2종류 이상의 시설을 갖추어 이를 관광객에게 이용하게 하는 업이나, 숙박시설 또는 음식점 시설을 갖추고 전문 휴양시설 중 1종류 이상의 시설과 종합유원시설업의 시설을 갖추어 관광객에게 이용하게 하는 업
	종합휴양업 2종	관광객의 휴양이나 여가선용을 위하여 관광숙박업의 등록에 필요한 시설과 제1종 종합휴양업 등록에 필요한 전문휴양시설 중 2종류 이상의 시설 또는 전문휴양시설 중 1종류 이상의 시설과 종합유원시설업의 시설을 함께 갖추어 이를 관광객에게 이용하게 하는 업
야영장업	일반 야영장업	야영장비 등을 설치할 수 있는 공간을 갖추고 야영에 적합한 시설을 함께 갖추어 관광객에게 이용하게 하는 업
	자동차 야영장업	자동차를 주차하고 그 옆에 야영장비 등을 설치할 수 있는 공간을 갖추고 취사 등에 적합한 시설을 함께 갖추어 자동차를 이용하는 관광객에게 이용하게 하는 업
관광 유람선업	일반관광 유람선업	해운법에 따른 해상여객 운송 사업 면허를 받은 자 또는 유선 및 도선사업법에 의한 유선사업의 면허를 받거나 신고한 자로서 선박을 이용하여 관광객에게 관광을 할 수 있도록 하는 업
	크루즈업	해운법에 따른 순항(順航)여객 운송사업이나 복합 해상여객 운송사업의 면허를 받은 자가 해당 선박 안에 숙박시설, 위락시설 등 편의시설을 갖춘 선박을 이용하여 관광객에게 관광을 할 수 있도록 하는 업
관광 공연장업		관광객을 위하여 공연시설을 갖추고 한국전통가무가 포함된 공연물을 공연하면서 관광객에게 식사와 주류를 판매하는 업
외국인관광도시민박업		「국토의 계획 및 이용에 관한 법률」에 따른 도시지역의 주민이 자신이 거주하고 있는 주택을 이용하여 외국인 관광객에게 한국의 가정문화를 체험할 수 있도록 적합한 시설을 갖추고 숙식 등을 제공하는 업(마을기업이 외국인 관광객에게 우선하여 숙식 등을 제공하면서, 외국인 관광객의 이용에 지장을 주지 아니하는 범위에서 해당 지역을 방문하는 내국인 관광객에게 그 지역의 특성화된 문화를 체험할 수 있도록 숙식 등을 제공하는 것을 포함)
한옥(韓屋)체험업		한옥(韓屋)(주요 구조부가 목조구조로서 한식 기와 등을 사용한 건축물 중 고유의 전통미를 간직하고 있는 건축물과 그 부속시설을 말한다)에 숙박 체험에 적합한 시설을 갖추어 관광객에게 이용하게 하는 업

4. 국제회의업

국제회의업은 대규모 관광수요를 유발하는 국제회의(세미나·토론회·전시회 등을 포함)를 개최할 수 있는 시설을 설치·운영하거나 국제회의의 계획·준비·진행 등의 업무를 위탁받아 대행하는 업이다.

▶ 국제회의업의 종류 및 정의

세부업종	정의
국제회의시설업	대규모 관광수요를 유발하는 국제회의를 개최할 수 있는 시설을 설치하여 운영하는 업
국제회의기획업	대규모 관광수요를 유발하는 국제회의의 계획·준비·진행 등의 업무를 위탁받아 대행하는 업

5. 카지노업

카지노업이란 전문영업장을 갖추고 주사위·트럼프·슬롯머신 등 특정한 기구 등을 이용하여 우연의 결과에 따라 특정인에게 재산상의 이익을 주고 다른 참가자에게는 손해를 주는 행위 등을 하는 업이다.

▶ 카지노업의 정의

종류	정의
카지노업	전문영업장을 갖추고 주사위·트럼프·슬롯머신 등 특정한 기구 등을 이용하여 우연의 결과에 따라 특정인에게 재산상의 이익을 주고 다른 참가자에게 손실을 주는 행위 등을 하는 업

6. 유원시설업

유원시설업(遊園施設業)이란 유기시설(遊技施設)이나 유기기구(遊技機具)를 갖추어 이를 관광객에게 이용하게 하는 업으로서 다른 영업을 경영하면서 관광객의 유치 또는 광고 등을 목적으로 유기시설 또는 유기기구를 설치하여 이를 이용하게 하는 경우를 포함한다.

▶ 유원시설업의 종류 및 정의

세부 업종	정의
종합유원시설업	유기(遊技)시설이나 유기기구를 갖추어 관광객에게 이용하게 하는 업으로서 대규모의 대지 또는 실내에서 안전성 검사 대상 유기시설 또는 유기기구 6종류 이상을 설치하여 운영하는 업
일반유원시설업	유기시설이나 유기기구를 갖추어 관광객에게 이용하게 하는 업으로서 안전성 검사 대상 유기시설 또는 유기기구 1종류 이상을 설치하여 운영하는 업
기타유원시설업	유기시설이나 유기기구를 갖추어 이를 관광객에게 이용하게 하는 업으로서 안전성 검사 대상이 아닌 유기시설 또는 유기기구를 설치하여 운영하는 업

7. 관광 편의시설업

관광 편의시설업이란 관광 진흥에 이바지할 수 있다고 인정되는 사업이나 시설 등을 운영하는 업을 말한다.

▶ 관광 편의시설업의 종류 및 정의

세부업종	정의
관광유흥음식점업	식품위생 법령에 따른 유흥주점 영업의 허가를 받은 자가 관광객이 이용하기 적합한 한국 전통 분위기의 시설을 갖추어 그 시설을 이용하는 자에게 음식을 제공하고 노래와 춤을 감상하게 하거나 춤을 추게 하는 업
관광극장유흥업	식품위생 법령에 따른 유흥주점 영업의 허가를 받은 자가 관광객이 이용하기 적합한 무도(舞蹈)시설을 갖추어 그 시설을 이용하는 자에게 음식을 제공하고 노래와 춤을 감상하게 하거나 춤을 추게 하는 업
외국인전용유흥음식점업	식품위생 법령에 의한 유흥주점 영업의 허가를 받은 자로서 외국인 이용에 적합한 시설을 갖추어 이를 이용하게 하는 자에게 주류 기타 음식을 제공하고 노래와 춤을 감상하게 하거나 춤을 추게 하는 업
관광 식당업	식품위생 법령에 의한 일반음식점영업의 허가를 받은 자로서 관광객의 이용에 적합한 음식 제공 시설을 갖추고 이들에게 특정 국가의 음식을 전문적으로 제공하는 업
관광 순환버스업	여객자동차 운수사업법에 따른 여객자동차운송사업의 면허를 받거나 등록을 한 자가 버스를 이용하여 관광객에게 시내와 그 주변 관광지를 정기적으로 순회하면서 관광할 수 있도록 하는 업
관광사진업	외국인 관광객을 대상으로 이들과 동행하며 기념사진을 촬영하여 판매하는 업
여객자동차터미널시설업	여객자동차 운수사업법에 따른 여객자동차터미널 사업 면허를 받은 자로서 관광객의 이용에 적합한 여객 자동차 터미널 시설을 갖추고 이들에게 휴게시설·안내시설 등 편익시설을 제공하는 업
관광펜션업	숙박시설을 운영하고 있는 자로서 자연·문화 체험관광에 적합한 시설을 갖추어 이를 관광객에게 이용하게 하는 업
관광궤도(軌道)업	궤도운송법에 의한 궤도사업의 허가를 받은 자로서 주변 관람 및 운송에 적합한 시설을 갖추어 이를 관광객에게 이용하게 하는 업
관광면세(免稅)업	자가(自家) 판매시설을 갖추고 관광객에게 면세물품을 판매하는 업으로서 「관세법」에 따른 보세판매장의 특허를 받은 자 또는 「외국인 관광객 등에 대한 부가가치세 및 개별소비세 특례규정」에 따라 면세판매장의 지정을 받은 자
관광지원 서비스업	주로 관광객 또는 관광사업자 등을 위하여 사업이나 시설 등을 운영하는 업으로서 문화체육관광부장관이 「통계법」 제22조 제2항 단서에 따라 관광 관련 산업으로 쇼핑업, 운수업, 숙박업, 음식점업, 문화·오락·레저 스포츠업, 건설업, 자동차임대업 및 교육 서비스업 등등. 다만, 법에 따라 등록·허가 또는 지정(이 영 제2조 제6호 가목부터 카목까지의 규정에 따른 업으로 한정한다)을 받거나 신고를 해야 하는 관광사업은 제외한다.

참고문헌

김정만, 관광학개론, 형설출판사, 1997.

손대현, 관광론, 일신사, 1993.

심원섭, 미래관광환경변화와 신 관광정책 방향, 한국문화관광연구원, 2012.

오정환, 한국관광호텔의 법률적 개념에 대한 시대적 추이, 경기관광연구, 1998.

윤대순, 관광경영학원론, 백산출판사, 1997.

한국관광협회중앙회, 관광발전사, 1984.

관광사업과
정보시스템

관광사업과 정보시스템

제1절 관광정보시스템의 의의와 분류

1. 관광정보시스템의 개념

관광사업에서 판매하는 상품의 경우 수용 가능한 규모는 전 세계적 유통시스템, 여행업자, 관광운영자, 인터넷 등과 같은 복잡한 네트워크를 통해 처리되고 있으며, 많은 기업은 자체 예약시스템을 활용하여 운영함으로써 시장 확대에 중점을 두고 있다. 통신시스템의 발전과 소프트웨어가 개발되면서 온라인 시스템(on-line system)을 통한 수용관리 규모에 직접적인 영향을 미치게 되었으며, 이러한 시스템의 출현은 국가의 교류를 활성화하였으며, 시스템을 총체적으로 관리하기 위한 문제를 해결하기 위한 노력이 필요하게 되었다.

관광정보시스템(TIS: Tourism Information System)은 관광의 가장 중요한 자원인 정보의 흐름과 처리를 통하여 효과적인 경영을 하기 위한 것이다. 초기의 관광정보시스템은 자사(自社)를 방문하는 고객들의 정보를 관리·제공하여 업무의 편익과 효율성을 도모하는 내부 정보시스템이 주류를 이루었다.

관광객은 실질적이고 다양한 정보를 획득하길 원하며, 이용자에게 그들의 욕구와 요구를 충족시킬 수 있도록 체계화시킨 것이 관광정보시스템의 배경이라고 할 수 있다. 관광정보시스템(Tourism information system)이란 관광자나 이용자에게 관광환경과 관련된 관광 활동의 특정한 목적을 위하여 가치 있는 형태로 처리, 가공된 자료나 정보원이 효율적으로 흐르도록 설계된 일련의 총체적 과업이라 정의하고 있다.

관광정보시스템은 관광객, 종업원, 경영자에게 필요한 정보와 부수적인 정보를 데이터베이스로 구축하는 것이며, 컴퓨터 시스템으로 구축된 정보는 관광지를 비롯하여 교통, 숙박, 예약, 여행 일정, 가격, 문화, 기후, 환율, 고객정보, 관련 회사 정보, 매출액, 이익 등에 관한 총체적 자료라 정의하고 있다.

이러한 정의를 바탕으로 관광정보시스템이란 관광객 또는 이용자의 욕구와 동기를 충족시키기 위한 목적의 형태로 고안된 일련의 시스템으로 경영자에게는 의사결정을 원활히 할 수 있도록 지원해 주는 시스템이라고 정의하고자 한다.

2. 관광정보시스템의 분류

관광정보를 중요하게 인식하는 요인은, 국가적 차원에서 볼 때 외래 관광객들이 소비한 여행 수입이 국가 경제를 발전시키는 데 필요한 투자재원을 확보하여 투자할 수 있는 좋은 방안이 되고 있기 때문이다.

또한 기업들이 정보시스템을 구축하는 이유는 필요한 정보를 가공하고 수집할 수 있는 시스템을 도입함으로써 조직적인 정보체계를 확립하고, 업무의 효율성 증가와 자사(自社)의 시장 경쟁력, 그리고 이미지의 향상을 기하기 위한 것이다.

국가의 관광 진흥을 위한 정책이 실효성을 갖기 위해서는 장기적인 비전(vision)과 전략을 수립하여 지속적으로 추진해야 한다.

■ 주요 국가의 관광정보시스템 개발 사례

구분	내용
미국	• 관광정보시스템의 개발은 민간기업이나 학계에서 개발되고 있음 • 정부에서 지방 관광정보 소개를 위해 "our town network" 개발 • 관광 유관기관에서 다양한 매체를 활용하여 관광정보 전달
싱가포르	• 관광정보 on-line system(Singapore on-line guide)을 Internet에 연결 • 관광정보를 여행업계용 매뉴얼/소비자용 안내 책자로 구분하여 제공 - 시스템에 접속자가 피드백할 수 있는 항목을 설치 - 업계 및 소비자의 기호도를 파악하고 마케팅 자료로 활용
아르헨티나	• 관광정보 data base 구축(tourism information base) • 모든 관광정보를 패키지화(주기적 갱신) : 관광지 · 이벤트 · 관광 서비스 등 • Amadeus, Sabre 등 주요 CRS에 영어 · 스페인어 관광정보의 제공

자료 : 한국관광공사

관광의 특성은 복합 산업으로서 빠른 기간을 설정하기가 어렵기 때문에 관광산업의 활성화를 위한 중장기적인 정책 방향에서 민 · 관 차원의 시스템 구축이 필요하다. 관광산업의 경쟁력을 확보하기 위해서는 한 부문이 아닌 관광산업의 개별 주체 및 이와 관련된 부문들이 종합적으로 고려되어야 한다.

인터넷의 급속한 변화로 인하여 정보시스템은 외부고객까지로 다양한 표현방식이 이루어지고 있다. 즉, 전자 상거래 또는 WWW(World Wide Web)를 이용한 정보의 제공은 필연적 요소로 부각하고 있으며, 관광산업도 이러한 시대적 변화에 대한 요청과 경쟁력 확보를 위하여 다양한 형태의 정보시스템을 운영하고 있다.

국가도 공적(公的)인 관광을 발전시키고 진흥을 위한 사업자로서 관광객들에게는 다양한 정보를 제공하여 관광수요를 유발하고 사전에 간접 경험과 기회를 주어 상품 거래를 활성화하는 계기를 마련해야 하며, 관광정보시스템의 효율적인 운영을 위해서는 정보시스템의 상호 연계가 필요하며, 행정조직은 물론, 사용자, 지역, 시스템의 통합방안은 절대적으로 필요한 것이다.

관광정보시스템의 분류는 관광 수요자 측면과 관광공급자 측면에서 분류 가능하며, 정보 제공기관, 연구기관, 관광사업자 단체, 관광사업자 등 다양한 형태로 구분할 수 있다.

▶ 관광사업 연관 산업

관광사업	한국표준산업 분류에 의한 관련업종
여행업, 국제회의 기획업	농업·임업 및 어업, 숙박 및 음식점업, 정보통신업(정보서비스업), 금융 및 보험업, 사업시설 관리·사업 지원 및 임대 서비스업(사업지원 서비스업), 예술·스포츠 및 여가관련 서비스업 등
관광숙박업, 외국인관광도시 민박업, 한옥(韓屋)체험업, 관광펜션업	농업·임업 및 어업, 숙박 및 음식점업, 전기·가스·증기 및 공기조절 공급업, 수도·하수 및 폐기물 처리·원료재생업, 건설업, 숙박 및 음식점업, 정보통신업, 부동산업, 전문·과학 및 기술 서비스업(건축 기술·엔지니어링 및 기타 과학기술 서비스업), 사업시설 관리·사업 지원 및 임대 서비스업(사업시설 관리 및 조경 서비스업), 예술·스포츠 및 여가관련 서비스업 등
야영장업, 관광유람선업, 관광순환버스업, 여객자동차 터미널 시설업	제조업(자동차 및 트레일러 제조업), 건설업, 운수 및 창고업(수상 운송업, 창고 및 운송관련 서비스업), 숙박 및 음식점업 등
국제회의시설업	제조업(전자 부품·컴퓨터·영상·음향 및 통신장비 제조업), 전기·가스·증기 및 공기조절 공급업, 수도·하수 및 폐기물 처리·원료재생업, 건설업, 숙박 및 음식점업, 정보통신업(방송업, 통신업), 부동산업, 사업시설 관리·사업 지원 및 임대 서비스업(사업시설 관리 및 조경 서비스업)
카지노업	제조업(전자 부품·컴퓨터·영상·음향 및 통신장비 제조업), 건설업, 숙박 및 음식점업, 정보통신업(컴퓨터 프로그래밍·시스템 통합 및 관리업, 정보서비스업), 예술·스포츠 및 여가관련 서비스업(스포츠 및 오락 관련 서비스업)
유원시설업, 관광궤도업	제조업(전기장비 제조업, 기타 기계 및 장비 제조업), 건설업, 사업시설 관리·사업 지원 및 임대 서비스업(사업지원 서비스업), 예술·스포츠 및 여가관련 서비스업(스포츠 및 오락관련 서비스업)
관광면세업	제조업(식료품 제조업, 음료 제조업, 담배 제조업, 섬유제품 제조업, 의복·의복 액세서리 및 모피제품 제조업, 가죽·가방 및 신발 제조업, 목재 및 나무제품 제조업), 건설업, 운수 및 창고업(창고 및 운송관련 서비스업)
관광공연장업, 관광유흥음식점업, 관광식당업	제조업(식료품 제조업, 음료 제조업), 건설업, 숙박 및 음식점업(음식점 및 주점업), 예술·스포츠 및 여가관련 서비스업(창작·예술 및 여가관련 서비스업)
관광사진업	정보통신업(영상·오디오 기록물 제작 및 배급업)

주: 1. 한국표준산업 분류의 대분류를 참고하였으며, ( )은 중분류 현황임
  2. 관광사업의 분류는 관광진흥법의 업종을 기준으로 분류하고자 하였으며, 한국표준산업에 의해서 관련 업종을 분류하였으나 인식의 정도에 따라 차이가 발생할 수 있다고 판단됨
자료: 심원섭, 해외 관광정책 추진사례와 향후 정책방향, 한국문화관광연구원, 2011, p.13

제2절 관광정보시스템의 유형

1. 여행정보시스템

여행정보시스템(TIS: Travel Information System)은 단순히 여행자에게 여행 목적지의 날씨와 기후 및 교통편과 숙박시설, 관광지 등의 여행정보를 제공해 주는 수준이라면 이는 극히 제한적이고 자료의 제공이라는 의미일 뿐 여행자, 여행업 종사원이 사용하는 것 모두가 여행정보가 되는 것은 아니다.

여행정보란 특정 상황에 대한 지식을 제공할 뿐만 아니라 의사결정에서 불확실성을 감소시켜 주며, 미래의 계획과 평가에 있어서 피드백의 역할이 가능하게 해주는 것이다.

여행정보의 역할은 여행업의 경영에 있어 문제나 기회와 관련하여 불확실성의 본질과 범위에 대한 여행정보 이용자의 인식에 영향을 미치는 객관적인 사실이나 개념이며, 합리적이고 효율적인 여행업 경영활동의 기초를 제공하여 주는 것이다.

여행정보시스템은 궁극적으로 여행업 경영에 필요한 정보를 쉽게 얻기 위한 일련의 시스템으로 활용하는 이유는 다음과 같은 이점이 있는 것으로 평가된다.

첫째, 경영자에게 여행사 경영에 필요한 적절한 정보를 제공한다.

둘째, 신뢰성이 있고 정확하며 편리한 정보를 제공한다.

셋째, 적시(適時)에 경제적인 정보 제공이 가능하다.

넷째, 통합되고 일관성 있는 정보의 제공이 가능하다.

여행정보시스템이란 여행업의 경영과 관련하여 다양한 정보를 관리, 활용하기 위하여 기업이 도입한 시스템으로 여행업 경영의 합리적인 의사결정을 목적으로 체계적이고 지속적으로 자료를 수집, 분석, 저장한 후에 관련 여행정보를 이용자의 편의에 따라 적시에 제공하는 일련의 절차와 방법이라고 정의할 수 있다.

여행정보시스템은 변화하는 경영환경의 변화에 대응하여 충분한 탄력성의 유지와 변화성, 적응성, 그리고 안정된 경영의 기초자료와 기반의 확보가 가능해진다.

여행정보시스템을 이용함으로써 얻게 되는 효과의 다른 측면으로는 불필요한 서류와 자료 취급 절차의 감소를 가져올 수 있다. 또한 원가나 비용 절감의 효과를 얻을 수 있다. 여행정보시스템은 여행업을 경영하는 경영자에게 의사결정을 지원하기 위한 시스템이라고도 할 수 있다.

▶ 여행업무 관리시스템

구성	내용	비고
여행업 인프라	종합여행사, 패키지여행, 호텔/렌터카, 전시박람회, 랜드사	
예약시스템 기능	상품관리, 전시박람회, 랜드사 관리, 회계관리, 인사관리, 예약관리, 비자관리, 상용(business)관리, 항공관리, 고객관리, 상담관리, 지역정보관리 등	

주: M click system의 자료를 활용하여 작성함
자료: http://www.toursoft.co.kr/

2. 항공 예약시스템

1) 컴퓨터 예약시스템

고객의 요구가 다양화되고 신속한 서비스가 경쟁력의 잣대가 되는 현시점에서 항공 여객 예약시스템은 항공사 및 관련 산업 등에서 없어서는 안 될 긴요한 마케팅 수단의 하나가 되었다. 컴퓨터 예약시스템은 1970년대 중반 이후 개별 항공사가 항공권 발매 및 예약의 효율적인 관리를 위해 도입한 전산시스템(CRS: Computer Reservation System)이다. 항공사의 운항과 관련된 사항(일정, 노선, 요금)은 물론, 호텔 및 렌터카(rent car) 예약, 철도 정보, 여행보험, 관광업체의 전자 결재 등 다양한 관광정보를 망라하고 있다. 즉 여행업자와 항공사, 호텔, 렌터카 회사를 연결해 주는 주요한 유통경로라고 할 수 있다. CRS는 단말기를 활용하여 항공권이나 호텔의 숙박 등과 같은 관광상품의 가격이나 운임 및 기타 종합적인 정보를 제공하기도 하고, 예약, 발권, 판매 등 마케팅 수단으로써 활용하고 있는 종합적인 정보관리시스템이다.

여행업자는 컴퓨터와 연결하여 항공 예약, 호텔 숙박, 렌터카 등 많은 정보와

예약 서비스를 제공할 수 있다. 이러한 CRS는 항공업계에서 개발을 시도하여 다양한 시스템으로 개발, 발전시켜 왔으며, 관련 사업과 항공사의 중요한 활용 도구가 되었다. CRS는 여행사, 항공사, 고객을 연결하는 정보의 유통수단으로서 그 중요성을 더해가고 있다. CRS가 항공업계 최초로 선보인 것은 회사의 예약 업무 전산화(1962년)를 위한 세이버(SABRE: Semi Automated Business Research Environment)를 선보인 것이 첫 출발이었다.

2) 광역 유통시스템

항공사의 예약관리를 위한 내부 자동화 목적으로 개발된 항공여객 예약시스템은 여행 관련 다양한 정보를 제공하는 종합 여행정보시스템으로서 정보통신산업의 발달과 함께 그 영역을 확대하여 최근에는 세계 전역을 포괄하는 글로벌 항공 여객예약시스템(GDS: Global Distribution System)으로 발전하였다. 광역 유통시스템은 컴퓨터 예약시스템이 발전하면서 CRS를 통합하여 세계적인 규모의 항공사, 호텔 & 리조트, 여행사, 렌터카 등의 관광 관련 시스템을 연결하여 유통망을 제공하는 통합정보시스템의 형태로 운영되고 있다. CRS는 경영에서 가장 먼저 채택된 정보시스템으로 오랫동안 CRS라는 의미로 사용되어 왔으며, 현재는 전 세계 어디든지 자유롭게 연결할 수 있어 GDS라고 불린다.

본래 GDS는 항공권 예약 및 판매와 렌터카, 호텔 객실의 예약을 더욱 용이하게 할 목적으로 개발된 시스템이다. 1970년대 중반 이후 항공사에서 개발한 CRS 터미널을 공유하지 못한 여행사들이 주요 항공사 CRS에 접속하기 위해 합작으로 컴퓨터 예약시스템을 구축하기 시작하였으며, 주요 항공사들이 이러한 시스템 개발계획에 동참하게 되었다.

그동안 여행사는 항공기의 일정이나 가격에 관한 정보의 조회나 예약을 전화나 팩스를 통하여 조회하였으나, 1970년대 중반에 주요 항공사에 의해 보급된 GDS 터미널에 의해서 이러한 업무를 대체하였다.

GDS의 유통망에 영업과 마케팅을 상당부분 의존하고 있는 관광업체들은 자사의 이익과 업체 상호(相互) 간의 권익을 보호하고 유지하기 위해 각자 고유의 역할을 하고 있다. 첫째, GDS 업체는 관광상품에 대한 예약기능을 제공함과 동시에 각 여행사가 보유하고 있는 풍부한 정보에 용이하게 접근할 수 있게 하며, 아울러 여행사들은 관광객들이 GDS가 제공하는 다양한 정보에 접근할 수 있도록 서비스를 제공한다. 둘째, 호텔 또는 여행사의 중간에 위치하여 양쪽의 전신망을 연결해 주는 Switch Company와 같은 업체는 관광업체와 GDS 간의 커뮤니케이션을 가장 저렴한 비용으로 중개하는 역할을 하고 있다.

▶ 세계 주요 CRS/GDS 현황

CRS/GDS	구분	운영 현황
세계 5대 GDS	SABRE	• AA(American Airlines)는 최초로 항공사 CRS 개발 및 운영 시작(1976년) • 항공사 내부 예약관리시스템의 범주를 벗어나 여행대리점에 항공사 단말기를 직접 설치 및 보급(1976~1982) • 현재 미국 및 구주지역까지 확대 운영 중
	APOLLO	• AA(American Airlines)의 SABRE에 대적하기 위하여 개발 및 운영 시작(1978년), 유럽의 대표 GDS인 GALILEO와 통합(1992) • 미국 및 구주지역에서 광범위하게 운영 중
	WORLD SPAN	• 1990년대 DL(Delta Air Lines), NW(Northwest Airlines) 및 TWA가 공동으로 개발 • 기본의 CRS 및 GDS의 기능을 up-grade하여 항공 여객 예약/발권/운송 이외 재무 및 고객관리 기능까지 개발 보급
	AMADEUS	• 1980년대 미국계 항공사들의 CRS/GDS가 유럽 전역에 진입하여 유럽 항공사들의 항공 예약 및 발권 시장을 교란하는 것에 대응하기 위하여, 에어프랑스 등 28개 항공사가 연합으로 개발하여 운영하는 유럽의 대표 GDS • 대한항공, 아시아나항공이 운영 중
	GALILEO	• AMADEUS와 같이 1980년대 미국계 항공사들의 CRS/GDS가 유럽 전역에 진입하여 유럽 항공사들의 항공 예약 및 발권 시장을 교란하는 것에 대응하기 위하여, 영국 항공이 주축이 되어 스위스 항공, 이탈리아 항공, 네덜란드 항공 등이 개발한 GDS
지역 대표 CRS/GDS	ABACUS	• 1980년대 미국의 초강력 CRS에 대응하여 아시아 시장을 보호하기 위하여 싱가포르 항공이 주축이 되어 아시아지역 5개 항공사가 공동으로 개발한 지역 GDS
	TOPAS	• 대한항공(KE)이 사내 업무를 효율화하기 위하여 독자적으로 개발(1975)하여 운영하는 CRS
	TRAVEL-SKY	• 중국 중국민항총국(CAAC)이 독자적으로 개발하여 중국의 항공사들이 사용하고 있는 CRS

자료: 윤문길·이휘영·임재욱·최종인·이태규, 항공여객 예약발권 실무론, 백산출판사, 2021을 참고하여 작성함

3. 호텔 정보시스템

호텔업의 경쟁력은 그동안 가격과 품질이라는 시각에서 접근해 왔다. 그러나 정보화시대에는 고객이 제품이나 서비스의 가치를 판단하는 데 있어 시간이 승부를 결정하게 되었으며, 경쟁력 차원에서 시간의 지체 여부는 고객의 상품 선택에 중요한 요인이 되고 있다.

호텔업은 서비스 사업으로 인적자원을 활용하여 고객 만족을 최대화하는 것이 목적이다. 따라서 정보기술(IT: Information Technology)의 사용은 때때로 서비스 사업의 목적에 부합되지 않는 것으로 인식하였다. 이로 인하여 호텔업은 정보기술을 활용하는 것을 다른 산업보다 늦게 도입하게 되었는데 이는 정보기술의 적용이 오히려 고객 서비스를 방해하는 요인이 된다는 인식 때문이었다. 그러나 호텔업에서는 정보의 활용을 통해 고객의 시간 낭비를 줄이고 시스템을 활용하여 불필요한 비용을 억제할 수 있다는 인식을 하게 되었다.

호텔 정보시스템(HIS: Hotel Information System)은 호텔의 중요한 자원인 정보의 흐름과 자료를 효과적으로 관리하기 위한 종합적인 활동이며, 이를 활용하여 경영활동에 반영하고 지속적으로 관리하기 위한 과정이라 정의하고자 한다.

호텔업에서도 정보기술을 활용한 객실 예약이 가능하고 숙박고객의 대기시간을 단축하면서 정보를 활용하는 것이 호텔경영에서 필요하고, 고객의 정보를 체계화하기 위한 시스템을 구축하는 것이 경쟁력 강화에 도움이 된다는 인식이 확대되고 있다.

호텔 정보시스템은 저렴한 비용으로 신속하고 정확하게 호텔의 자료를 간단·명료하게 처리함으로써 효과를 높이고자 하는 데 목적이 있으며, 이는 호텔의 가장 중요한 자원인 정보의 흐름과 처리를 통하여 효과적인 경영을 하기 위한 것이다.

고객거래의 도표화된 매뉴얼과 이것을 문서화하는 활동은 깊은 연관성이 있다. 호텔 정보시스템의 발달은 비용을 절감하고, 신속하고 정확한 업무처리를 통하여 호텔의 데이터 프로세스(process)를 단순화하기 위한 시도이다.

호텔 정보시스템은 호텔업에서 정보자원의 흐름을 원활히 하고 보다 나은 관리를 함으로써 경영의 효율성을 높이기 위한 경영체계의 확립과정이라 할 수 있으며, 운영상의 주요 목적은 호텔에서 필요한 각종의 데이터 처리를 단순화하고 정보관리 업무를 표준화하여 저렴한 가격에 정확한 자료들을 신속하게 제공하고자 하는 것에 있다. 따라서 호텔 정보시스템이란 가장 중요한 자원인 정보의 흐름과 적절한 조직을 통해서 경영의 효율성을 제고시키는 것을 말한다.

호텔업의 정보 경쟁력은 수익성에 영향을 미치며, 수익성 향상을 위해서는 회전율을 높이는 것이 중요하다. 객실 이용률 현황, 매출액 현황, 수익성 분석, 자금의 흐름, 인적자원 구성 현황과 같은 정보의 활용이 가능하게 되어 호텔경영에 도움이 될 수 있다는 것이다.

호텔 정보시스템의 구성요소는 업무 특성상 영업을 직접 담당하는 프런트 오피스(Front Office) 시스템과 이를 지원하는 백 오피스(Back Office) 시스템으로 구분할 수 있으며, 이 두 시스템을 제외한 다른 모든 시스템을 인터페이스(Interface) 시스템으로 구분할 수 있다.

▶ 호텔 정보시스템

구성	내용	비고
프런트 오피스 시스템	고객관리, 객실관리, 영업장 관리, 영회(행사)관리, 식음 예약관리, 영업 회계관리, 판매 수요예측관리	
백 오피스 시스템	인사 · 급여 관리, 경리 · 회계 관리, 자산관리, 구매 · 자재관리, 예산 · 원가관리, 임대시설 관리, 임원 정보	
인터페이스	판매시점관리(POS: Point Of Sales), 전화요금 관리, 미니 바(mini bar) 관리, 인 룸 무비(In-room movie), 음성 사서함(voice mail), 신용카드, 객실 키, 에너지관리시스템(EMS: Energy Management System), 안전 금고(safety deposit box), 중앙예약시스템(CRS: Central Reservation System)	

주: 운영하는 시스템의 분류에 따라 구성에 대한 인식의 차이가 발생할 수 있음
자료: 고석면 · 봉미희 · 황성식, 호텔경영정보론, 백산출판사, 2023을 참고하여 작성함

4. 음식문화 정보시스템

관광 또는 여행에 있어서 다른 나라의 음식 문화를 알고 이해하는 것도 매우 중요한 인간의 심리이기도 하며, 관광행동의 척도가 되기도 한다. 또한 관광은

다른 문화에 대한 이질성(異質性)을 체험하며, 식사와 문화 등을 이해하려고 하는 욕구 및 동기가 증가하면서 관광지 내지는 체재지에서의 생활환경에 대한 동경심과 문화 이질감을 직접 체험하려고 하는 여행자들이 증가하고 있다.

긴 역사의 조류 속에서 식생활 문화는 자연·사회·문화·경제 등의 변천에 따라 영향을 받으면서 형성되어 왔고, 각 민족의 식생활 양식은 그 민족의 독특한 의식과 행위 전반에 관한 것부터 인간의 생활양식과 환경 그리고 지리적·역사적·사회적·문화적·경제적 환경에 따라 형성되고 발전된다고 할 수 있겠다.

▶ 식생활 문화의 형성요인

요인별	내용	비고
자연적 요인	위치, 풍토, 기후, 지세(地勢)	
사회적 요인	종교, 전통, 관습, 풍속, 도시화, 국제화, 정보화 등	
경제적 요인	생활 수준, 소득 수준, 노동조건	
기술적 요인	식품산업, 가공 기술, 저장 기술 등	
사회 계층적 요인	핵가족화, 세대별, 연령, 직업 등	
심리적 요인	생활 가치관, 잠재적 욕구 등	
국제화 요인	국제 교류, 식품의 수출 등	

자료: 성태종·이연정 외 7인, 음식문화 비교론, 대왕사, 2007, p.23을 참고하여 작성함

여행 도중에 가장 불편한 사항의 하나는 언어의 표기이며, 여행자들은 고유의 음식을 먹기 위해서는 표준화된 음식 표현이 중요하다고 하고 있다.

■ 표준화된 음식 사례

고추장의 경우 red pepper paste라는 표현이 2004년에는 미국 중심의 관심을 받는 정도였는데 이를 gochujang이라는 표기를 혼용하면서 전 세계인들의 검색 관심어로 변화되기 시작하였다고 한다.

관광여행 도중 음식 주문할 때 필요한 언어의 문제는 매우 어렵다. 종교적으로 피해야 하는 음식, 알레르기(allergy) 반응으로 인해 피해야 하는 음식, 조리방식에서 육류를 피하고 싶은 여행자가 여행지에서 잘 알지 못하는 음식을 주문하

기 위해서는 사정 정보와 지식이 필요하며, 대화를 통한 언어소통이 중요하다. 여행자들이 음식의 특성을 이해하기 위해서는 언어를 번역하듯 미디어를 활용하여 여행자에게 정보를 제공할 수 있다.

여행자들에게 손쉽게 음식을 제공하기 위해서는 탑재가 가능한 음식 여행(food travel) 앱 API(Application Programming Interface)를 탑재할 수 있는 플랫폼(platform)을 개발하고, 특히 관광 음식 콘텐츠와 국내의 식당을 연계할 수 있는 B2B, B2C 플랫폼을 개발함으로써 민간사업자가 적극적으로 참여할 수 있는 API(Application Programming Interface)를 개발하여 관광시장 스마트 투어의 역할 및 기능이 확대되는 사업이 될 것이다.

5. 관광지 관리시스템

관광지 관리시스템(DMS: Destination Management System)은 관광지를 효과적으로 관리하기 위한 시스템이다.

1) 관광지 현황 및 시설 정보

관광지 자원의 특성과 시설에 대한 정보를 분석하여 관광지를 관광상품으로 판매하기 위해서는 주요한 변화 요인을 먼저 파악하여야 한다. 즉 신규 관광개발 입지 및 공급 정보에 대한 현황이다. 신규 관광개발 계획 현황(도서, 해안, 습지, 유휴지 등), 관광지 개발 현황(휴양지 개발, 각종 주제공원, 도시형 관광지 등), 관광시설 공급 현황(골프장, 경마장, 경주장, 휴가촌, 문화센터, 컨벤션 센터 등), 교통수단의 개발 및 계획(공항, 고속도로 등) 등의 변화를 파악해야 한다.

관광지의 신규 개발 및 공급현황에서 관광시장의 급팽창에 따라 중앙과 지방, 공공과 민간 차원에서 각종 관광지 개발 및 시설공급이 급증하게 된다. 또한, 낙후지역, 침체도시의 경제를 살리기 위한 개발전략으로 다양한 개발사업 채택이 급증하고, 전문도시의 개발, 관광 농어촌지역 등장 등의 변화를 주시해야 한다.

2) 관광지 운영과 관련된 프로그램 정보

관광객을 유치하고 관광지 운영의 효율성을 높이기 위해서는 관광지의 다양한 프로그램 개발에 관한 정보도 중요하다. 즉 관광지의 연출, 관리, 운영 등의 전문화, 효율화, 고도화 추세 가속, 소비자 중심의 개발 개념의 확산, 관광지에서 진행되는 프로그램 현황 및 개발 등의 정보를 활용하는 것이 필요하다.

3) 문화자원 관리 정보

문화자원의 효과적인 관리와 운영을 위해서 디지털을 활용한 자원관리 시스템을 구축하여 운영하는 것으로서 지역에 산재해 있는 문화 · 자연 · 기록 유산의 국가적 자원을 디지털 형태로 관리, 운영되고 있는 정보를 활용하는 것이다.

4) 관광지 방문객 정보

주요 관광지에 방문한 방문객 수를 객관적으로 집계하기 위하여 무인 계수 시스템(people counter)을 구축하여 관광정책 수립을 위한 기본 자료로 활용하기 위한 것이다. 정부에서는 입장객 수치를 통계적 가치로 활용하기 위하여 사전에 예약 제도를 운영(2013년)하게 되었고, 입장권, 무인 계수 시스템을 설치하여 관광지 관리와 활성화에 기여할 수 있는 시스템이다. 관광지 운영계획 수립과 이벤트 진행 및 관광객 유입 정보를 확인함으로써 관광지 운영에 필요한 예산을 산출하여 운영의 효율성을 기할 수 있다. 특히 관광지 방문 정보는 실시간, 일별, 요일별, 월별, 계절별, 연도별로 분석하여 관광상품 개발에 활용할 수 있다.

6. 관광안내 정보시스템

관광안내 정보의 신속한 제공은 관광객을 유인할 뿐만 아니라 방문객에게도 관광의 만족도를 높일 수 있는 중요한 요인으로 인식되고 있다. 관광안내 정보시스템(TGIS: Tourism Guide Information System)은 여행하는 사람들에게 나라의 역사와 문화 그리고 자원 등에 흥미를 갖게 하며, 이를 알기 쉽게 안내하고, 관광객의 욕구를 충족시켜 주는 것이 중요하다. 이러한 관광안내 서비스 시설은 관광표식으로 유도판, 해설판, 안내판, 지명판, 주의판 등을 비롯하여 대면을 통하여 관광정보를 제공해 주는 안내소 등을 들 수 있다.

관광객을 위한 표식시설은 지형과 입지의 특성 및 기능에 따라 달라져야 하며, 가격이라든가 안내문 등은 국제적 기준을 설정하여 관광객이 쉽게 이해하고 행동할 수 있도록 해야 할 것이다.

관광객이 여행하기 위해 집을 떠나 관광목적지까지 이동하는 도로와 보행 공간에 적용하기 위하여 한국에서는 관광안내 표지의 제작·설치 및 관리를 위하여 한국 관광안내 표지 가이드 라인을 위한 지침을 제시하게 되었다.

관광안내표지란 유·무형의 관광자원 및 주요 시설물의 위치·방향·설명·주의 및 금지 안내와 같이 관광객의 원활한 관광 활동을 지원하기 위해 설치하는 표지로서 이용자와 목적물 사이의 커뮤니케이션 수단이라 정의하고 있다.

▶ 표지의 종류

구분	내용	비고
종합 관광안내	지역 또는 시설의 지형, 위치 및 배치, 교통 노선 등	
관광 유도	관광지, 관광자원, 관광시설의 방향 지시 및 이동 안내	
관광 명칭	관광지, 관광자원, 관광시설의 명칭 안내	
관광 해설	안내 대상의 특징, 이용 방법 등을 문자나 음성 등을 통해 설명	
안전 및 위급	안전, 위험, 주의, 금지 사항 안내	

자료: 문화체육관광부·한국관광공사, 한국관광안내 표지 가이드 라인, 한국관광공사, 2009, pp.7-11을 참고하여 작성함

관광안내체계는 안내 정보, 안내소, 안내원 등으로 분류하고 있으며, 관광안내 정보체계는 지도, 표지, 홍보물, 웹 사이트·모바일 등의 전자정보로 이루어진다고 하고 있다.

이를 위해 관광도로·안내표지판 및 지도의 개선과 관광안내소의 증설 및 운영체계 개선, 국내·외 관광객이 쉽게 찾아갈 수 있는 안내·예약시스템을 구축하게 되었다. 관광안내 체계의 구축은 신속하고 정확한 관광안내 정보 제공을 위한 안내소, 관광안내표지 신설 및 개보수, 다국어 관광안내지도 제작 및 보급과 같은 지속적인 사업 내용이 필요하다고 제안하고 있다.

한국의 안내소 실태에 관한 설문조사에 의하면 홍보물의 부족, 안내소의 연계 문제, 안내시설의 현황, 근무조건의 현황과 정보 제공의 미흡 등을 지적하였는데, 외국의 특정 도시에 비해서 안내원 수의 부족, 안내 장비의 부족과 운영기관의 다원화 등이 나타나고 있다. 또한 안내 정보는 제공되고 있으나, 효율적인 전달 방법을 모색할 필요성이 있다.

▶ 한국의 관광정보 운영 현황

구분	내용	비고
관광지 정보	유형별, 지역별 정보	
숙박 정보	숙박시설에 대한 정보	
음식 정보	향토 음식, 전통음식에 대한 개괄적인 설명과 이미지 사진, 대표적인 음식점의 연락처 등의 정보	
교통 정보	항공사나 철도청, 여행사 등과 연계된 정보	
역사 · 문화 정보	고유문화, 자원설명이나 안내 관련 정보	
레저 · 스포츠 활동 정보	자연환경과 어울리는 레저스포츠들을 소개	
사회 · 산업 정보	특산물에 관한 정보, 공연 · 전시나 박람회에 관한 정보	
쇼핑 정보	쇼핑 장소 안내 정보	
이벤트 정보	이벤트 개요, 개최 시기, 개최 지역, 주최, 이미지 사진, 연락처 등	
연결 사이트(link site)	문화체육관광부, 한국관광공사	

관광안내 정보시스템은 관광안내소, 관광안내사, 안내지도, 홍보 팸플릿, 스마트 폰 애플리케이션 등으로 다양하며, 각각의 상호 보완적 역할을 담당하고 있다. 따라서 시대적인 환경 변화에 맞춰 관광객의 요구사항을 파악하고 서비스를 개선할 수 있는 시스템을 갖추어야 하며, 지방자치단체, 기관 홈페이지 등과 연계하여 다양한 정보를 공유하는 체계가 필요하다.

관광안내 정보시스템은 데이터베이스의 구축과 활용이 중요하며, 관광환경에서 관광객, 이용자에게 관광 활동의 특정한 목적을 위하여 가치 있는 형태로 처리, 가공된 자료나 정보가 제공될 수 있도록 하는 것이 필요하며, 관광안내 정보시스템은 단지 기존의 관광정보를 소극적으로 제공해 주는 것에 그치는 것이 아니라 보다 적극적으로 예약, 구매 기능을 포함한 관광 관련 모든 정보를 제공해 줄 수 있는 정보시스템으로서 역할을 하여야 한다.

▶ 관광안내 체계도

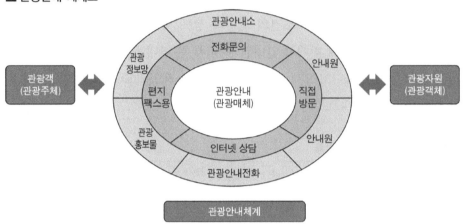

자료: 반정화·김수진, 서울시 관광안내센터 운영실태와 개선방안, 서울연구원, 2016, p.7; 유행주·한학진·신형섭(2008), 관광안내소 운영에 따른 효율화 방안 연구

7. 관광마케팅과 고객관리시스템

1) 관광마케팅 관리

마케팅은 기업 경영관리에서 중요하게 다루고 있다. 그러나 마케팅을 오직 광고나 판매촉진, 시장조사와 같은 기능적인 활동을 수행하는 것으로 생각하는 것은 마케팅의 핵심을 완전히 이해하지 못한 것이다.

마케팅관리(marketing management)란 기업이 수요시장에 상품의 인지도를 높이고 상품의 판매를 촉진하기 위해 수행하는 시장 활동이다. 마케팅은 생산된 상품과 서비스가 생산자로부터 소비자 또는 사용자에게 유통하는 과정에서 다양한 수단과 매체 등을 활용하여 효과적인 판매 방법을 관리, 유지하기 위하여 체계적으로 관리하는 활동이다.

마케팅 정보시스템(MIS: marketing Information System)은 마케팅 활동을 하는 과정에서 의사결정의 위험과 불확실성을 감소시키기 위해서는 객관적 자료를 수집·분석하고, 이를 의사결정에 유용한 정보로 활용하게 하는 활동을 의미한다. 마케팅 조사는 마케팅 담당자들에게 마케팅 의사결정에 필요한 제반 정보를 정확하고 체계적으로 제공함으로써 의사결정의 성공확률을 높여주는 것이다.

관광마케팅 정보시스템(TMIS: Tourism Marketing Information System)은 관광사업의 유통과 경영에 많은 공헌을 하였다. 관광마케팅이란 소비자인 관광객(개인 또는 단체 등을 포함)의 만족을 최대로 하기 위하여 국제적, 국가적, 지역적 차원에서 시장을 표적으로 하여 수행하는 체계적이고 통합된 활동이라고 할 수 있다.

오늘날 관광산업은 고도로 분화되고 전문화되어 일대 유통혁명을 가져왔으며, 관광상품과 관광마케팅이 상호 의존적이기 때문에, 일반 마케팅보다 오히려 차원이 높은 통합마케팅(total marketing)이 요구되고 있다.

관광산업은 복합산업으로서 관광사업에 있어서 국가 정부관광기구(NTO: National Tourism Organization)는 관광객 수용국가에 있어 국가의 관광 성장 목표를 달성하기 위해 마케팅 개념과 현대 과학적인 경영방식에 의하여 조직을 운영하고 있다.

정보기술의 발전으로 인하여 마케팅 활동도 시대적 흐름과 변화에 부응하는 다양한 마케팅 수단을 활용하고 있으며, SNS(Social Networking Service) 마케팅과 플랫폼(platform)을 구축한 업체와의 협업을 통한 마케팅 활동을 강화하고 있다.

마케팅정보시스템은 수집된 자료를 분석하여 의미 있는 정보로 전환하는 것이며, 마케팅 의사결정 지원시스템(MDSS: Marketing Decision Support System)에 의해 수행된다. 이 시스템의 역할은 수집된 자료에 대한 전문적인 분석을 통해 마케팅관리자들의 의사결정에 필요한 정보를 생산하는 것이다.

마케팅정보시스템의 기업 내·외부의 환경으로부터 일어나는 변화에 대한 자료를 수집해서 체계적으로 분석할 필요성이 있다.

2) 고객관계관리

기업의 상품이 있다면 그 상품을 구매하여 이용하려는 고객(顧客)이 있다. 고객 관계관리(CRM: Customer Relationship Management)란 기업이 고객과 관련된 내·외부 자료를 분석하고 통합하여 고객의 효과적인 관리를 극대화하기 위한 과정이다. 고객이 누구이며, 고객이 원하는 것은 무엇인지, 고객과 어떻게 상호 작용했는지, 그리고 미래의 상호 작용은 어떻게 할 것인지를 파악하는 것이 고객관계관리의 핵심이 된다고 할 수 있다.

고객의 인적 사항에 관하여 과거와 같이 막연한 인구·통계학적(demographic)인 정보만으로는 미래의 호텔 마케팅 활동을 펼쳐 나가는 데 충분한 자료가 될 수 없다고 지적하였다. 따라서 고객을 대상으로 다양한 정보를 수집하고 판촉 대상이 될 수 있는 고객정보를 데이터로 관리하기 위해서는 고객에 대한 정확하고 신뢰성 있는 정보의 확보가 필요하다.

고객을 관리하기 위해서는 전체조직이 고객의 정보를 획득하는 데 긍정적이어야 하고 고객정보를 파악하기 위한 준비와 마케팅에 어떻게 적용할 것인지를 결정하는 것이 무엇보다 중요하다.

고객 관계관리를 위해 기업은 전사적(全社的) 차원의 계획수립이 필요하고 고객관리의 중추적인 역할을 담당하는 판촉은 물론 다양한 영업 조직에서 고객의 요구에 응대하는 직원들의 능력이 매우 중요하다.

기업의 충성고객(loyal customer)은 기업 수익에서 차지하는 비중(90%)이 높고 새로운 고객을 창출하는 데 지출되는 비용보다 적은 마케팅 비용으로 고정고객을 유지할 수 있다고 한다. 고객에 대한 정보체계를 구축한 기업은 운영수익(operational profit)과 마케팅 수익(marketing profit)에 영향을 끼쳤다고 언급하고 있는데, 고객의 구매 성향(性向) 분석이 가능하고 고객이 원하는 것을 적절한 시기에 정확히 전달할 수 있는 결과라고 한다.

고객의 데이터베이스(database)는 작성한 서류의 정보화에서 시작된다. 고객에 대한 정보자료들을 분류하고, 고객의 성명, 직업, 국적, 거주지, 여행 성향, 생활스타일 또는 매스컴 시청 습관 등과 같은 자료를 정보화함으로써 마케팅 활동에 필요한 유용한 자료들을 상세하게 얻어낼 수 있다.

따라서 고객정보를 확인하여 최적화하는 절차를 표준화해야 하며, 이를 경영정보에 반영함으로써 고객 특성에 맞는 마케팅 활동을 계획하는 것이 가능하다.

고객관리시스템의 구축과 활용을 통해서 기업의 마케팅 능력을 증대시킬 수 있는 인터넷마케팅, 데이터베이스 마케팅 등이 가능하고 종사원들에게는 판촉활동을 지원하며, 직원들의 목표관리와 실적을 관리할 수도 있다.

참고문헌

고석면 · 봉미희 · 황성식, 호텔경영정보론, 백산출판사, 2023.

김근종 · 박철호 · 박희선, 호텔정보시스템, 기문사, 1995.

김천중, 21세기 신 여행업, 학문사, 1999.

김천중, 관광정보시스템, 대왕사, 2000.

류광훈, 관광산업의 선진화를 위한 과제, 한국문화관광연구원, 2008

박희석, 관광정보시스템의 데이터베이스 구축방안에 관한 연구, 경기대학교 대학원 석
　　　사학위논문, 1993.

반정화 · 김수진, 서울시 관광안내센터 운영실태와 개선방안, 서울연구원, 2016.

성태종 · 이연정 외 7인, 음식문화 비교론, 대왕사, 2007.

손병모, 관광정보시스템의 사용자 만족에 관한 연구, 경기대학교 대학원 석사학위논문,
　　　2000.

심원섭, 해외 관광정책 추진사례와 향후 정책 방향, 한국문화관광연구원, 2011.

오훈성 · 김진영, 지방분권화에 따른 관광정책 방향, 한국문화관광연구원, 2020.

이선희 · 박석희, 여행업의 여행정보시스템 이용에 관한 연구, 여행학연구, 1995.

이휘영 외, 항공여객 예약발권 실무론, 백산출판사, 2021.

주장건, 관광정보시스템, 일신사, 1994.

최기종 · 박상현 · 이규현, 관광정보시스템론, 백산출판사, 2000.

허국광 · 이태규, 항공여객운송 서비스, 백산출판사, 2013.

문화체육관광부 · 한국관광공사, 한국관광안내 표지 가이드 라인, 한국관광공사, 2009.

교통개발연구원, 관광안내정보체계 확립방안에 관한 연구, 1993.

한국관광정보센터, 모니터링을 통한 FIT 관광안내체계 개선방안 연구, 2007.

Wilkinson, J. W., Guidelines for Designing System, Journal of Systems Management, Vol. 25,
　　　Dec. 1974.

CHAPTER

관광행정과 정보

Chapter 9

관광행정과 정보

제1절 | **관광행정의 의의와 역할**

1. 관광행정의 개념

정정길은 정책이란 가치를 내포하고 있어 정책학은 여러 분야로부터 이론이나 논리·기법 등을 원용(援用)하여 왔으며, 정치학·행정학·경제학·경영학·법학 및 기타 학문과 큰 관련성을 갖고 있지만, 가장 밀접한 분야는 행정학이라고 하고 있다.

행정의 개념은 다의적이고 불확정적이며, 행정의 범위나 경계가 분명하지 않다고 하였는데 이는 행정의 내용과 기능이 동태적(動態的)이기 때문이라는 지적을 하고 있다. 일반적으로 행정이란 정부의 행정과 민간의 경영을 모두 지칭하기도 하는데, 광의의 행정, 즉 일반 행정이란 공행정(公行政)과 사행정(私行政)을 포함하기에 관리(管理, administration)라는 의미가 있으며, 협의의 행정, 즉 특수행정은 공행정을 의미한다. 또한 사행정이란 사적(私的)인 주체인 사기업 또는 민간단체가 조직의 목적을 달성하기 위한 활동이다.

그동안 국가는 경제·사회 그리고 정치 현실에 대한 정부의 역할을 중요하게 인식하였으며, 그 역할의 본질과 범위의 설정에 있어서 적정수준을 정부가 통제·관리하는 차원에서 개입하는 것으로 인정이 되어 왔다. 이것은 현대의 행정

기능이 확대·강화되면서 행정기구의 확장, 행정 관료의 증가, 재정 규모의 팽창, 중앙 집권화, 작은 정부를 위한 시도 등의 원인이 있기 때문이다.

왈도(Dwight Waldo)가 "행정은 고도의 합리성을 지닌 협동적 활동"이라고 정의한 바와 같이 일반적으로 관광 행정이란 국가 또는 지방자치단체가 관광 발전을 위해서 관광사업을 조성·촉진하거나 지도·감독·규제하는 활동이라고 할 수 있다.

관광 행정은 정부 또는 지방정부가 관광시장·관광사업·관광 대상 등을 중심으로 관광 발전을 수행하는 행정기능이며, 인적·물적 자원과 정보자원을 활용하여 일정한 원리에 따라 통일된 조직을 형성하기 위한 일종의 체계(system)라고 할 수 있다.

관광 행정에서는 의사결정이 중요하기 때문에 정책 결정이라는 의미가 더 적절하며, 정책 결정(policy making)은 정부 또는 지방정부가 공공목표를 달성하기 위하여 2가지 이상의 대안(代案) 가운데 하나의 대안을 의식적으로 선택하는 행위하고 할 수 있다.

정부가 관광에 대해서 개입하는 근본적인 요인은 무한한 잠재력과 성장 가능성이 높은 산업이라는 인식이다. 개발도상국뿐만 아니라 관광자원과 시설이 풍부하여 관광이 발전한 선진 국가들도 관광에 적극적으로 개입을 하고 있다. 또한 후진 국가들도 관광이 갖는 경제적 효과성에 비추어 경제발전에 대한 기여도가 높다는 인식을 하게 되었으며, 사회주의 국가들도 관광 진흥을 위해 문호 개방과 개혁을 통한 외국자본을 유치하고 관광객 유치를 위해 정부가 관광 행정에 적극적으로 개입하고 있다는 것이 특징이다.

2. 관광행정의 역할

1) 정치적 관점

관광 행정조직은 정치적 이유와 관광에 대한 관심도에 따라 변화될 수 있다. 스페인의 프랑코 정권은 정치적 안정을 도모하고 국민통합과 민족의 자부심을 고양시키기 위하여 관광 발전을 장려하는 정책을 통치의 한 수단으로 활용했다고 한다. 따라서 관광은 국민에게 문화의 우월성과 일체감을 조성하는 역할을 할 수 있으며, 통치의 행위와 수단으로도 활용할 수 있다는 것을 의미한다.

2) 경제적 관점

관광을 발전시키고 진흥시키고자 하는 이유는 관광은 경제발전에 기여한다는 논리이다. 국가 경제에서 차지하는 중요도가 높으며, 국민경제와 지역경제에 미치는 효과가 크기 때문에 선진국, 개발도상국 등 대다수 국가는 외국인 관광객 유치를 위해 노력하고 있다. 자유무역주의 국가들의 집단적 이익 추구, 국가 간의 블록화 현상이 가속화되는 상황에서 관광은 국경을 초월할 수 있다는 개념이다. 특히 유네스코(UNESCO)에서는 개발도상국가들에게 미치는 관광의 경제적 파급효과를 고려하여 정부가 관광의 중요성에 대한 인식을 높여야 한다고 제안하고 있다.

3) 사회적 관점

관광을 사회 현상적 측면으로 인식하는 경향이 증대하고 있다. 사회환경의 변화는 관광 부문에도 그 영향을 끼치고 있는데, 관광을 발전시키기 위해서는 관광의 중요성을 인식시키고 소비자를 보호해야 한다는 인식의 확대와 관광으로 인하여 야기될 수 있는 문화적인 충격을 완화하는 노력을 기울이고 있다.

4) 문화적 관점

관광은 국가 간의 문화를 교류하고 세계화·국제화 시대에 부응하고, 지방의 문화를 발전시키기 위한 지방정부의 역할이 증대되는 시대가 되었다. 1990년대의 세계화라는 대명제하에 이질적(異質的)인 문화가 상호 충돌하면서 문화의 상업화, 문화의 변질을 초래하기도 하였다. 즉 관광 자체가 정치·경제적 현상뿐만 아니라 문화적 활동의 총체로서 세계의 관광이 문화현상으로부터 강력한 영향을 받고 있다는 것이며, 문화적 관점의 관광을 중요하게 인식하고 있는 요인이기도 하다.

5) 생태적 관점

환경보호에 대한 인식이 확산하면서 무분별한 개발은 오히려 관광 발전을 저해할 수 있다는 인식과 무책임한 관광개발과 관광객의 이용 증가에 따르는 관광자원의 훼손과 환경파괴라는 양면성이 존재한다는 인식을 하게 되었다. 이제는 관광이 자연환경을 보호하고 환경친화적인 상품을 개발하면서 관광이 자연환경도 보호해야 한다는 인식이다.

제2절 **관광행정조직의 분류**

1. 관광행정조직의 일반적 분류

관광행정조직의 일반적 분류는 협의(狹義)의 관광조직과 광의(廣義)의 관광조직으로 분류할 수 있다.

1) 협의의 관광조직

협의의 관광조직이란 좁은 개념의 관광 행정 및 관광업무를 실질적으로 관장하고 있는 조직을 의미하며, 국가행정조직과 지방자치단체조직으로 분류할 수가 있다.

지방자치단체는 광역자치단체와 기초자치단체로 구분하고, 다음과 같은 범주를 설정하고자 한다.

첫째, 국가 관광 행정 조직(문화체육관광부)

둘째, 광역자치단체 관광조직(특별시·광역시·특별자치시·도·특별자치도)

셋째, 기초자치단체 관광조직(시·군·구)

넷째, 한국관광공사(지방 관광공사)

2) 광의의 관광조직

광의의 관광조직은 넓은 개념의 관광조직을 의미하며 협의의 행정조직을 포함하여 공공단체의 행정조직, 연구기관, 학술단체를 포함하여 범주를 설정할 수가 있다.

첫째, 국가 관광 행정 조직(문화체육관광부)

둘째, 관광 관련 국가행정조직(외교부, 교육부 등)

셋째, 광역자치단체(특별시 · 광역시 · 특별자치시 · 도 · 특별자치도)

넷째, 기초자치단체(시 · 군 · 구)

다섯째, 한국관광공사(지방 관광공사)

여섯째, 공공단체의 행정조직(한국관광협회중앙회 등)

일곱째, 연구기관(한국문화관광연구원 등)

여덟째, 관광 관련 학술단체(한국관광학회 등)

2. 행정의 권한에 따른 분류

행정의 권한(權限)에 따른 분류란 행정업무를 수행할 때 권리와 권리가 미치는 영역적 개념이라고 할 수 있다.

1) 국가행정조직

국가행정조직(國家行政組織)이란 국가의 행정업무에 관여하는 조직들을 총칭하여 표현하는 용어라고 할 수 있다. 법적으로 공인된 표현은 중앙행정기관으로 정부조직법에 근거하여 중앙행정기관은 부(部) · 처(處) · 청(廳)을 말한다.

관광 분야는 관광 현상이라는 관점에서 정치, 경제, 사회 등 여러 분야와 관련성이 높다. 따라서 정부조직법에 근거하여 관광 행정을 직접적으로 관장하고 수행하는 조직을 비롯하여 관광과 간접적으로 연관된 여러 행정업무를 관장하는 조직들로 구성되어 있다. 관광은 업무 특성상 다원화된 행정이며, 행정조직의 상충하는 의견을 협의하고 조정하기 위해서는 행정조직의 협조체계가 필요하다.

그동안 한국의 국가행정조직은 중앙집권적 구조와 형태였으며, 관광에 관한 행정도 예외는 아니었다. 그러나 지방자치제도가 시작(1995년)되어 지방자치단체는 중앙정부로부터 자치권을 부여받았으며, 중앙정부에서 공공적 행정을 지방자치단체에 위임하여 수행하도록 하고 있다.

2) 지방행정조직

지방자치단체(地方自治團體)란 지역 공동사회의 행정을 중앙정부로부터 독립된 의사에 따라 처리하기 위해 일정 지역에 거주하는 주민들이 구성한 자치단체를 의미한다. 국가 영역에서 일부 지역을 구역(區域)으로 설정하고 주민(住民)을 구성원으로 하고 국가로부터 독립된 지위를 인정받아 자주적으로 지방적 행정을 처리할 권능(權能)을 가지는 법인격(法人格) 있는 단체라 정의하고 있다.

그동안 한국의 국가행정조직은 중앙집권적 구조와 형태였으며, 관광에 관한 행정도 예외는 아니었다. 그러나 지방자치제도가 시작(1995년)되어 지방자치단체는 중앙정부로부터 자치권을 부여받았으며, 중앙정부는 공공적 행정을 위임하여 수행하도록 하고 있다.

▶ 한국의 관광행정조직

조직	구분	조직적 관점	기능적 측면
국가 조직	관광행정기관 (NTA)	대외적, 국가적 차원의 행정 총괄	• 관광에 대한 일반 행정 • 관광기획과 개발 • 관광법률 제정 • 업계 지원 및 관광 여건 조성
	국가관광 기구(NTO)	국가 관광 진흥 업무	• 관광 진흥과 마케팅 • 관광객에 대한 서비스 • 관광 조사 및 연구 • 기획 • 통제와 조정
	공공단체 공익법인	업종별 관광사업 진흥	• 업종별 관광사업자 단체
지방자치 단체조직	지방자치단체 행정기관 (RTA)	지역의 관광 행정 총괄	• 중앙정부 시책에 대한 협조 • 지역별 관광 진흥 집행 • 관광지 개발 및 자원 보호 • 관광시설의 관리와 이용 • 관광 질서 확립
	지방관광기구 (RTO)	지역의 관광 진흥 업무	• 지역 관광 진흥과 마케팅 • 관광객에 대한 서비스 • 관광기획과 개발 • 통제와 조정
	공공단체 공익법인	지역별 관광사업 진흥	• 지역별 관광사업자 단체

주: NTA(National Tourism Administration), RTA(Regional Tourism Administration), NTO(National Tourism Organization), RTO(Regional Tourism Organization)
자료: 정혜경, 관광진흥 조직간 협력증대 방안, 한양대 국제관광대학원, 2003, p.8를 참고하여 작성함

제3절 **관광행정조직의 기능과 역할**

1. 국가행정조직

정부가 수립(1948년)된 이후 통치 권력 구조의 변동으로 지금까지 수십 차례의 정부조직법 개정이 있었다. 사회에는 다양한 조직들이 존재하고 있으며, 추구하고자 하는 목표를 달성하기 위해서 상호 경쟁적 관계, 상호보완적 관계를 지속하면서 자발적인 활동을 추구해 나가고 있다. 조직의 협력관계를 근거로 조직은 목표 달성을 위해서 신중한 관계를 형성하기도 하고, 갈등의 관계가 표출되기도 한다.

관광은 사람의 생활환경과 관련되는 사업으로서 관광의 출발에서부터 다양한 사업이 존재하게 되고 이러한 사업을 관할하고 주관하는 행정조직도 다양한 형태로 존재하게 된다. 관광 분야는 관광 현상이라는 관점에서 사회의 여러 분야와 관련성이 높다. 관광 행정을 담당하는 조직을 비롯하여 여러 관련 행정조직으로 다원화되어 있다. 따라서 행정조직의 상반된 기능을 협의하고 조정하기 위한 협조체계가 요구된다.

관광 행정을 추진하는 과정에서 관광과 관련된 업무들이 각 행정조직에 분산되어 있고, 그 기능들을 유기적으로 조정하여 추진해야 하는 협조체계가 필요하다. 관광사업을 복합사업이라 규정한다는 것 자체가 관광과 관련된 업무의 분업화를 의미하는 것이기 때문이다. 따라서 관광과 관련된 행정을 일원화한다는 것은 무의미할지도 모른다.

관광 행정조직은 정책을 입안하고 실행하는 공식적인 주체로서 정책 과정의 전 과정에 걸쳐서 관계하며, 구조적으로는 대통령을 정점으로 하여 중앙행정조직, 지방자치단체, 공기업, 공공단체까지를 포함하고 있으나, 이 가운데 실질적인 정책 기능은 국가 행정조직이 중심이 된다. 일반적으로 정부 관광행정기관(NTA: National Tourism Administration)은 국가 차원의 관광정책을 수립하고 관광 행정 업무를 담당하는 국가기관 또는 전국 단위의 관광개발을 담당하는 중앙정부의 관광주무 관청을 말하고 있다.

한국의 중앙 관광 행정조직은 문화체육관광부로 관광행정과 정책의 기본방향이 되는 기능을 수행하고 있는데, 문화체육관광부는 지방자치단체·한국관광공사·관광사업자 단체·관광사업체 등의 기능을 조정하는 역할을 하고 있다.

▶ **국가행정 조직**

행정기구	관련 청(廳)	처(處)	위원회(委員會)
기획재정부	국세청, 관세청, 조달청, 통계청	인사혁신처, 법제처, 식품의약안전처	공정거래위원회, 금융위원회, 국민권익위원회, 개인정보보 호위원회, 원자력안전위원 회
교육부			
과학기술정보통신부	우주항공청		
외교부	재외동포청		
통일부			
법무부	검찰청		
국방부	병무청, 방위사업청		
행정안전부	경찰청, 소방청		
문화체육관광부	국가유산청		
농림축산식품부	농촌진흥청, 산림청		
산업통상자원부	특허청		
보건복지부	질병관리청		
환경부	기상청		
고용노동부			
여성가족부			
국토교통부	새만금개발청, 행정중심복합도시건설청		
해양수산부	해양경찰청		
중소벤처기업부			
국가보훈부			

주: 행정중심복합도시건설청과 새만금개발청은 정부조직법에 규정된 '청'이 아님
자료: 정부조직도 및 관련 자료를 참조하여 작성함. 중앙일보(2023년 02월 15일)

2. 문화체육관광부

문화체육관광부는 관광에 관한 업무뿐만 아니라 문화·체육에 관한 업무를 주관하고 있으며, 관광과 관련된 법령에 근거하여 다양한 관광 진흥을 위한 기본정책의 수립, 관광자원개발 정책의 수립, 관광사업의 육성·지도 및 관리, 관광 선전 및 홍보 정책 등을 관장하고 있다.

문화체육관광부의 관광정책국은 관광정책, 국내관광 진흥, 국제관광, 관광 기반, 관광산업정책관의 관광산업정책, 융합 관광산업, 관광개발의 조직으로 구성

되었으며, 주요 기능 중 관광 및 관련 산업부문의 업무는 다음과 같다.

▶ 문화체육관광부의 관광업무

조직	주요 업무	비고
관광정책과	• 관광 진흥 장기발전계획 및 연차별 계획의 수립 • 관광 관련 법규의 연구 및 정비 • 관광진흥개발기금의 조성 및 운용 • 남북 관광교류 · 협력의 증진 • 한국관광공사 및 한국관광협회중앙회와 관련된 업무 등	
국내관광진흥과	• 지역관광 콘텐츠 육성 및 활성화 • 문화 · 예술 · 민속 · 레저 · 자연 · 생태 등의 관광상품화 • 사찰 체험(temple stay) 등 전통문화체험 사업 • 지역 전통문화 관광 자원화 • 산업시설 등의 관광 자원화 및 도시 내 관광자원 개발 등 • 문화관광축제의 조사 · 개발 및 육성 등	
국제관광과	• 국제관광 분야 정책개발 및 중장기 계획 수립 • 정부 간 관광교류 및 외래 관광객 유치 • 한국 관광의 해외 광고 업무 • 관광 분야 국제협력 • 중국 전담여행사 관리 · 감독 및 활성화 등	
관광기반과	• 관광불편해소 및 안내 체계 확충 • 국민의 해외여행 편익 증진 • 관광특구 관련 업무 • 여행업에 관한 사항 등	
관광산업정책과	• 관광산업정책 수립 및 시행 • 관광 전문 인력양성 및 취업 지원 • 관광종사원의 교육, 자격제도 운영 및 개선 • 호텔업 육성지원 및 중저가 관광호텔 체인화 등	
융합관광산업과	• 국제회의 관련 외래관광객 유치 및 지원 • 국제회의 · 인센티브 관광 · 컨벤션 · 이벤트(MICE)의 기반 조성 • 음식관광 활성화 및 서비스 개선 • 의료 · 웰니스 관광 육성 및 지원 • 한류 관광 · 공연관광 · 스포츠관광 정책 수립 및 상품개발 • 전통시장 관광 활성화 • 관광유람선업 육성 및 지원 • 카지노 산업 육성 및 정책 수립 • 카지노 복합리조트 설립 및 관리 등	
관광개발과	• 관광개발기본계획 수립, 권역별 관광개발 계획 검토 · 조정 • 관광지 · 관광단지의 개발 • 문화 · 예술 · 민속 · 레저 · 자연 · 생태 · 유휴자원의 개발 지원 • 광역 관광자원개발 계획 수립 및 지원 • 관광개발 관련 관계부처 · 지방자치단체와의 협력 및 조정 • 국내외 관광 투자유치 촉진 • 지방자치단체의 관광 투자유치 지원 등	

자료: http://www.mcst.go.kr/를 참고하여 작성함

3. 지방자치단체

지방자치단체란 광역자치단체(특별시·특별자치도·광역시·도)와 기초자치단체(시·군·구)를 말한다. 지방자치단체는 원칙적으로 독립적인 법인으로서 자치권이 있으며 국가로부터 상대적 독립성을 갖고 있다. 그러나 자치권의 범위에는 한계가 있으며, 현행 한국의 법령에서 지방자치단체는 국가로부터 위임을 받아 처리하는 기관 위임업무, 단체 위임업무에 대해서 국가 또는 상급자치단체로부터 지도·감독을 받도록 규정하고 있다.

➡ 지방자치단체의 관광 행정조직

구분	행정조직	비고
서울특별시	관광체육국 관광정책과(관광정책, 관광협력, MICE정책, 관광이벤트, 지역관광), 관광산업과(관광산업정책, 관광산업지원, 콘텐츠마케팅, 관광서비스개선)	
부산광역시	관광마이스국(관광진흥과, 마이스산업과, 해양레저관광과)	
대구광역시	문화체육관광국 관광과(관광정책, 관광개발, 관광마케팅, 관광서비스 개선)	
인천광역시	문화체육관광국 관광마이스과(관광마이스정책, 관광마케팅, 관광마이스산업, 마이스유치, 관광개발)	
광주광역시	신활력추진본부 관광도시과(스토리텔링, 관광마케팅, 축제도시, 관광기반)	
대전광역시	문화관광국 관광진흥과(관광정책, 관광홍보, 관광개발, 관광축제)	
울산광역시	문화관광체육국 관광과(관광정책, 관광개발, 관광시설, 관광마케팅, 마이스)	
세종특별자치시	문화체육관광국 관광진흥과(관광정책, 관광진흥, 관광개발)	
경기도	문화체육관광국 관광산업과(관광정책, 국제관광, 관광기반, 지역상생관광)	
강원특별자치도	글로벌본부 관광국(관광정책, 관광개발, 올림픽시설, 설악산삭도추진단, 사업소(DMZ 박물관))	
충청북도	문화체육관광국 관광과(관광정책, 관광마케팅, 관광산업, 관광개발, 레이크 파크, 관광사업기획)	
충청남도	문화체육관광국 관광진흥과(관광정책, 관광마케팅, 관광레저산업, 관광개발)	
전북특별자치도	문화체육관광국 관광산업과(관광정책, 관광산업, 관광자원개발, 관광마케팅, 마이스산업)	
전라남도	관광체육국 관광과(관광정책, 관광마케팅, 융합관광) 관광개발과(관광개발, 광역개발, 마이스산업)	
경상북도	문화관광체육국(관광정책과, 관광마케팅과)	
경상남도	문화관광체육국 관광진흥과(관광정책, 관광산업, 관광자원관리), 관광개발과	
제주특별자치도	관광교류국 관광정책과(관광정책, 마이스 융복합, 관광마케팅) 관광산업과(관광산업, 관광지 개발 관리, 카지노산업, 카지노 관리)	

자료: 자치단체의 홈페이지를 참고하여 정리(2023년 12월 기준임)하였으며, 일부 자치단체의 조직에서 팀, 파트장, 담당에 관한 내용을 표현하지 않고 정리하였음

4. 한국관광공사

1) 설립 목적

정부관광기구(NTO: National Tourism Organization)는 일종의 공기업이라고 할 수 있다. 공기업이란 공적 기관, 즉 국가나 공공단체가 중심이 되어 자금 출자(出資)를 하고, 경영·지배를 하는 기업으로서 공익(公益)이 우선적인 사업 활동이다.

한국관광공사(KTO : Korea Tourism Organization)는 한국관광공사법에 근거해 설립(1962년)되었으며, 한국의 관광 발전에 주도적인 역할을 하였다.

한국관광공사의 설립 목적은 관광을 통해 국가 경제 발전을 선도하고 국민 복지 증진에 기여하고자 하는 것이다.

한국관광공사는 세계관광의 각축전 속에서 한국 관광산업의 역할을 토대로 국가 성장 동력이 되도록 변화와 혁신을 추구하고 있으며, 경영혁신, 윤리경영, 인권경영, 경영 공시, 클린(clean) 경영, 안전 경영을 통해서 관광산업의 종합 서비스를 제공하고 있으며, 한국 관광의 새로운 성장을 구현하기 위해 노력하고 있다. 한국관광공사는 최근 변화하는 경영환경 변화 속에서 혁신 목표를 사회적 가치와 혁신성장을 창출하여 국민에게 신뢰받는 관광 선도기관으로서의 역할을 하고 있다.

한국관광공사(KTO)는 경영혁신, 국제관광, 국민관광, 관광산업, 관광콘텐츠전략의 5개 본부, 16실, 52센터·팀, 해외 지사(33개), 국내 지사(9개)로 조직을 구성하고 있으며, 관련 조직을 바탕으로 관광 진흥과 발전에 공헌하려 노력하고 있다.

▶ 한국관광공사의 조직

본부	실	팀	지사·센터
경영혁신	기획조정	기획 조정, 예산	
	ESG경영	ESG 경영, 윤리 법무, 평가 분석	
	경영지원	경영지원, 인사, 노무, 재경	
국제관광	국제마케팅	국제관광 전략, 중국, 일본, 아시아·중동, 구미·대양주	해외 지사
	국제마케팅지원	테마 관광, 의료·웰니스, 해외 디지털마케팅	
	MICE	MICE 기획, MICE 협력, MICE 마케팅, 국제협력	

본부	실	팀	지사·센터
국민관광	국민관광	국민관광 전략, 국민관광 마케팅, 지역균형관광, 국내 디지털 마케팅	오사카노리즈트 호텔사업단관광 복지안전센터(열린관광파트) 국내지사
	지역관광	지역관광 개발, 지역관광 육성, 레저 관광	
관광산업	관광산업	관광산업 전략, 쇼핑·숙박, 안내·교통, 스마트관광	
	관광기업지원	관광기업협력, 관광기업 창업, 관광기업 육성, 관광홍보관 운영	
	관광인재개발	관광인재양성, 관광교육	
관광콘텐츠 전략	관광콘텐츠	관광콘텐츠 전략, 한류 콘텐츠, 브랜드 콘텐츠	
	관광데이터	관광데이터 전략, 관광데이터 서비스, 관광 컨설팅	
	디지털협력	디지털협력, 디지털 콘텐츠, 디지털 인프라	

자료: https://knto.or.kr/을 참고하여 작성함(2024년 1월 2일 기준)

2) 주요 사업

한국관광공사는 관광산업의 육성을 위해 다양한 사업을 진행하고 있으며, 추진사업의 책임성과 투명성을 제고하기 위하여 사업 실명제를 도입하여 운영하고 있으며, 대표적인 주요 사업은 다음과 같다.

➡️ 한국관광공사의 주요 사업

주요 사업	전략(추진)방향	전략(추진)과제
국제관광지원	매력적인 스토리(가치 있는 여행 경험을 위한 한국관광 콘텐츠 발굴)	고부가 FIT 수요 확대를 위한 관광상품 다각화, 새로운 관광경험, 지속 가능 콘텐츠 확대, K-콘텐츠 활용한 한국관광 스토리 확산
	세분회된 포지셔닝(전략적 시장 맞춤형 마케팅으로 K-관광 경쟁력 강화)	방한 수요 확대 가능한 전략적 시장 다변화, 새로운 타깃 맞춤형 반한 관광 관심 확대, 글로벌 네트워크 기반 미래형 MICE 시장 선도
	차별화된 브랜딩(수용 창출을 통한 방한 관광시장 재도약)	디지털 플랫폼을 활용한 한국관광 수요 촉진, 민-관 협력을 통한 방한 프로모션 확대, 지방관광 브랜딩 강화로 외래객 유치 활성화
국민관광지원	다양한 지역관광 콘텐츠 개발	지역소멸 대응 관광활성화, 국내관광 활성화 캠페인, 지역관광추진조직(DMO) 육성, 관광한류 K-축제 육성, 걷기여행 활성화, 새로운 관광 공간 DMZ
	지역체류 확대	생활관광 활성화, 관광거점도시 육성, 야간관광 활성화, 캠핑관광 활성화, 한국관광 품질 인증, 오시아노 국민 휴양 마을 조성
	친환경안전여행 기반	반려동물 친화도시 조성, 근로자 휴가지원 사업, 열린 관광도시 조성, 지속 가능 관광 친환경여행, 국민 안전여행 캠페인

주요 사업	전략(추진)방향	전략(추진)과제
관광산업지원	관광서비스 기반조성 (여행편의 및 만족도 향상)	여행하기 좋은 관광 서비스 환경 조성, 관광업계 서비스 경쟁력 강화, 스마트관광도시 지역확산 및 고도화
	관광기업 비즈니스 혁신 및 글로벌 진출(관광기업 성과 창출 강화)	관광기업 육성 클러스터 활성화, 혁신관광기업 해외시장 진출 지원, 관광기업 간 협업 및 비즈니스 혁신 촉진
	미래관광 선도 현장 인재 양성	산업 현장형·지역맞춤형 인재 육성 및 취업 연계 강화, 관광기업 및 (예비)종사자 교육 콘텐츠 개발·운영
디지털 전환지원	플랫폼 기반으로 관광산업 생태계 조성 및 혁신 성장 지원	한국관광 공공플랫폼 중심 관광산업 개방·공유 환경 조성, 관광·이종 간 협업·제휴 활성화로 산업 외연 확대
	디지털 경영환경 제공으로 관광기업 디지털 전환 촉진	기업 맞춤형 데이터 서비스 및 공공데이터 개방·활용 확대, 공공플랫폼 기반으로 기업 판로 및 융복합 관광사업 발굴 지원
	지역 K-관광 콘텐츠 글로벌 확산으로 지역관광 활성화	지역관광 디지털 콘텐츠화 및 글로벌 홍보, 신기술 활용 실감형 K-관광콘텐츠 확산
	개인화 마케팅 강화로 내·외국인 관광객 여행경험 확산	관광 유관 공공 민간 데이터 수집 및 연계, 데이터 기반 디지털 관광 마케팅 강화(고객여정별), AI 기반 개인 맞춤형 관광 서비스 구현

자료: https://knto.or.kr/을 참고하여 작성함

5. 한국문화관광연구원

1) 설립 목적

한국문화관광연구원(KCTPI: Korea Culture & Tourism Institute)은 관광과 문화 분야의 조사·연구를 위하여 체계적인 정책개발 및 정책대안을 제시하고 문화·관광산업의 육성을 지원하여 국민의 복지증진 및 국가 발전에 공헌하기 위한 목적으로 설립되었다.

문화체육관광부 산하 재단법인이며, 기타 공공기관으로 분류한다. 한국문화예술진흥원 내 문화발전연구소(1987년)로 출발해 한국문화정책개발원으로 개편(1994년)했으며, 교통개발연구원의 관광 기능과 연구 인력을 이전받아 한국관광연구원으로 새롭게 출범(1996년)했다. 한국문화관광정책연구원(2002년)에서 한국문화관광연구원으로 명칭을 변경(2007년)했다.

한국문화관광연구원의 주요 기능은 기본 연구 사업을 중점으로 하여 수탁 연구 사업을 비롯하여 연구지원 사업 등 다양한 활동을 추진하고 있다.

2) 관광지식정보시스템

관광지식정보시스템은 관광 부문의 정보화 사업추진 전략을 제시한 국가관광 정보화 추진 전략계획(문화체육관광부, 2002년)에 근거하여 구축된 관광지식 포털이다. 관광지식정보시스템은 관광통계, 정책 & 연구, 자원, 법령 등 수요자 중심의 관광관련 서비스를 제공하고 있으며, 통계 수요의 증가에 따라 다양한 형태의 통계정보를 제공하고 있다. 관광지식정보시스템에서는 관광 관련 정책 및 연구 동향을 파악 및 분석하여 다양한 자료 활용이 가능하며, 서비스 내용은 다음과 같다.

▶ 관광지식 정보시스템의 주요 내용

구분		정보 내용
통계	관광통계 주요 지표	관광통계 주요 지표
	국제관광 통계	세계 관광지표, 국가별 통계, 국가별 관광산업 기여도, 국가별 관광경쟁력 순위, 국가별 여행수지
	관광객 통계	출국 관광통계, 입국 관광통계, 관광수지, 주요 관광지점 입장객 통계
	조사 통계	국민 여행 실태조사, 외래 관광객 실태조사, 관광사업체 기초 통계조사
	관광산업 통계	전국 관광숙박업 등록 현황, 관광숙박업 운영 실적, 일반여행업 현황, 카지노업 현황, 국제회의업(MICE) 현황, 관광사업체 현황, 관광 경영 실적 통계, 항공 통계
	관광예산/인력 현황	관광예산 현황, 관광인력 현황
	전망 및 동향	관광사업체 경기 동향(BSI), 관광 소비 지출 전망(CSI)
	관광자원 통계	관광지, 관광단지, 관광특구, 문화관광 축제, 안보 관광지, 관광통역 안내사, 유관시설 정보
정책&연구	관광 이슈	today topic, tour go 뉴스레터
	관광정책 포커스	국내 관광정책, 세계 관광정책
	관광지식 플러스	국내 연구보고서, 국외 연구보고서, 관광지식 채널
관광자원	관광자원	관광자원 조회, 보유자료 현황, 외국어 표기 안내

주: 기업경기실사지수(BSI: Business Survey Index), 소비자동향지수(CSI: Consumer Survey Index)
자료: http://www.tour.go.kr/fmf 참고하여 작성함

6. 관광사업자단체

관광사업자단체는 업종별 단체와 지역별 단체로 분류할 수 있다. 관광진흥법에 의하면 관광사업자는 정부로부터 허가받아 업종별 관광협회를 설립할 수 있으며, 업종별 단체와 지역별 단체는 다음과 같다.

▶ **관광사업자단체**

구분	단체명
업종별	한국관광협회중앙회(KTA: Korea Tourism Association)(1963년)
	한국여행업협회(KATA : Korea Association of Travel Agent)(1991년)
	한국호텔업협회(KHA : Korea Hotel Association)(1996년)
	한국휴양콘도미니엄협회(1998년)
	한국카지노업관광협회(KCA: Korea Casino Association)(1995년)
	한국종합유원시설협회(KAPA: Korea Amusement Parks Association)(1985년)
	한국외국인관광시설협회(1964년)
	한국MICE협회(2003년)
	한국 PCO(Korean Association of Professional Convention Organization)협회(2007년)
지역별	서울특별시, 세종특별자치시, 제주특별자치도, 부산광역시, 대구광역시, 인천광역시, 광주광역시, 대전광역시, 울산광역시, 경기도, 강원도, 충청북도, 충청남도, 전라북도, 전라남도, 경상북도, 경상남도

자료: 문화체육관광부, 2021년 관광동향에 관한 연차보고서, 2022를 참조하여 작성함

7. 지역관광추진조직

지역의 관광산업 발전을 위하여 지역관광추진조직(DMO: Destination Marketing Organizer)의 활동이 중요하게 인식하게 되었으며, 지역관광의 활성화를 위하여 지역의 다양한 조직과의 협력 연계망을 구축하기 위한 조직이다. 지역 내 관광공급자(여행·숙박·음식·쇼핑 등)와 관광 관련 산업, 협회, 주민조직과 협력 연계망을 구축하여 당면한 지역관광의 현안을 해결하는 등 지역의 관광산업 전반의 경영 또는 관리하는 법인으로서 지역관광에 대한 합의 및 조정을 이끌어내는 지역관광플랫폼 기능으로 관광사업 기획 및 계획, 관광홍보마케팅, 관광자원 관리, 관광산업 지원, 관광품질 관리 등의 기능을 수행한다.

정부에서 선정(2021년)한 DMO들의 경우 안전여행 문화정착을 필수사업으로

선정하고 안전여행을 위한 서비스 지원, 안전한 관광안내, 안전 관광상품 개발·운영과 관련하여 안전여행을 위한 문화 정착사업을 발굴하기도 하였다.

▶ 지역관광추진조직(DMO) 사업자 현황

연도	지역	사업자	비고
2020년	경기	고양시관광컨벤션협의회	12개
	강원	평창군관광협의회	
	경북	고령군관광협의회, 포항문화관광 사회적협동조합	
	전남	여수시관광협의회, 강진군문화관광재단	
	전북	익산문화관광재단, 고창문화관광재단	
	충남	보령축제관광재단, 행복한여행나눔	
	충북	단양군관광협의회, 제천시관광협의회	
2021년	관광거점도시	부산관광공사, 강릉관광개발공사, (사)안동시관광협의회, 전주관광마케팅 주식회사, (재)목포문화재단	5개
2021년	경기	고양시관광컨벤션협의회	12개
	경북	(재)경주화백컨벤션뷰로	
	경남	(재)남해군관광문화재단, (재)통영한산대첩문화재단	
	전남	(사)광양시관광협의회, (재)강진군문화관광재단	
	전북	(재)고창문화관광재단	
	충남	(재)보령축제관광재단, ㈜행복한여행나눔	
	충북	(사)단양군관광협의회, (재)영동축제관광재단, (사)제천시관광협의회	

자료: 문화체육관광부, 2021년 관광동향에 관한 연차보고서, 2022, p.36

참고문헌

안종윤, 관광정책론(공공정책과 경영정책), 박영사, 1997.

양원규·정훈, 행정학개론, 백산출판사, 1997.

유훈, 행정학원론, 법문사, 1998.

이종수, 행정학사전, 2009.

장병권, 한국관광행정론, 일신사, 1993.

정정길, 정책학원론, 대명출판사, 1989.

정혜경, 관광진흥 조직간 협력증대 방안, 한양대 국제관광대학원, 2003.

문화체육관광부, 2021년 관광동향에 관한 연차보고서, 2022.

한국관광공사, 공사·지방 관광공사의 전략적 협력관계 수립연구, 2005.

한국관광공사, 외국 NTO 관광 진흥 전략, 1995.

http://www.kcti.re.kr/

http://www.mcst.go.kr/

http://www.tour.go.kr/

http://www.visitkorea.or.kr/

지방행정과
관광정보

Chapter 10 지방행정과 관광정보

1. 지방자치와 관광

전 세계적으로 지방화, 분권화, 탈획일화의 물결이 일고 있다. 이러한 지방주의(localism)의 대두는 일찍이 앨빈 토플러나 존 나이스 비트 같은 미래학자들이 '제3의 물결' 등의 저서를 통해 적절하게 예견한 바 있다.

지방의 시대라는 용어는 일반적으로 지방의 자주성 및 자율성을 존중하면서 각 지방의 개성이나 특성을 살리기 위한 방안에서 출발하려는 사고방식이다.

지방자치단체별로 경쟁력을 강화하기 위한 대안 중의 하나로 관광에 대한 인식이 증대하고 있다. 관광에 대한 인식으로 업무의 비중이 늘어난 것은 중앙정부로부터 대규모 개발 사업을 유치하는 것이 어려우며, 한정된 재원으로 추진할 수 있는 경쟁력 있는 사업이 관광이라는 판단에서 비롯되었다.

지방자치단체의 경쟁력은 차별화에서 찾아야 한다. 다른 지역과 차별화는 그 지역만이 가지고 있는 특색에서 발굴되어야 한다. 한 고장의 개발 잠재력은 그 지역의 자연 자원을 비롯하여 지역주민의 삶의 흔적을 고스란히 간직하고 있는 역사·문화자원에 있으며, 이 같은 자원을 활용할 수 있는 사업이 바로 관광이다.

다른 지역과 차별화된 자원이나 문화적인 특성을 고려한 이벤트 사업은 단순한 관광의 수익뿐만 아니라 자기 고장의 농산물이나 특산물의 판매량을 증가시켜 지역경제에 큰 도움을 주고 있으며, 일부 기업은 독특한 발상의 전환을 통해서 성공을 거두는 사례가 많아지고 있다. 지역에서 단순히 식량 생산의 목적이었으나 축제로 승화·발전시켜 관광상품으로 개발되었으며, 지역 홍보와 농산물 판매의 촉매제로 활용되는 등 지역축제로 발전하게 되었다.

이 같은 사례는 관광산업이 지역경제의 활성화에 직접적인 도움을 주는 동시에 주민들에게는 아무리 사소한 자원이라도 지역의 특성에 맞게 개발된다면 상품이 될 수 있다는 가능성을 나타내는 간접적인 효과를 보여주고 있다. 또한 농·어·산촌의 생활들이 도시민에게는 새로운 체험 대상으로 부상하였고, 접근하기 어려웠던 지역이 관광과 휴양의 가치로 재조명되면서 지역발전에서 관광의 역할이 중요시되고 있으며, 발전할 여건이 높아지고 있다는 것을 의미한다.

▶ 관광 커뮤니티 비즈니스의 정책추진 영역

자료: 김현주, 관광 커뮤니티 비즈니스(TCB) 운영체제, 한국문화관광연구원, 2011, p.111

2. 지방자치와 관광 진흥

지방자치란 간단히 말하면 일정한 지역을 기초로 그 지역주민으로 구성된 공공단체가 그 지역의 행정사무를 자신의 책임과 권능으로 주민들이 부담하는 조세를 바탕으로 자주적 재원을 가지고, 주민이 선정한 기관을 통해 주민의 의사에 따라 집행하고 실현하는 것이며, 어디까지나 한 나라의 주권 안에서 이루어지는 것으로 국가로부터의 완전한 독립을 의미하는 것이 아니라 중앙정부와 지방정부 간 올바른 관계 정립을 통한 기능적, 협동적 자치를 의미한다.

지방자치단체는 관광에 관한 국가정책에 관하여 필요한 시책을 강구하고 이에 협조하도록 규정하고 있는데 주요 업무는 다음과 같다. ① 위임받은 국가적 관광사무 ② 관광공사, 다른 지방자치단체 등 공공단체가 위탁한 사무 ③ 지방자치단체가 관광 진흥을 위한 고유사무를 관장하는 기능을 수행하고 있다.

구체적인 업무는 다음과 같다. ① 관광지 및 관광단지 조성 ② 관광에 관한 국가시책에 협력하는 사업(관광 진흥, 선전·홍보 등) ③ 우수토산품 발굴과 관광민예품 개발 ④ 도립·군립 및 도시공원, 녹지 등 관광 휴양시설의 관리 ⑤ 관광자원의 관리(문화재, 역사유적지, 무형문화재의 발굴 및 보존 등) 등의 업무이다.

최근 지방자치단체에서는 관광을 발전시켜 재정 자립을 높이는 방안으로 관광조직이 필요하다는 인식하에 지방관광공사(RTO: Regional Tourism Organization)를 설립하여 관광지·관광단지 개발 및 관광 진흥에 주력하고 있으며, 다른 지방자치단체에서도 설립 움직임이 활발해지고 있다.

■ **지방관광공사**(RTO: Regional Tourism Organization)

지방의 광역자치단체에는 지방관광공사가 설립되어 운영되고 있는데, 경기관광공사(2002년), 제주관광공사(2008년), 대전관광공사(2011년), 부산관광공사(2012년), 경북문화관광공사(2012년), 인천관광공사(2015년), 광주광역시관광공사(2023년), 서울관광재단(STO: Seoul Tourism Organization)(2018년) 등이 운영되고 있다(서울관광재단은 인식하는 관점에 따른 차이가 있음). 또한 기초자치단체에는 문경관광진흥공단(2007년), 통영관광개발공사(2007년), 강릉관광개발공사(2010년), 거제해양관광개발공사(2012년), 단양관광공사(2022년)가 있다.

3. 지방자치시대의 관광정보

소비자가 관광상품을 선택하기 전에 상품에 대한 완벽한 여행정보를 요구하게 된다. 정보기술의 발전으로 소비자가 목적지를 선택할 수 있는 범위와 선택의 폭도 확대되고 있으며, 정보통신의 발달로 목적지가 소수의 유명 관광지 중심에서 보편화되고 점차 글로벌(global)화 추세로 변화되고 있다. 치열한 환경에서 고도의 정보기술 능력을 갖추어야 생존이 가능한 시대가 되었으며, 정보 서비스 단말기의 보편화 추세는 정보의 다양성, 편의성을 갖추게 되었다.

소비자에게 직접적인 영향을 미치는 접근성 및 차별성이 목적지 선택을 결정하는 요인이 되었으며, 종전의 홍보 수단이 책자(brochure)에서 뉴 미디어로 전환되고 있다.

관광산업도 정보 집약산업으로 초고속 정보서비스의 제공 여부가 관광 성장의 핵심 역할을 하게 되었으며, 고도화된 소비자의 관광정보에 대한 욕구에 부응하고 개인의 여행 설계에 맞는 신속하고 독특한 정보서비스를 제공하기 위한 체계 구축이 필요하다.

최근 정보화 환경의 폭이 넓어지면서 최첨단 기술에 의한 인터넷으로 정보를 제공하기도 한다. 정보의 제공에서 가장 중요한 의미를 찾을 수 있는 것이 지역 및 자기 고장 공동체적인 동질성을 느끼게 하는 자료를 발간하는 것에 그 의미가 있다.

관광지 홍보에 관심은 높아지고 있으나 자기 고장의 이미지를 정립하는 기본 틀이 정립되지 못하고 있고 개발된 각종 시각물이나 최첨단 홍보물들은 고장의 이미지를 제대로 부각시키지 못하는 경우가 많다. 또한 '어떠한 정보를 제공할 것인가'라는 지역 이미지를 정립하기 위한 다양한 연구가 필요하며, 자료정리가 선행되지 않는 상태에서 최첨단 정보기술을 도입한다는 것은 무의미한 일이 될 수도 있다.

지방화 시대의 가장 중요한 핵심적인 요소는 개성과 참여이다. 지방 고유의 개성을 구현하는 관광개발은 소비자들의 새로운 관광 욕구를 만족시켜 줄 수 있으며, 주체성(identity) 확립 및 애향심 고취에도 중요하게 작용할 것이다. 또한 지역 특성을 살린 관광지 조성은 지역주민의 참여를 통해서만 가장 효과적으로 반영할 수 있으며, 지역주민의 참여 또한 지역주민의 경제적 이익 및 환경을 보호하는 측면에서도 중요하다.

제2절 지방자치시대의 관광

1. 관광지 지정 및 개발

1) 관광지

자연적 또는 문화적 관광자원을 갖추고 관광 및 휴식에 적합한 지역을 대상으로 관광지를 지정하고 있다. 관광지는 관광자원이 풍부하고 관광객의 접근이 용이하며 개발 제한요소가 적어 개발이 가능한 지역을 위한 관광지로 개발하는 것이 필요하다고 판단되는 지역을 대상으로 한다.

관광개발의 접근 방법도 선택과 집중, 네트워크화, 지역 특성에 맞는 개발의 중요성이 대두되면서 관광지 개발을 촉진하기 위해 관광지 지정 및 조성 계획 승인 권한을 시·도지사에 이양하였다.

관광객의 활동에 필수적인 기반 시설을 비롯하여 다양한 편익 시설을 공공사업으로 추진하고 이용하는 관광객에게 편의를 제공하기 위한 사업이다. 국민소득 증가에 따른 관광수요 증가에 맞추어 관광지를 특화하여 개발함으로써 아름답고 쾌적한 환경을 조성함은 물론 관광을 통하여 국민 삶의 질을 향상하는 복지관광의 일환이다.

▶ 관광지 지정현황

지역	관광지명	지정수
부산	태종대, 금련산, 해운대, 용호 씨사이드, 기장 도예촌	5
인천	마니산, 서포리	2
대구	비슬산, 화원	2
경기	대성, 용문산, 소요산, 신륵사, 산장, 한탄강, 산정호수, 공릉, 수동, 장흥, 백운계곡, 임진각, 내리, 궁평	14
강원	춘천호반, 고씨동굴, 무릉계곡, 망상해수욕장, 화암 약수, 고석정, 송지호, 장호 해수욕장, 팔봉산, 삼포·문암, 옥계, 맹방해수욕장, 구곡폭포, 속초 해수욕장, 주문진해수욕장, 삼척해수욕장, 간현, 연곡해수욕장, 청평사, 초당, 화진포, 오색, 광덕계곡, 홍천온천, 후곡 약수, 대관령 어흘리, 등명, 방동약수, 용대, 영월온천, 어답산, 구문소, 직탕, 아우라지, 유현문화, 동해 추암, 영월 마차탄광촌, 평창 미탄마하생태, 속초 척산온천, 인제 오토테마파크, 지경	41
충북	천동, 다리안, 송호, 무극, 장계, 세계무술공원, 충온 온천, 능암 온천, 교리, 온달, 수옥정, 능강, 금월봉, 속리산레저, 계산, 괴강, 제천온천, KBS 제천촬영장, 만남의 광장, 충주호체험, 구병산, 레인보우 힐링	22
충남	대천해수욕장, 구드래, 신정호, 삽교호, 태조산, 예당, 무창포, 덕산 온천, 곰나루, 죽도, 안면도, 아산온천, 마곡온천, 금강 하구둑, 마곡사, 칠갑산 도림온천, 천안종합휴양, 공주문화, 춘장대 해수욕장, 간월도, 난지도, 왜목 마을, 남당, 서동요역사, 만리포	25
전북	남원, 은파, 사선대, 방화동, 금마, 운일암·반일암, 석정온천, 금강호, 위도, 마이산 회봉, 모악산, 내장산 리조트, 김제온천, 웅포, 모항, 왕궁 보석테마, 백제가요 정읍사, 미륵사지, 오수의견, 벽골제, 변산 해수욕장	21
전남	나주호, 담양호, 장성호, 영산호, 화순온천, 우수영, 땅끝, 성기동, 회동, 녹진, 지리산 온천, 도곡 온천, 도림사, 대광 해수욕장, 율포 해수욕장, 대구 도요지, 불갑사, 한국 차소리 문화공원, 마한 문화공원, 회산 연꽃방죽, 홍길동 테마파크, 아리랑 마을, 정남진 우산도·장재도, 신지 명사십리, 해신 장보고, 운주사, 영암 바둑테마파크, 사포	28
경북	백암온천, 성류굴, 경산 온천, 오전 약수, 가산산성, 경천대, 문장대 온천, 울릉도, 장사 해수욕장, 고래불, 청도 온천, 치산, 용암 온천, 탑산 온천, 문경 온천, 순흥, 호미곶, 풍기 온천, 선바위, 상리, 하회, 다덕 약수, 포리, 청송 주왕산, 영주 부석사, 청도 신화랑, 울릉 개척사, 고령 부례, 회상나루, 문수, 예천 삼강, 예안현	32
경남	부곡온천, 도남, 당항포, 표충사, 미숭산, 마금산 온천, 수승대, 오목내, 합천호, 합천 보조댐, 중산, 금서, 가조, 농월정, 송정, 벽계, 장목, 실안, 산청 전통한방휴양, 하동 묵계(청학동), 거가대교	21
제주	돈내코, 용머리, 김녕 해수욕장, 함덕 해안, 협재 해안, 제주남원, 봉개 휴양림, 토산, 미천굴, 수망, 표선, 제주 돌 문화공원, 곽지, 제주 상상나라 탐라공화국	14
계		227

자료: 문화체육관광부, 2021년 기준 관광동향에 관한 연차보고서, 문화체육관광부, 2022, pp.146-147(2021년 12월 31일 기준)

2) 관광단지

관광단지는 관광산업의 진흥을 촉진하고 국내·외 관광객의 다양한 관광 및 휴양을 위하여 각종 관광시설을 종합적으로 개발하는 관광거점 지역을 말하며, 관광진흥법에 의하여 지정하고 있다.

관광단지의 조성·개발 활성화를 위해 관광단지를 사회간접자본시설에 대한 민간투자법상 사회간접자본시설로 규정하여 민간자본을 유치하고 있으며, 민간 개발자가 관광단지를 개발하는 경우 지방자치단체장과의 협약을 통해 지원이 필요하다고 인정하는 공공시설에 대해 보조금을 지원할 수 있도록 하였으며, 보조금을 지원(2010년)하고 있다.

지역 및 도시의 정책을 추진하기 위해서는 지방자치단체의 의사결정은 중요한 행정이 된다는 인식으로 전환되지 않으면 새로운 관광정책을 기대하기가 어려운 것이 현실이다. 지방자치단체들은 일부 무분별한 관광개발은 향후에 많은 문제점을 양산할 수 있어 기존지역 및 도시의 자연·산업·문화 등과 조화롭게 발전시켜야 나가야 한다는 발상이 요구된다. 따라서 미래지향적인 발전과 관광산업 발전의 축을 동일시하는 기본 전제하에 지역의 역사와 문화를 살리고 자연을 최대한 보전·육성해 나가면서 지역산업과 연계된 관광산업을 발전시키는 것이 필요하다.

경쟁력이 높은 상품과 서비스를 창출하기 위해 과도한 벤치마킹(bench-marking)은 유사한 상품으로 만들어 오히려 상품의 특성을 차별화시키지 못하는 관광여건을 만들어 낼 수 있다. 즉 관광산업의 차별성이 없고 규모가 크다고 성공하는 것은 아니며, 재원확보의 확신도 없이 추진되는 지방자치단체의 관광단지 조성사업은 전시 행정으로 끝나는 경우도 많다. 예측할 수 없는 잠재 관광객을 대상으로 시설 규모를 결정하는 것도 문제지만 성공하지 못했을 때 지방자치단체가 감수해야 할 직·간접적인 피해는 의외로 크다고 할 수 있다. 자연환경의 훼손, 부동산 투기관련 부작용에 따른 사회문제를 비롯하여 지역주민들이 관광에 걸었던 기대가 관광에 대한 부정적인 인식으로 인하여 미래의 관광사업을 추진하는 데도 큰 장애요인이 될 수 있다.

▶ 관광단지

지역	단지명	지정
부산	오시리아(舊동부산)	1
인천	강화 종합리조트	1
광주	어등산	1
울산	강동	1
경기	평택호, 안성 죽산	2
강원	델피노 골프 앤 리조트, 설악 한화리조트, 오크밸리, 신영, 라비에벨(舊무릉도원), 대관령 알펜시아, 용평, 휘닉스 파크, 비발디파크, 웰리 힐리 파크, 더 네이처, 양양 국제공항, 드림 마운틴, 원주 루첸	14
충북	증평 에듀 팜 특구	1
충남	골드 힐 카운티 리조트, 백제문화	2
전북	남원 드래곤	1
전남	고흥 우주 해양 리조트 특구, 화양지구 복합 관광단지, 여수 경도 해양관광단지, 오시아노 관광단지, 대명리조트 관광단지, 여수 챌린지 파크 관광단지	6
경북	감포 해양관광단지, 보문관광단지, 마우나 오션 관광단지, 김천 온천 관광단지, 안동 문화 관광단지, 북경주 웰니스 관광단지	6
경남	구산 해양관광단지, 거제 남부, 웅동 복합레저	3
제주	록인 제주, 성산포 해양, 신화 역사공원, 제주 헬스케어 타운, 제주 중문, 애월국제 문화복합 단지, 프로젝트 ECO, 묘산봉	8
계		47

자료: 문화체육관광부, 2021년 기준 관광동향에 관한 연차보고서, 문화체육관광부, 2022, pp.148-152(2021년 12월 31일 기준)

3) 관광특구

관광특구란 외국인 관광객의 유치 촉진을 위하여 관광시설이 밀집된 지역에 대해 야간 영업시간 제한을 배제하는 등의 활동을 촉진하고자 도입된 제도(1993 년)이다. 관광특구는 '활동과 관련된 관계 법령의 적용이 배제되거나 완화되고, 활동과 관련된 서비스·안내 체계 및 홍보 등의 관광여건을 집중적으로 조성할 필요가 있는 지역으로서 관광진흥법에 의하여 지정된 곳'이라 정의하고 있다.

그러나 외국인 관광객 유치 촉진을 위해 실시하던 관광특구 대상지역의 야간 영업시간 제한 완화 조치가 전국적으로 자율화되면서 관광특구에 대한 실질적 인 지원혜택이 부족하게 됨에 따라 지정 관광특구를 대상으로 관광진흥개발기 금을 지속적으로 지원(2008년)해 오고 있다.

문화체육관광부는 관광진흥법을 개정(2004년)하여 특구 지정 권한을 시·도지사에게 이양하고 특구에 대한 국가 및 지방자치단체의 지원 근거를 마련하였으며, 관광진흥법을 개정(2005년)하여 관광특구 지역 안의 문화·체육시설, 숙박시설 등으로서 관광객 유치를 위하여 특히 필요하다고 인정하는 시설에 대하여 관광진흥개발기금의 보조 또는 융자가 가능하도록 하였으며, 관광특구를 대상으로 관광진흥개발기금을 지속적으로 지원(2008년)해 오고 있다.

▶ 관광특구

지역	특구명	지정수
서울	명동·남대문·북창, 이태원, 동대문 패션타운, 종로·청계, 잠실, 강남, 홍대 문화예술	7
부산	해운대, 용두산·자갈치	2
인천	월미	1
대전	유성	1
경기	동두천, 평택시 송탄, 고양, 수원 화성, 파주 통일동산	5
강원	설악, 대관령	2
충북	수안보 온천, 속리산, 단양	3
충남	아산시 온천, 보령 해수욕장	2
전북	무주 구천동, 정읍 내장산	2
전남	구례, 목포	2
경북	경주시, 백암온천, 문경, 포항 영일만	4
경남	부곡온천, 미륵도	2
제주	제주도	1
계		34

자료: 문화체육관광부, 2021년 기준 관광동향에 관한 연차보고서, 문화체육관광부, 2022, p.153(2021년 12월 31일 기준)

2. 생태·녹지 관광자원

1) 자연공원

자연공원이란 자연생태계와 수려한 자연경관, 문화유적 등을 보호하기 위하여 지정받은 공원을 말하며, 지속적으로 이용할 수 있도록 하여 자연환경의 보전, 국민의 여가와 휴양 및 정서 생활의 향상을 기하기 위하여 지정한 구역으로 국립공원, 도립공원, 군립공원, 지질공원으로 구분하고 있다.

▶ 자연공원

구분	공원명	비고
국립공원	지리산(전남·북, 경남), 경주(경북), 계룡산(충남, 대전), 한려해상(전남, 경남), 설악산(강원), 속리산(충북, 경북), 한라산(제주), 내장산(전남·북), 가야산(경남·북), 덕유산(전북, 경남), 오대산(강원), 주왕산(경북), 태안해안(충남), 다도해상(전남), 북한산(서울, 경기), 치악산(강원), 월악산(충북, 경북), 소백산(충북, 경북), 변산반도(전북), 월출산(전남), 무등산(광주, 전남), 태백산(강원, 경북)	22
도립공원	금오산(경북 구미·칠곡·김천), 남한산성(경기 광주·하남·성남), 모악산(전북 김제·완주·전주), 덕산(충남 예산·서산), 칠갑산(충남 청양), 대둔산(전북 완주, 충남 논산·금산), 마이산(전북 진안), 가지산(울산, 경남 양산·밀양), 조계산(전남 순천), 두륜산(전남 해남), 선운산(전북 고창), 팔공산(대구, 경북 칠곡·군위·경산·영천), 문경새재(경북 문경), 경포(강원 강릉), 청량산(경북 봉화·안동), 연화산(경남 고성), 고복(세종특별자치시), 천관산(전남 장흥), 연인산(경기 가평), 신안갯벌(전남 신안), 무안갯벌(전남 무안), 마라해양(제주도 서귀포시), 성산일출해양(제주도 서귀포시), 서귀포해양(제주도 서귀포시), 추자(제주도 제주시), 우도해양(제주도 제주시), 수리산(경기 안양·안산·군포), 제주 곶자왈(제주도 서귀포시), 벌교 갯벌(전남 보성군), 불갑산(전남 영광군)	30
군립공원	강천산(전북 순창군), 천마산(경기 남양주시), 보경사(경북 포항시), 불영계곡(경북 울진군), 덕구온천(경북 울진군), 상족암(경남 고성군), 호구산(경남 남해군), 고소성(경남 하동군), 봉명산(경남 사천시), 거열산성(경남 거창군), 기백산(경남 함양군), 황매산(경남 합천군), 웅석봉(경남 산청군), 신불산(울산 울주군), 운문산(경북 청도군), 화왕산(경남 창녕군), 구천계곡(경남 거제시), 입곡(경남 함양군), 비슬산(대구 달성군), 장안산(전북 장수군), 빙계계곡(경북 의성군), 아미산(강원 인제군), 명지산(경기 가평군), 방어산(경남 진주시), 대이리(강원 삼척시), 월성계곡(경남 거창군), 병방산(강원 정선군), 장산(부산 해운대구)	28
지질공원	울릉도·독도(경북 울릉군), 제주도(제주 제주시·서귀포시), 부산(7개 자치구: 금정구·영도구·진구·서구·사하구·남구·해운대구), 강원 평화지역(4개군: 화천군·양구군·인제군·고성군), 청송(경북 청송군), 무등산권(광주 2개 자치구: 동구·북구, 전남 2개 군: 화순군·담양군), 한탄강(경기 2개 시·군: 포천시·연천군, 강원도 철원군), 강원 고생대(강원도 4개 시·군: 태백시·영월군·평창군·정선군), 경북 동해안(경북 4개 시·군: 경주시·포항시·영덕군·울진군), 전북 서해안권(전북 2개 군: 고창군·부안군), 백령·대청(인천 옹진군), 진안·무주(전분 진안군·무주군), 단양(충북 단양군)	13

자료: 문화체육관광부, 2021년 기준 관광동향에 관한 연차보고서, 2022, pp.208-214를 참고하여 작성함
(2021년 12월 31일 기준)

국민이나 주민 누구나 자유로이 이용할 수 있으나, 공원의 보전·보호 또는 이용을 증대시키고 합리적인 관리와 운영을 위하여 행위의 제한과 금지, 공원의 시설계획 등을 시행하고 있다.

관광은 물리적인 건설 위주의 개발보다는 우리 주변에 흩어져 있는 의미 있는 곳, 즉 지역의 사회·문화자원을 발굴하고 가치를 극대화함으로써 관광객을 유치할 수 있는 지역으로 전환될 수 있다. 관광 활동의 중심 역할을 할 관광지 조성의 경우에도 지역주민에게는 공원과 녹지로 이용되어야 하며, 관광객에게는

활동의 편익을 도모하는 관광지로 활용되어 지역주민과 관광객이 동화될 수 있도록 조성하고 있다. 지역주민의 사랑을 받는 관광환경을 조성하는 것은 방문객들에게는 의미 있는 공간으로 발전할 가능성이 높은 곳이 된다.

2) 생태 · 경관 보존 사업

생태 · 경관 보전지역은 자연환경보전법에 따라 생태계를 보호 및 보존해야할 필요성이 있는 지역을 지정한 지역으로 그 기준은 다음과 같다.

▶ 생태 · 경관 보존지역

구분		지역명	비고
국가 지정		지리산(전남 구례), 섬진강 수달서식지(전남 구례), 고산봉 붉은 박쥐 서식지(전남 함평), 동강유역(강원 영월 · 평창 · 정선), 왕피천 유역(경북 울진), 소황 사구(충남 보령), 하시동 · 안인사구(강원 강릉), 운문산(경북 청도), 거금도 적대봉(전남 고흥),	9
시 · 도 지정	서울	한강밤섬, 둔촌동(자연습지), 방이동(습지), 탄천(철새 도래지), 진관내동(자연습지), 암사동(하천습지), 고덕동(조류서식), 청계산 원터골, 헌인릉, 남산(소나무), 불암산 삼육대, 창덕궁 후원, 봉산(팥배나무림), 인왕산(자연경관), 성내천(자연하천), 관악산(회양목), 백사실 계곡(생물다양성)	17
	부산	석은덤 계곡(희귀 야생식물), 장산습지	2
	울산	태화강(야생 동식물 서식지)	1
	경기	조종천 상류 명지산 · 청계산	1
	강원	소한 계곡(민물 김 서식지)	1
	전남	광양 백운산(원시 자연림)	1
	경남	거제시(고란초) 서식지	1

자료: 문화체육관광부, 2021년 기준 관광동향에 관한 연차보고서, 2022, pp.215-216을 참고하여 작성(2021년 12월 31일 기준)

① 자연 상태가 원시성을 유지하고 있거나 생물다양성이 풍부하여 보전 및 학술적 연구 가치가 큰 지역 ② 지형 또는 지질이 특이하여 학술적 연구 또는 자연경관의 유지를 위하여 보전이 필요한 지역 ③ 다양한 생태계를 대표할 수 있는 지역 또는 생태계의 표본 지역 ④ 그 밖에 하천 · 산간 계곡 등 자연경관이 수려하여 특별히 보전할 필요가 있는 지역이다.

생태 · 경관 보전지역은 국가가 자연생태 자연경관을 특별히 보전할 필요가 있는 지역을 환경부 장관이 지정하며, 시 · 도지사는 생태계를 보전할 필요가 있다고 인정되는 지역을 생태·경관 보전지역으로 지정하고 있다.

3) 생태·녹색 관광자원

관광객은 여유시간을 활용하여 푸르고 깨끗한 자연공간을 방문하고자 하는 경향이 증가하고 있어 갯벌, 탐조(探鳥), 동굴, 반딧불 등 자연 그대로의 모습을 보고 즐기고자 하는 관광객들의 수요는 날로 늘어나고 있다.

▶ 생태·녹지 관광자원

지역	사업명(시·군)	비고
강원	초곡 촛대바위 해안 녹색 경관 조성(삼척시), 고씨굴 관광 활성화 사업(영월군), 한탄강 생태순환 탐방로 조성(철원군), 명성산 궁예길 관광자원 개발(철원군), 평창올림픽 힐링 체험 파크 조성(평창군), 광천선굴(廣川仙窟) 어드벤처 테마파크 조성(평창군), 잠곡 수채화길 관광자원 개발(철원군)	
충남	생태문화 지구내 자연체험 시설(공주시), 국립생태원 연계 관광명소화(서천군)	
전북	아중호수 생태공원 조성(전주시), 남원 백두대간 생태관광 벨트 조성(남원시)	
전남	힐링 공간 조성사업(순천시), 한재골 생태 문화공원 조성사업(담양군), 간문천(艮文川) 생태탐방로 조성사업(구례군), 섬진강 힐링 생태탐방로 조성사업(구례군), 오산 사성암 고승 순례길 정비 사업(구례군), 나로 우주센터 인근 해안 힐링 트래킹로 조성(고흥군), 세랑제 생태공원 조성(화순군), 구림(鳩林) 생태 문화 경관 조성(영암군), 월출산 둘레길 생태 경관 조성(영암군), 매월(梅月) 생태체험장 조성사업(함평군), 용천사권 관광개발(함평군), 축령산 치유의 숲 가는 길 정비(장성군), 군외 수목원~천동골 생태녹색 관광지 조성(완도군), 소안 이목 해양 생태공원 조성사업(완도군), 생태 탐방로 조성사업(곡성군), 도갑권역 문화공원 조성(영암군), 장성호 생태탐방로 조성(장성군)	
경북	녹색관광 탐방로 조성(경주시)	
경남	대독천(大篤川) 체험 둑방 황톳길 조성(고성군), 갈모봉 체험 체류시설 조성사업(고성군), 독실 생명 환경 체험 체류시설 조성사업(고성군), 대원사 계곡 관광지원 생태탐방로 조성(산청군), 감악산 수변 생태공원 조성(거창군), 지심도 생태관광 명소 조성(거제시)	

자료: 문화체육관광부, 2017년도 관광동향에 관한 연차보고서, 한국문화관광연구원, 2018, p.261을 참고하여 재작성함(2017년 12월 31일 기준)

UN에서는 생태관광의 해로 지정(2002년)하였고, 국내에서도 체계적인 생태·녹색 관광자원의 개발 필요성을 인식하게 되어 생태자원을 최대한 보존하면서 환경친화적인 개발을 통해 생태·녹색관광을 정착시키고자 노력하고 있다.

4) 산림 관광자원

여가 시간의 활용과 보건·휴양에 관한 관심이 증대하면서 다양한 산림휴양에 대한 수요가 급증하게 되었다. 이러한 생태 관광수요를 산림에서 적극적으로

흡수하기 위해 산림 경관이 수려하고 국민이 쉽게 이용할 수 있는 지역에는 자연휴양림을, 도심에서 가깝고 지역주민의 이용 빈도가 높은 지역에는 산림욕장을 조성하고 있다.

산림문화·휴양에 관한 법률에 따라 산림문화·휴양 기본계획을 수립하여 숲 체험을 위한 프로그램을 개발하여 환경이 중요성을 새롭게 하고 산림휴양 정책이 저탄소 녹색성장을 선도하는 사업으로 발전시키게 되었다.

자연휴양림 지역을 선정하여 운영함으로써 산림욕장을 이용하는 이용객들이 증가하게 되었고, 자연관찰로, 탐방로, 간이 체육시설 등 산림욕과 체력단련에 필요한 기본시설을 조성하고 있다.

▶ 자연휴양림

구분		자연휴양림명(지역)	비고
국립	부산	달음산(기장)	1
	인천	무의도(중구)	1
	울산	신불산 폭포(울주)	1
	경기	유명산(가평), 중미산(양평), 산음(양평), 운악산(포천), 아세안(양주)	5
	강원	대관령(강릉), 청태산(횡성), 삼봉(홍천), 미천골(양양), 용대(인제), 가리왕산(정선), 방태산(인제), 복주산(철원), 백운산(원주), 용화산(춘천), 두타산(평창), 검봉산(삼척)	12
	충북	속리산 말티재(보은), 황정산(단양), 상당산성(청주)	3
	충남	오서산(보령), 희리산 해송(서천), 용현(서산)	3
	전북	덕유산(무주), 회문산(순창), 운장산(진안), 변산(부안), 신시도(군산)	5
	전남	천관산(장흥), 방장산(장성), 낙안민속(순천), 진도(진도)	4
	경북	청옥산(봉화), 통고산(울진), 칠보산(영덕), 검마산(영양), 운문산(청도), 대야산(문경)	6
	경남	지리산(함양), 남해 편백(남해), 용지봉(김해)	3
	제주	서귀포(서귀포), 제주절물(제주)	2
공립	대구	비슬산(달성), 화원(달성)	2
	인천	석모도(강화)	1
	대전	만인산(동 하소), 장태산(서 장안)	2
	울산	입하산(중 다운)	1
	경기	축령산(남양주), 용문산(양평), 칼봉산(가평), 용인(용인), 강씨봉(가평), 천보산(포천), 바라산(의왕), 고대산(연천), 서운산(안성), 동두천(동두천)	10
	강원	치악산(원주), 집다리골(춘천), 가리산(홍천), 안인진임해(강릉), 태백고원(태백), 광치(양구), 춘천숲(춘천), 하추(인제), 평창(평창), 망경대산(영월), 송이밸리(양양), 동강전망(정선), 두루웰(철원)	13

구분		자연휴양림명(지역)	비고
공립	충북	박달재(제천), 장령산(옥천), 조령산(괴산), 본황(충주), 계명산(충주), 옥화(청원), 민주지산(영동), 소선암(단양), 수레의산(음성), 문성(충주), 충북알프스(보은), 백야(음성), 생거진천(진천), 성불산(괴산), 보은(보은), 소백산(단양), 옥전(제천)	17
	충남	칠갑산(청양), 만수산(부여), 용봉산(홍성), 안면도(태안), 성주산(보령), 남이(금산), 금강(공주), 연인산(아산), 태학산(천안), 본수산(예산), 양촌(논산), 주미산(공주)	12
	전북	와룡(장수), 세실(임실), 고산(완주), 남원흥부골(남원), 방화동(장수), 무주(무주), 데미샘(진안), 성수산(임실), 향로산(무주)	9
	전남	백아산(화순), 유치(장흥), 제암산(보성), 팔영산(고흥), 백운산(광양), 가학산(해남), 한천(화순), 주작산(강진), 다도해(신안), 순천(순천), 봉황산(여수), 구례산수유(구례), 완도(완도)	13
	경북	청송(청송), 토함산(경주), 불정(문경), 군위장곡(군위), 구수곡(울진), 성주봉(상주), 계명산(안동), 금봉(의성), 송정(칠곡), 옥성(구미), 운주승매(영천), 안동호반(안동), 비학산(포항), 수도산(김천), 미숭산(고령), 홍림산(영양), 독용산성(성주), 팔공산(칠곡), 문수산(봉화), 보현산(영천)	20
	경남	용추(함안), 거제(거제), 금원산(거창), 오도산(합천), 대운산(양산), 산삼(함양), 대봉산(함양), 한방(산청), 화왕산(창녕), 구재봉(하동), 하동 편백(하동), 사천 케이블카(사천), 거창 향노화 힐링센터(거창)	13
	제주	교래(제주), 붉은오름(서귀포)	2
사립	대구	포레스트12(달성)	1
	인천	숲속의 향기(강화)	1
	울산	간월(울주)	1
	경기	청평(가평), 설매재(양평), 국망봉(포천)	3
	강원	둔내(횡성), 두릉산(홍천), 주천강변(횡성), 횡성(횡성), 피노키오(원주), 산척활기(삼척)	6
	충북	동보원(청주)	1
	충남	대둔산 자연(금산), 서대산약용(금산), 심천치유(금산)	3
	전북	남원(남원)	1
	전남	무등산 편백(화순), 느랭이골(광양)	2
	경북	학가산 우래(예천), 세아(칠곡)	2
	경남	원동(양산), 지리산 마더힐(산청), 덕원(하동)	3

자료: 문화체육관광부, 2021년도 관광동향에 관한 연차보고서, 2022, pp.232-236을 참고하여 작성함(2021년 12월 31일 기준)

5) 어촌 관광자원

어촌(漁村)은 대부분 해양의 연안과 도서에 위치하고 있으며, 집촌(集村)의 형태를 취하는 경우가 많다. 쾌적한 연안환경의 조성을 목적으로 연안지역에 대한 조성사업을 추진하고 있으며, 연안 정비는 해안접근로 정비, 해수관로 정비 및 친수 연안 조성사업을 시행하였다. 또한 생태적 가치가 뛰어난 연안습지 및 해양 생태계에 대한 관광자원화를 위한 사업이다.

도시민의 관광·레저 수요가 증가하고 있으며, 자연경관이 수려하고 부존자원의 활용 효과가 기대되는 어촌지역으로 유치하여 국민정서의 함양은 물론 어촌의 유휴 노동력을 대상으로 고용기회를 창출하는 등 어업 이외 소득 증대를 도모하기 위해 전국 연안에 접하고 있는 시·군·구를 대상으로 어촌 관광개발 사업을 추진하고 있다.

▶ 어촌 체험마을

지역	시·군(마을명)	비고
부산	영도구(동삼), 강서구(대항), 기장군(공수)	3
인천	중구(큰무리, 포내, 마시안), 서구(세어도), 옹진군(이작, 선재, 영암)	7
울산	동구(주전), 북구(우가)	2
경기	안산시(선감, 종현, 풍도, 흘곶), 시흥시(오이도), 화성시(제부리, 백미리, 궁평리, 전곡리)	9
강원	강릉시(심곡, 소돌), 속초시(장사), 삼척시(장호, 갈남, 궁촌), 양구군(진목), 고성군(오호, 거닌), 양양군(남애, 수산)	11
충남	보령시(무창포, 장고도, 삽시도, 군헌), 서산시(중리, 대야도, 웅도, 왕산), 당진시(교로 왜목), 서천군(월하성), 태안군(만대, 대야도, 용신, 병술만),	14
전북	군산시(선유도, 신시도), 고창군(하전, 만돌, 장호)	5
전남	여수시(외동, 안도, 적금, 개도, 낭만낭도, 백야), 순천시(거차), 고흥군(풍류, 연홍도), 장흥군(신리, 사금, 수문), 강진군(하저, 서중, 백사), 해남군(사구, 오산, 산소), 무안군(송계), 함평군(돌머리), 영광군(창우), 완도군(북고, 도락, 보옥), 진도군(죽림, 점도, 초평해오름), 신안군(둔장)	28
경북	포항시(창바우), 경주시(연동), 울진군(거일1리, 나곡1리, 구산, 기성, 해빛뜰)	7
경남	창원시(고현, 거북이 행복, 주도), 통영시(유동, 연명, 궁항, 예곡), 사천시(다맥, 비토), 거제시(도장포, 계도, 쌍근, 산달도, 탑포), 고성군(동화, 룡대미), 남해군(지족, 문항, 냉천, 은점, 유포, 항도, 이어, 설리, 전도), 하동군(대도)	26
제주	제주시(하도, 구엄), 서귀포시(위미 1리, 강정, 사계, 법환)	6

자료: 문화체육관광부, 2021년 기준 관광동향에 관한 연차보고서, 2022, pp.224-227를 참고하여 작성함
(2021년 12월 31일 기준)

6) 안보 관광지

안보 관광지는 6·25 전적지와 민통선 일대에 잘 보전된 자연경관 및 전적지를 관광자원으로 개발·활용함으로써 전후 세대에게는 올바른 역사에 대한 의식을 함양하는 장으로 활용하고, 우리나라를 방문하는 외국인 관광객에게는 특색 있는 관광 경험을 제공하는 데 목적이 있다.

정부에서는 그동안 통상적으로 제공해 왔던 전망 위주의 안보 관광에서 전망대 부근의 철책 일부를 직접 답사하게 하는 체험식 관람이 방문객들에게 좋은 반응을 보여주고 있다.

지방자치단체에서는 최근 안보 관광지 개발을 위한 각종 사업을 추진하고 있으며, 기존 군 지역의 전망대를 평화·생태관광의 세계적 랜드마크로 활용한다는 목적으로 인식이 변화되고 있다.

또한 지방자치단체에서는 민통선의 안보 관광지를 활용한 마라톤 대회, MTB (mountain bike) 대회, 겨울 얼음 낚시대회, 철인 3종 경기 등을 개최하여 관광객들을 유치하고 있으나 천연기념물로 지정된 조수(鳥獸)류의 활동 지역까지 개방함으로써 지역 환경단체들의 반발을 사고 있기도 하다. 정부(문화재청)에서는 비무장지대 및 그 주변을 세계자연유산으로 등재하려는 정책도 추진하고 있다.

▶ 안보 관광지

구분	관광지명	비고
육군	도라 전망대, 제3땅굴, DMZ 평화의 길(파주노선), JSA, 오두산 전망대, 상승 전망대, 1·21 침투로, 승전 전망대, 임진강 평화 습지원, 두루미 관찰대, 연강 갤러리, 태풍 전망대, 백마고지 전적비, 열쇠 전망대, DMZ 평화의 길(철원노선), 제2땅굴, 월정리역, 평화전망대, 두루미 전시관, 백골전망대, DMZ 생태평화공원, 승리 전망대, 칠성 전망대, 제4땅굴, 두타연, 을지 전망대, 통일 전망대, DMZ 박물관, 금강산 전망대, DMZ 평화의 길(고성노선), 육군박물관, 국립전사 박물관	32
해군/해병대	해군사관학교, 평택 안보공원, 애기봉 전망대, 강화도 평화 전망대, 백령도 OP, 연평도 포격진 전승기념관, 포항 역사관	7
공군	공군사관학교, 철매역사관	2

자료: 문화체육관광부, 2021년 기준 관광 동향에 관한 연차보고서, 2022, pp.240-241을 참고하여 작성함 (2021년 12월 31일 기준)

3. 문화관광 사업

1) 문화관광 축제

관광의 경쟁력은 차별화에서 시작된다. 한 고장의 개발 잠재력은 그 지역의 자연 자원을 비롯하여 지역주민의 삶의 흔적을 고스란히 간직하고 있는 역사·문화자원에 있으며, 이 같은 자원을 활용할 수 있는 사업이 바로 관광이다.

▶ 문화관광 축제 현황

지역	축제명			
	2020~2021년	2024~2025년(문화관광축제 및 예비축제 목록)		
		문화관광축제	명예문화관광축제	예비축제
서울				관악 강감찬축제
부산	광안리 어방 축제	광안리 어방 축제		동래읍성 역사축제, 부산 국제 록 페스티벌
대구	대구 약령시 한방 문화축제, 대구 치맥 페스티벌	대구 치맥 페스티벌		대구 약령시 한방 문화축제
인천	인천 펜타포트 음악축제	인천 펜타포트 음악축제, 부평 풍물대축제		소래포구 축제
광주	추억의 충장 축제(동구)		추억의 충장 축제(동구)	광주 김치축제
대전				대전 효문화 뿌리축제
울산	울산 옹기 축제(울주군)	울산 옹기 축제(울주군)		태화강 마두희 축제
세종				세종 축제
경기	수원 화성 문화제(수원), 시흥 갯골 축제(시흥), 안성맞춤 남사당 바우덕이 축제(안성), 여주 오곡나루축제(여주), 연천 구석기 축제(연천)	수원 화성 문화제(수원), 시흥 갯골 축제(시흥), 안성 맞춤 남사당 바우덕이 축제(안성), 고령 대가야 축제(고령), 연천 구석기 축제(연천), 화성 뱃놀이 축제(화성)		여주 오곡나루축제(여주), 부천국제만화축제(부천)
강원	강릉 커피 축제(강릉), 원주 다이내믹 댄싱 카니발(원주), 정선 아리랑제(정선), 춘천 마임 축제(춘천), 평창 송어축제(평창), 평창 효석 문화제(평창), 횡성 한우축제(횡성)	강릉 커피 축제(강릉), 정선 아리랑제(정선), 평창 송어축제(평창)	화천 산천어 축제(화천), 평창 효석 문화제(평창), 춘천 마임 축제(춘천)	한탄강 얼음 트레킹 축제
충북	음성 품바 축제(음성)	음성 품바 축제(음성)	영동 난계국악 축제(영동)	괴산 고추축제(괴산)
충남	해미읍성 역사 체험 축제(서산), 한산 모시문화제(한산)	한산 모시문화제(한산)	보령 머드축제(보령), 천안 흥타령 축제(천안), 금산 인삼축제(금산)	서산 해미읍성 축제(서산), 논산 딸기 축제(논산)
전북	순창 장류 축제(순창), 임실N 치즈 축제(임실), 진안 홍삼축제(진안)	순창 장류 축제(순창), 임실N 치즈 축제(임실), 진안 홍삼축제(진안)	김제 지평선축제(김제), 무주 반딧불 축제(무주)	장수 한우랑 사과랑 축제(장수)
전남	담양 대나무 축제(담양), 보성 다향 대축제(보성), 영암 왕인 문화축제(영암), 정남진 장흥 물 축제(장흥)	보성 다향 대축제(보성), 영암 왕인 문화축제(영암), 정남진 장흥 물 축제(장흥), 목포항구 축제(목포)	진도 신비의 바닷길 축제(진도), 함평 나비축제(함평), 담양 대나무 축제(담양)	곡성 세계 장미축제(곡성)
경북	봉화 은어축제(봉화), 청송 사과축제(청송), 포항 국제 불빛 축제(포항)	포항 국제 불빛 축제(포항), 고령 대가야 축제(고령)	안동 탈춤 축제(안동), 문경 찻사발 축제(문경), 영주 풍기인삼축제(영주)	청송 사과 축제(청송)
경남	밀양 아리랑 대축제(밀양), 산청 한방약초 축제(산청), 통영 한산대첩 축제(통영)	밀양 아리랑 대축제(밀양)	진주 유등축제(진주), 산청 한방 약초축제(산청), 하동 야생차 문화축제(하동), 통영 한산대첩 축제(통영)	김해 분청도자기축제(김해)
제주	제주 들불 축제			탐라문화제

자료: 문화체육관광부, 여행신문(2020.01.02), 트레블 데일리(2024.05.02)를 참조하여 작성함

다른 지역과의 차별화는 그 지역만이 가지고 있는 특색에서 발굴되어야 한다. 일부 지방자치단체와 관련 기업들이 독특한 발상의 전환을 통해서 성공을 거두는 사례가 많아지고 있으며, 다른 지역과 차별화된 자원이나 문화적 특성을 고려한 이벤트 사업은 단순한 관광의 수익뿐만 아니라 그 고장의 농산물이나 특산물의 판매량을 증가시켜 지역경제에 큰 도움을 주고 있다.

농촌·어촌·산촌의 생활들이 도시민들에게는 새로운 체험 대상으로 부각되고, 접근하기 어려웠던 지역이 관광과 휴양의 가치로 재조명되면서 지역발전에 있어서 관광의 역할이 중요시되고 있으며, 발전하고 있다.

지방화 시대의 정책수행에서 가장 중요한 핵심적인 요소는 개성과 참여이다. 지방 고유의 개성을 구현하는 관광개발은 소비자들의 새로운 관광 욕구를 만족시켜 줄 수 있으며, 주체성(identity) 확립 및 애향심 고취에도 중요하게 작용할 것이다. 또한 지역 특성을 살린 관광지 조성은 지역주민의 참여를 통해서 가장 효과적으로 반영할 수 있으며, 지역주민의 경제적 이익 및 관광을 활용한 환경을 보호하는 측면에서도 중요하다.

2) 문화관광 프로그램

지방자치시대에 있어서 관광이란 먼저 지역민이 자기 지역 문화에 의미를 부여하고 사랑할 수 있는 여건을 조성하는 데 있으며, 이러한 관광지는 인공적으로 만들어지는 자원이 아니라 우선적으로 기존의 자원을 잘 가꾸는 것이라 할 수 있다.

관광객들은 다른 지방에서는 볼 수 없는 그 지역만의 토속적인 것에 대한 관심이 증가하고 있으며, 국적과 의미가 불투명한 물리적인 편익시설 중심으로 제공한다면 그 지역에 살고 있는 주민에게까지도 의미 없는 장소로 인식될 수밖에 없다.

문화관광 프로그램은 전국 각 지역의 관광과 연계한 공연예술을 상설 관광상품으로 개발하여 국내·외 관광객에게 다양한 볼거리 및 즐길 거리를 제공하고, 이를 관광상품화하여 외국인 관광객 유치 확대 및 관광목적지 다변화를 위해 추진하고 있다. 문화관광 축제가 일주일 정도의 단기간 동안 관광객을 집중적으로 유치하기 위한 것이라면 상설프로그램은 관광객이 장소에 도착해서 공연을 볼 수 있도록 한다는 점에서 문화관광 축제와 상호보완적인 상품이라고 할 수 있다.

▶ 문화관광 프로그램

지역	프로그램	주최	기간 및 장소
부산	토요상설 전통 민속놀이마당	부산시	• 4~11월(7, 8월은 제외)/매주 토요일 • 용두산 공원 야외무대 및 광장
대구	옛 골목은 살아있다	대구시	• 5~6월/9~10월 매주 토요일 • 중구 계산동 이상화 · 서상돈 고택 일원
울산	태화루 누각 상설공연 및 전통 문화놀이 체험	울산시	• 4~5월/9~10월 토요일 • 태화루 누각 및 태화 마당
경기	화성행궁 상설한마당	수원시	• 4~10월/매주 토, 일요일 • 수원 화성 행궁
	안성 남사당놀이 상설공연	안성시	• 3~11월(71회)/매주 토, 일요일 • 안성 남사당 전용공연장
강원	정선 아리랑극	정선군	• 4~11월 • 아리랑센터 야외공연장
충북	난계 국악단 상설공연	영동군	• 1~12월/매주 토요일 • 영동 국악체험촌 우리 소리관 공연장 등
충남	국악 가, 무, 악, 극	부여시	• 3~10월/매주 토요일 • 국악의 전당 등
	웅진성 수문병 근무교대식	공주시	• 4~10월(6~8월 제외)/매주 토, 일요일 • 공주시 공산성 금서루 일원
전북	신관사또 부임행사	남원시	• 4~10월 매주 토, 일요일 • 광한루원 · 남원루
	상설 문화관광프로그램 "필봉 GOOD! 보러 가세"	임실군	• 4~8월/목, 금요일 • 임실필봉농악 전수교육관 야외공연장 및 실내공연장
전남	진도 토요민속여행	진도군	• 3~11월/매주 토요일 • 진도 향토문화회관
경북	하회 별신굿 탈놀이 상설공연	안동시	• 1~12월/기간별 상영 요일 상이 • 하회마을 하회 별신굿 탈놀이 전수 교육관
경남	무형문화재 토요상설공연	진주시	• 4~11월/매주 토요일 • 진주성 야외공연장 등
	화개장터 최참판댁 주말 문화공연	하동군	• 3~11월/매주 토, 일요일 • 화개장터, 최참판댁 행랑채

자료: 문화체육관광부, 2018년도 관광동향에 관한 연차보고서, 2019, p.232을 참고하여 작성함(2018년 12월 31일 기준)

4. 여행상품 개발 사업

1) 테마 여행

내국인과 인바운드(in-bound) 관광의 대부분은 서울과 수도권 위주의 관광에 집중되어 있다. 관광객이 집중되고 있는 만큼 안내, 숙박 등 관광 인프라도 집중될 수밖에 없으며, 우리나라의 각 지역에 매력적인 관광지로 충분히 발전할 수 있는 곳들이 많음에도 불구하고 홍보와 투자 부족 등으로 활용되지 못하는 경우가 많다.

대부분의 지역 및 도시는 일부를 제외하고는 낮은 인지도를 갖고 있기 때문이며, 경쟁력 확보를 위해서는 차별화를 위한 브랜드를 개발하여 인지도를 높이고 수요시장 내에서 잠재 방문객을 유인하는 것이 매우 중요하다고 하겠다.

지역관광 브랜드는 지역 및 도시가 가지는 다양한 기능, 시설, 서비스 등에 의해 다른 지역 및 도시와 구별되는 상태이다. 관광에서의 홍보는 많은 관광객을 유인하고 그로 인한 사회·문화적 효과를 거두기 위한 노력으로 특히 경제적 실익을 추구하는 과정에서 가장 효과적인 수단이 될 수 있다.

지방자치단체가 다양한 관광자원과 인프라를 갖고 있는 지역 및 도시와 경쟁하기 위해서 타 지역의 관광지와 협업·연계하여 시너지(synergy) 효과를 내는 방안이 필요하다. 그동안의 관광에 대한 지원은 중앙정부와 지방자치단체가 주로 개별 지방자치단체와 개별 관광지 위주로 진행되어 왔으며, 관광지에 대한 홍보도 각 지방자치단체별로 진행함으로써 시너지(synergy) 효과를 낼 수 있는 기회를 충분히 살리지 못해 왔다.

▶ 테마여행(10선) 사업

권역	권역명칭	지방자치단체	비고
1	평화역사 이야기여행	인천, 파주, 수원, 화성	
2	드라마 틱 강원여행	평창, 강릉, 속초, 정선	
3	선비 이야기 여행	대구, 안동, 영주, 문경	
4	남쪽 빛 감성여행	부산, 거제, 통영, 남해	
5	해돋이 역사기행	울산, 포항, 경주	
6	남도 바닷길	여수, 순천, 보성, 광양	
7	시간여행 101	전주, 군산, 부안, 고창	
8	남도 맛 기행	광주, 목포, 담양, 나주	
9	위대한 금강 역사여행	대전, 공주, 부여, 익산	
10	중부내륙 힐링 여행	단양, 제천, 충주, 영월	

자료: 문화체육관광부, 2021년 기준 관광동향에 관한 연차보고서, 2022, p.196을 참고하여 작성함

따라서 정부에서는 내·외국인이 다시 찾는 분산형·체류형 선진관광지 육성
을 위하여 권역을 설정하고 지방자치단체의 관광명소를 중심으로 부족한 사항
에 대한 종합적인 개선을 지원하고 지역 및 관광명소 간 연계 구축을 하는 '대한
민국 테마여행' 사업을 추진(2017년)하게 되었다.

2) 걷기 여행길

걷기 여행길 사업은 길 자원을 중심으로 지역의 역사·문화, 자연·생태자원
을 체험할 수 있도록 조성 및 관리하고 이를 관광 콘텐츠(contents)화하는 사업으
로 다양하게 분포된 관광자원을 네트워크화하며 도보 관광 수요 증가에 따른 여
행문화 창출에 기여하고자 하는 사업이다.

걷기 여행길 사업(2016년)은 정비와 관리 및 활성화 사업을 분리하였으며, 정비
사업은 지방의 특별회계로 이관하고, 사업의 중심축은 걷기 여행길 관리 및 활
성화에 중점을 두게 되었다.

걷기 여행길 사업의 일환으로 해파랑길을 개통하여 전국 걷기 축제를 개최하
였으며, 걷기·자전거 복합 체류형 프로그램도 개발·운영하고, 청소년 문화학
교를 운영하는 등 내국인은 물론 외국인 관광객도 유치하게 되었다.

특히 걷기여행 수요 증가에 부응하여 동·서·남해안 및 비무장(DMZ) 지역의
기존의 길들을 연결하여 장거리 걷기 여행길 네트워크를 구축(2016년)하여 관광
콘텐츠화를 하고 이를 통해 지역경제를 활성화하기 위해 코리아 둘레길(가칭) 사
업 계획이 발표되었다.

코리아 둘레길 사업을 시범사업으로 추진(2017년)하면서, 민간 주도 및 지역 중
심의 기본 방향을 수립하고, 남해안(부산-순천)의 걷기 여행길과 주변 문화·역
사·관광자원을 조사하여 다양한 문화예술 자원과의 만남을 주요 테마로 하는
코스를 설정하였다.

걷기 여행길 사업이 지속 가능하면서도 효율적인 관리 및 운영방안을 마련하
기 위해서 전국의 걷기 여행길 실태 조사를 실시하여 민·관이 협력하는 관리·
운영모델을 도출하여 활성화하고자 하고 있다.

▶ 걷기 여행길

구분	탐방로명	지역
걷기 여행길 활성화 (프로그램, 공모)	절영해안 누리길	부산광역시 영도구
	해파랑길 7코스	울산광역시 본청
	강동 사랑길	울산광역시 북구
	학성 역사체험 탐방로	울산광역시 중구
	금강산 가는 옛길	강원도 양구군
	봄내 길	강원도 춘천시
	화천 산소길	강원도 화천시
	호반나들이길	경상북도 안동시
	호미반도 해안둘레길	경상북도 포항시
	회남재 숲길	경상남도 하동군
인프라 구축(관광기금, 지정)	옥천 장계관광단지 탐방로	충청북도 옥천군
탐방로 안내 체계 구축 (지역 특별회계, 관광자원개발-생활 계정)	이야기가 있는 강화 나들길 명품코스 개발 사업	인천광역시 강화군
	해파랑길 탐방로 안내체계 구축	울산광역시 동구
	모락산 둘레길 정비	경기도 의왕시
	임진강변 생태탐방로 정비	경기도 파주시
	횡성호수길 안내체계 구축	강원도 횡성군
	단종대왕 유배길 안내체계 구축	강원도 영월군
	소이산 생태숲 녹색길	강원도 철원군
	구불길 정비	전라북도 군산시
	영산강, 강변문학길 조성	전라남도 함평군
	올레탐방로 정비	제주자치도 제주시, 서귀포시
	호수공원 숲속산책길 정비	세종특별자치시 본청

자료: 문화체육관광부, 2017년도 관광동향에 관한 연차보고서, 한국문화관광연구원, 2018, p.264를 참고
하여 작성함(2017년 12월 31일 기준)

5. 관광산업 지원

1) 관광객 유치 지원

지방자치시대에는 지역경제를 활성화하기 위한 정책개발은 지방자치단체의
최대 숙원사업이다. 관광목적지의 홍보나 마케팅을 언급하면서 전략적 수행 방법
이 수반되지 않는 정책은 효율성을 떨어뜨리는 출발점이며, 국가나 도시별로 이

루어지는 목적지에 대한 마케팅·홍보 노력을 바탕으로 로케이션 브랜딩(location branding)은 중요한 전략이다.

지방자치단체의 경쟁력은 지역 이미지 향상을 통한 상호교류의 증진에서 비롯되며, 이미지 광고를 비롯한 홍보활동이나 각종 이벤트를 개최하여 지역 알리기에 매진하는 것도 결국 상호 교류를 증진시키기 위한 의도라고 볼 수 있다.

경쟁력이란 교류 빈도에 의해 평가되는 인적교류나 문화교류의 폭이 확대되면서 신뢰도가 형성되고 높아지면서 투자와 경제교류까지 활발해질 수 있기 때문이다.

관광행위는 관광자원의 유인력과 관광마케팅이라는 활동이 종합적으로 나타나는 현상으로 전략적이고 통합적인 활동이 필요하다.

관광의 이미지가 정립되었다면 자원의 매력성을 효과적으로 전달하고 관광객을 유인하는 것이 필요하며, 유인하는 것으로 만족할 것이 아니라 여행 수요자가 믿고 이용할 수 있도록 관광상품의 품질을 유지·관리하는 것도 지역 관광이미지 정립에 있어서 중요한 역할을 한다.

관광을 효율적으로 발전시키고 내·외국인들의 지역에 유치함으로써 소비를 촉진하고 지역경제를 활성화시키기 위하여 지방자치단체는 인센티브 제도를 도입하여 지원하고 있다.

▶ 인센티브 지원 사례

지역	지자체	지원내용	지원금액	신청기간
서울	마포구	외국인 단체관광객 유치	3천만 원	1월 1일~12월 31일
부산	부산광역시	외국인 관광객 유치	9억 원	1월 1일~12월 06일
	부산진구	단체관광객 유치	1천만 원	1월 1일~12월 31일
대구	대구광역시	외국인 단체관광객 유치	2억 9천만 원	1월 1일~12월 31일
	수성구	단체관광객 유치 여행사	1억 5천만 원	1월 1일~12월 31일
인천	인천광역시	단체관광객 유치 여행사	3억 원	1월 1일~12월 31일
		단체관광객 유치 여행사	1억 5천만 원	6월 1일~12월 31일
	중구	단체관광객 유치 여행사	1천만 원	9월 10일~12월 31일
		외국인 단체관광객 유치	2천만 원	1월 1일~12월 31일

지역	지자체	지원내용	지원금액	신청기간
광주	광주광역시	외국인 단체관광객 유치	1억 5천만 원	1월 1일~12월 31일
	북구	단체관광객 유치 여행사	1천만 원	1월 1일~12월 31일
울산	울산광역시	단체관광객 유치 여행사	6억 원	1월 1일~12월 31일
	중구	단체관광객 유치 여행사	1천만 원	1월 1일~12월 31일
대전	대전광역시	단체관광객 유치 여행사	4천만 원	6월 1일~12월 31일
경기	수원시	외국인 단체관광객 유치	5천만 원	1월 1일~12월 31일
	화성시	국내외 단체관광객 유치	200만 원	1월 18일~12월 31일
강원	강원도	외국인 관광객 유치 상품 지원		2월 22일~12월 31일
	홍천군	단체관광객 유치	1천만 원	1월 1일~12월 31일
	강릉시	외국인 단체관광객 유치	1억 원	1월 1일~12월 31일
	삼척시	단체관광객 유치 여행사	5천만 원	1월 1일~12월 31일
	고성군	단체관광객 유치 여행사	1천만 원	1월 1일~12월 31일
충청북도	충청북도	단체관광객 유치 여행사	6억 원	1월 1일~12월 20일
	충청북도	MICE 개최 지원	2천만 원	2월 22일~12월 20일
	충주시	단체관광객 유치 여행사	3천만 원	1월 1일~12월 20일
	제천시	단체관광객 유치 여행사	7천만 원	1월 1일~12월 20일
충청남도	충청남도	외국인 단체관광객 유치	1억 5천만 원	1월 1일~12월 31일
	충청남도	국내 단체관광객 유치 여행사	5천만 원	8월 12일~12월 20일
	청양군	단체관광객 유치 여행사	2천만 원	1월 1일~12월 31일
전라북도	고창군	단체관광객 유치 여행사	1천만 원	1월 1일~12월 31일
	익산시	단체관광객 유치 여행사	2천만 원	2월 20일~12월 10일
	전주시	단체관광객 유치 여행사	4천만 원	8월 05일~11월 30일
전라남도	전라남도	단체관광객 유치 여행사	9억 7천2백만 원	1월 1일~12월 15일
	구례군	단체관광객 유치 여행사	4천만 원	1월 1일~12월 31일
	목포시	단체관광객 유치 여행사	1억 8천만 원	1월 1일~12월 31일
	완도군	단체관광객 유치 여행사	2억 3천만 원	1월 1일~12월 31일
	광양시	단체관광객 유치 여행사	1억 원	1월 1일~12월 31일
	무안군	단체관광객 유치 여행사	3천만 원	2월 1일~12월 10일
	곡성군	단체관광객 유치 여행사	800만 원	3월 1일~12월 31일
	여수시	사후 면세점 관광활성화 장려금	1천만 원	1월 30일~12월 31일
	장성군	단체관광객 유치 여행사	2천만 원	6월 1일~12월 31일
	완도군	단체관광객 유치 여행사	1억 원	9월 1일~12월 31일

지역	지자체	지원내용	지원금액	신청기간
경상북도	경상북도	단체관광객 유치 여행사	5억 원	1월 1일~12월 31일
	울진군	외국인 단체관광객 유치	8천만 원	1월 1일~12월 31일
	포항시	겨울철 단체관광객 유치	5천만 원	1월 1일~12월 31일
	영천시	단체관광객 유치 여행사	1천만 원	1월 1일~12월 31일
	경주시	단체관광객 유치 여행사	1억 5천만 원	1월 1일~12월 31일
	울주군	단체관광객 유치 여행사	5천만 원	1월 1일~12월 31일
	의성군	단체관광객 유치 여행사	4천만 원	1월 1일~11월 30일
	울주군	단체관광객 유치	5천만 원	7월 18일~12월 31일
경상남도	경상남도	단체관광객 유치 여행사	8천만 원	1월 1일~12월 20일
	통영시	단체관광객 유치 여행사	6천만 원	1월 1일~12월 31일
	창원시	단체관광객 유치 여행사	1억 원	1월 1일~12월 31일
	사천시	단체관광객 유치 여행사	2억 원	1월 1일~12월 31일
	김해시	단체관광객 유치 여행사	6천만 원	1월 1일~12월 20일
경기	농어촌공사	외국인 농촌여행상품 지원		3월 4일~12월 15일
		농촌여행상품(내국인) 운영지원		3월 4일~11월 30일
강원	원주공항	공항 이용객 인센티브 지원	1억 원	3월 5일~12월 31일

주: 전국적인 지방자치단체의 정보는 아님(2019년 기준임)
자료: 한국여행업협회(KATA)의 자료를 참고하여 작성함

2) 관광두레 사업

정부에서는 지방자치단체의 관광환경을 조성하고 관광 활성화를 도모하기 위하여 주민·사업자·지방자치단체가 관광 활성화의 주도적 역할을 담당할 수 있는 여건을 조성하기 위하여 지역협의공동체(LTB: Local Tourism Board)를 구성하여 지역관광의 주체로서 그 역할을 수행할 수 있도록 하고 있다.

지방자치단체는 주민들이 자율적으로 관광 잠재력을 극대화하는 캠페인을 전개하고, 지역 공동협의체 간 네트워크를 조성하고 우수한 협의체에 인센티브(incentive)를 부여하는 등 자율적인 참여를 유도하여 협의체가 수립한 관광육성 계획 또는 사업의 타당성을 검토하여 개발·홍보비용을 지원한다는 계획이다.

관광두레 사업은 중앙과 지방 간의 조직적인 네트워크를 구축하는 것도 중요하지만 주민공동체 간 네트워크를 통해 공동체 의식을 함양하고 지역관광을 활

성화하는 데 주요 목적이 있다. 사업을 경영하는 관광두레 주민공동체 조직을 활성화하기 위해서는 주민공동체 조직 자체에 대한 사업지원보다는 이를 육성하는 지원조직에 대한 정책이 중요하다고 제시하고 있다.

▶ 관광두레 네트워크

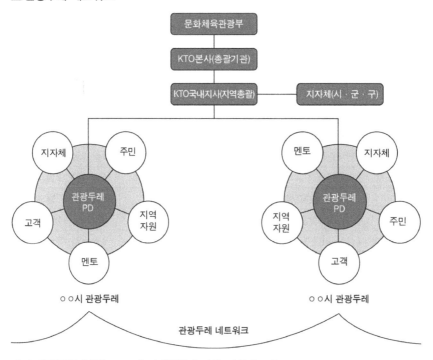

자료: 문화체육관광부, 2021년 관광동향에 관한 연차보고서, 2022, p.291

 지방자치단체의 관광객 유치를 위하여 시작한 관광두레 사업(2013년)은 지역주민들이 공동체를 기반으로 지역을 방문하는 관광객을 대상으로 숙박과 식음(食飲), 여행 알선, 운송, 오락과 휴양과 같은 비즈니스를 경영하는 사업체를 지원하고 발전하도록 하는 것이며, 주민공동체가 경영하는 사업체들의 네트워크를 형성하도록 해서 경쟁력과 지속 성장을 도모하기 위한 정책이다.

참고문헌

김성진, 관광두레사업의 추진체계 개선 방안 연구, 한국문화관광연구원, 2014.

김용근, 지역발전에 있어서 관광의 역할, 한국문화관광연구원, 2007.

김현주, 관광 커뮤니티 비즈니스(TCB) 운영체제, 한국문화관광연구원, 2011.

서태성, 국토계획에 있어서 관광의 역할과 과제, 한국문화관광연구원, 2007.

이태희, 외래 관광객 유치를 위한 홍보/마케팅의 효율성 확보방안, 한국문화관광연구원, 2007.

기획재정부, 성장동력 확충과 서비스수지 개선을 위한 서비스산업 선진화 방안, 2008.

문화체육관광부, 2021년도 관광동향에 관한 연차보고서, 2022.

문화체육관광부, 2020년도 관광동향에 관한 연차보고서, 2021.

문화체육관광부, 2018년도 관광동향에 관한 연차보고서, 2019.

문화체육관광부, 2017년도 관광동향에 관한 연차보고서, 2018.

한국관광공사, 지방화 시대의 관광정책, 1992.

한국문화관광연구원, 지방도시 발전에 있어서 관광의 역할 정립 방안, 2008.

한국여행업협회(KATA), 인센티브 지원사례, 2019.

CHAPTER

경영관리와
정보시스템

제1절 | 경영관리 의의와 과정

1. 경영관리의 의의

경영(經營)이라는 용어는 동양에서 2500년 전부터 사용했다는 견해가 있으며, 경(經)은 계획(plan)하고, 영(營)은 실행(operation)한다는 의미이다. 목표를 세우고 계획하여 다양한 방법으로 실행에 옮긴다는 것이며, 기업의 경우 매출액과 목표를 세우고, 그 목표를 달성하기 위하여 다양한 방법을 모색하여 그 방법을 실천에 옮긴다는 의미로 정의하고 있다.

기업은 사회에서 경영활동을 수행하는 중요한 산업으로 다른 산업과 마찬가지로 이윤을 추구하는 기업으로 목적을 달성하기 위하여 일련의 활동을 통하여 목표를 달성하게 된다. 즉 기업의 경영활동 또는 경영행위란 개방적인 시스템으로 조직이 변화하는 것이며, 기업 내·외부의 환경 시스템 내에서 기업 목표를 달성하기 위한 다각적인 노력을 하는 활동이라고 할 수 있다.

현대사회에서는 정보화가 진행되면서 새로운 자원을 필요로 하게 되었다. 사람·자본·정보·전략 등이 중요한 경영자원으로 등장하게 되었다. 즉 이를 효과적으로 관리하고 추진하기 위한 다양한 경영관리 활동이 요구되고 있다. 종래의 관광사업은 서비스 산업으로서 인적 의존도가 높은 산업이었다. 그러나 경쟁

관계가 치열해지고 있으며, 사회 환경의 급속한 변화 등 기업환경이 급변하고 있어 이에 대처하고 기업의 목표를 달성하기 위해서는 실천하는 방법이 무엇인지를 결정해야 하는 것이 중요한 관건이 되고 있다.

기업을 경영하는 과정에서 경영관리의 각 기능에 대한 관리가 서로 적절한 관련성이 있어야 종합적인 효과를 가져오게 되며, 기업경영 목표를 달성할 수 있을 것이다. 경영자가 의사결정을 어떻게 정확·신속하게 하느냐가 오늘날 기업의 경쟁 우위를 통한 고부가가치 창출, 즉 기업의 이윤으로서 나타난다고 하겠다.

2. 경영관리의 과정

경영활동의 순환은 계획, 조직화, 충원, 지시 및 통제 등으로 이루어지는 경영과정을 통해서 나타나며, 이러한 일련의 과정을 통하여 기업에서의 경영활동이 시작된다. 가장 중요한 활동은 각 단계마다의 정확하고 신속한 의사결정이라 하겠다. 관리과정학파인 쿤츠(H. Koontz)는 관리과정의 이론을 정립하였으며, 기업이 투입한 투입을 변환시켜 산출하여 내보내는 하나의 시스템과 같은 변환과정에서 계획·조직·충원·지휘·통제와 같은 관리과정을 통하여 업무의 통합과 유기적인 접근이 필요하다고 하였다. 본 내용에서는 경영관리의 활동을 계획, 조직, 지휘, 통제로 구분하여 보았다.

1) 계획

경영과정은 조직의 목표를 설정하고 이를 구체적인 행동 과정으로 변환시키는 계획(planning) 수립의 기능에서부터 시작된다. 계획이란 목표 설정, 그리고 이를 달성하기 위한 행동 방안을 선택하는 것을 포함하며, 의사결정, 즉 여러 가지의 다양한 대안(代案)에서 향후 추진해야 할 과정을 선택하는 것이 필요하다. 미래를 예측하는 것은 불확실성과 위험이 수반되지만, 수립된 계획에 의해서 업무수행을 위한 환경을 조성하는 것은 중요한 기본요소가 된다.

2) 조직

조직(organizing)이란 어떠한 기능을 수행해 가기 위한 협동적 체계를 의미한다. 계획을 가장 효율적으로 수행할 수 있도록 각종 자원을 조직화해야 한다는 것이며, 조직화란 조직 구성원들이 담당할 역할을 의도적으로 설정하는 과정이다.

조직은 목표를 달성하기 위한 과업이 선정되면, 조직화 기능에 의해 규명된 필요자원을 확보하는 행위를 말하며, 인원의 모집, 선발, 배치, 직무, 인사고과, 교육훈련 등과 같은 필요한 인력의 사항이 요구된다. 조직화는 조직의 하부구조, 즉, 부(部)·과(課) 또는 팀(team) 등의 조직으로 구성하는 형태가 되며, 행동을 구체화하기 위한 과정이다.

3) 지휘

지휘(commander)는 경영관리 과정의 핵심 부문이며, 조직이 설정된 목표를 효과적으로 달성할 수 있도록 해야 한다. 이를 위해서는 모든 종사원이 그들의 능력을 충분히 발휘하도록 돕는 관리 활동이 필요하게 된다.

따라서 수립된 계획이 실제로 수행되도록 실행하는 과정으로 조직의 목표를 달성하는 데 직접적인 영향을 미치게 된다. 관리 활동에서는 대인(對人)관계 측면과 밀접한 관계가 있으며, 일반적으로 종사원들은 자신의 욕구와 욕망을 충족시켜 주는 사람을 추종하는 경향이 높고 리더십(leadership), 의견조정(coordinating), 동기부여(motivating) 또는 의사소통(communicating) 등 여러 가지 다른 용어로도 사용된다.

4) 통제

통제(controlling)는 계획과 실제로 얻어진 성과 또는 결과를 비교해서 어떤 차이가 발견되면 그 차이를 극복할 수 있는 조치를 함으로써 조직 내의 제반 활동을 통제(controlling)하게 된다.

통제행위는 기업의 모든 활동의 진행 과정과 기업의 현 상태를 점검하고 그에 대한 기준을 설정하는 것이다. 이러한 평가 및 통제는 계획과 실행의 완료 후에만 가능한 것이 아니라 기업 활동의 전 과정을 지속적(持續的)으로 점검함으로써 기업 활동의 통제가 가능하다. 통제 활동은 목표 달성의 측정과 관련이 있다. 기업도 여러 가지 다양한 측정 결과에 대한 수치로 표시되며, 매출총액 등으로 표시된다. 이러한 측정 수단은 계획이 전반적으로 잘 수행되고 있는지에 대한 여부를 나타내며, 모든 성과는 인간의 행동을 통제함으로써 가능하다는 것이다.

3. 경영관리의 기능

경영활동을 하는 수행하는 과정에서 조직과 기능은 매우 중요하며, 기업의 성과에 절대적인 영향을 끼친다. 기업도 특성에 적합한 효과적인 경영이론을 도입, 적용하고 있으며, 다른 기업에 맞는다고 하여 자사(自社)의 기업에 적합하고 효과적인 이론이 된다는 보장은 없는 것이다. 따라서 기업 스스로가 책임을 갖고 이론을 적용하고 실천함으로써 성과를 달성할 수 있으며, 결과에 책임을 지는 것이라고 할 수 있다.

많은 사람은 경영의 기본적인 목적을 수익성의 창출로 보고 있다. 그러나 드러커(P. Drucker) 교수는 경영의 목적은 수익성을 창출하는 것이 아니라 고객을 창출하는 것이라고 하였으며, 더 나아가 이익은 마케팅 활동과 혁신, 그리고 생산성의 결과로 나타난 결과이지, 기업의 목적이 아니라고 하였다. 기업을 운영하는 기업가는 새롭고 이질적인 것을 창조해야 하며, 변화와 혁신을 일으키고 새로운 가치를 창조해야 한다고 역설하였다.

경영관리는 초기에는 경영자의 경험과 감성적인 판단과 같은 직접적인 판단에 따라 관리가 이루어졌으나 산업사회의 변화와 경영 규모의 확대, 경영환경의 변화로 인하여 경영관리가 다양해지고 복잡해짐에 따라서 경영관리의 과학화가 필요하게 되었다.

고전적 경영학에서는 기업의 경영관리를 생산관리(machines: 기계), 인사관리(men: 인력관리), 재무관리(money: 운전자본), 시장관리(markets: 시장), 구매관리(material: 재료), 사무관리(methods: 방법) 기능의 영역으로 구분하는 경향이 높았다. 또한 경영학의 관리기능 측면에서 생산관리, 조직관리(인사), 회계학, 재무관리, 마케팅, 정보시스템(MIS)으로도 분류하기도 한다.

경영관리의 기능을 생산 운영, 마케팅, 재무, 인력자원, 조직행동, 회계, 경영정보, 경영과학의 8개 분야로 구분하였다.

▶ 경영관리의 기능

구분	영역	비고
고전적 경영학	생산관리(machines: 기계), 인사관리(men: 인력관리), 재무관리(money: 운전자본), 시장관리(markets: 시장), 구매관리(material: 재료), 사무관리(methods: 방법)	6개 분야
경영학 관리기능	생산관리, 조직관리(인사), 회계학, 재무관리, 마케팅, 정보시스템(MIS)	6개 분야
경영관리 기능	생산 운영, 마케팅, 재무, 인력자원, 조직행동, 회계, 경영정보, 경영과학	8개 분야

자료: 안영진, 경영패러다임의 변화, 박영사, 2004, p.22

그러나 기업의 활동이 복잡해지고 다양해져 더 많은 활동을 요구하고 있어 그 기능도 변화되고 있다. 특히 정보기술 및 컴퓨터의 발달로 인하여 기업에서는 컴퓨터 소프트웨어를 경영에 접목하여 정보기술을 학습하는 것이 경영정보시스템이라는 기능이며, 데이터를 정보, 지식화하여 경영자에게 의사결정을 지원하는 역할을 하게 된 것이다.

▶ 경영관리의 영역

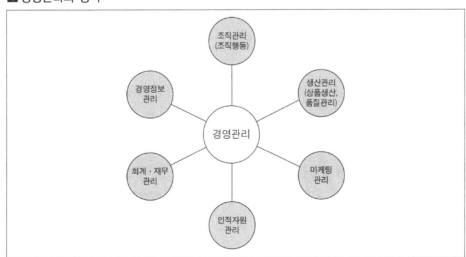

본 내용에서는 조직 구성원의 행동과 관련성이 있는 조직관리를 비롯하여, 상품을 생산·운영하기 위한 생산관리, 상품의 판매촉진을 위한 마케팅관리, 조직에 필요한 인력을 관리하는 인적자원관리, 기업의 매출 현황, 재무구조와 같은 기능을 수행하는 회계·재무관리, 경영자에게 의사결정을 지원하기 위한 경영정보 관리로 분류하고자 한다.

제2절 경영관리의 기능과 영역

1. 조직관리

기업의 조직은 기업의 목적 또는 각 조직 단위의 목적을 능률적으로 달성하고 성장하고 발전하는 데 목적이 있다. 기업경영의 핵심은 조직이고, 경영의 실제가 인간의 활동 시스템이고 이러한 의미에서 조직이란 인간에 의해 인위적으로 만들어진 것이며, 조직관리는 기업이 추구하고자 하는 목표의 달성을 위해서 조직 구성원이 실행하는 활동이다.

규모의 대형화·고급화, 사회 환경의 변화, 개인적인 욕구 등의 변화는 현대 기업의 조직관리에 새로운 과제를 제시하게 되었고 이러한 변화에 대처(對處)하기 위해서 조직 활동을 능동적으로 적응시킴으로써 기업을 운영, 성장시킬 수 있다.

기업을 운영해 나가기 위해서는 여러 가지 경영활동이 필요하다. 기업의 경영관리를 관리와 영업 기능으로 분류했을 때, 관리기능은 기업 목적을 달성할 수 있도록 경영활동을 계획하고 조직화하여 조직구성원이 직무를 수행할 수 있도록 동기를 부여하고 경영활동을 조정하고 통제하는 것이며, 영업 기능은 상품의 생산목적을 구체적으로 실현하기 위한 기능으로서 특성을 가지게 된다.

기업은 공통된 목표를 달성하기 위해 조직을 구성하게 되었으며, 효율적으로 운영하고 관리하는 것은 매우 중요하다. 조직관리를 위한 규정은 적용 범위와 조직 구분, 업무 분담과 같은 내용을 정확히 문서화하여 이를 준수하도록 하고 있다.

2. 생산관리

기업이 생산하는 제품 및 생산 공정과 관련된 자료를 종합적으로 정리하는 과정에서 수집되는 일련의 정보는 생산 활동을 효율적으로 수행하고 생산성, 품질, 재고 설비 가동률, 생산원가 등과 관련된 각종 정보는 생산계획의 수립에 필수적이라 할 수 있다.

1) 상품 생산

기업은 각각의 사업별 특성에 의해서 상품을 생산하여 소비자에게 판매, 제공하고 있다. 이러한 상품들은 생산 활동을 효과적으로 관리하고 통제하기 위한 관리 활동이다.

2) 품질관리

품질관리(Quality Management)란 사업에서 생산하여 소비자에게 제공되는 상품과 서비스의 품질 수준을 향상하기 위한 활동이다. 서비스 품질은 기업의 서비스 문화와 연관성이 있으며, 기업의 명성을 확보하여 시장경제에 적응하여 매출액과 수익성을 향상하기 위한 것이다. 고객의 요구사항을 듣고, 그 요구사항을 충족시킬 수 있는 기업만이 생존할 수 있다는 관점에서 전사적(全社的) 품질경영(TQM: Total Quality Management)이 중요하다.

3. 마케팅관리

마케팅관리(시장관리, Marketing Management)란 기업이 수요시장에서 상품의 인지도를 높이고 판매를 촉진하기 위해서 수행하는 시장 활동이다. 마케팅은 생산된 상품과 서비스가 생산자로부터 소비자 또는 사용자에게까지 유통하는 과정에서 다양한 수단과 매체 등을 활용하여 효과적인 판매 방법을 선택, 유지하기 위한 체계적인 관리 활동이다.

기업은 마케팅 기능을 효율적으로 수행하기 위하여 소비자의 욕구에 관한 정보, 이러한 욕구를 충족시키는 제품에 대한 정보, 제품을 생산한다고 가정했을 때 수익성의 여부 등과 같은 각종 정보, 소비자에 대한 정보, 판매원에 대한 정보, 기술적인 측면과 설비 측면에서의 생산능력에 대한 정보, 자사 및 경쟁기업의 제품과 상표에 대한 정보 등이 필요하다.

정보기술의 발전으로 인하여 마케팅 활동도 시대적 흐름과 변화에 부응하는 다양한 마케팅 수단을 활용하고 있으며, SNS(Social Networking Service) 마케팅과 플랫폼(platform)을 구축한 업체와의 협업을 통한 마케팅 활동을 강화하고 있다.

4. 인적자원관리

인사관리(personnel management)란 사람을 대상으로 한 관리이며, 사람을 관리한다는 것은 개개인의 개성 존중과 능력개발 그리고 종사원의 인간적 만족이라는 점에서 여타(餘他) 관리제도와 다른 특징이 있다. 인사관리의 체계는 인적자원의 채용 및 배치관리, 평가관리, 보상관리, 교육훈련관리, 인간관계와 노사(勞使)관리, 안전 및 보건관리의 영역으로 구분할 수 있다.

관광사업은 인적 서비스의 의존도가 높고, 기업이 생산하는 서비스의 품질에 직접적인 영향을 미치게 되어 인적자원관리(human resource management)의 기능은 다른 기업에 비해서 중요성이 높다. 따라서 필요인력을 채용하고, 종사원의 능력을 최대한 발휘할 수 있는 직무 능력 위주의 배치를 하여 조직화(組織化)하기 위한 것이다. 또한 인적자원의 처우를 개선하여 근로의욕을 고취하거나, 인적자원의 능력을 향상하기 위하여 지속적인 교육훈련 등과 관련된 활동 영역이라고 할 수 있다.

기업은 인적자원을 효과적으로 운영, 관리하기 위한 활동으로 종사원 채용, 배치를 비롯하여 종업원의 업무수행 능력 향상, 종업원의 성과에 관한 평가, 종업원의 교육 및 훈련에 관한 정보, 입사 예정자에 대한 정보, 노동생산성에 관한 정보 등이 필요하고 이를 활용하게 된다.

5. 회계·재무 관리

1) 회계관리

회계(accounting)란 관광상품을 판매하고 이를 이용한 이용객에 대하여 다양한 상품을 제공하는 기업형태로서 다양한 영업장에서 발생하는 재화를 판매하고 회수하기 위해서는 일련의 절차가 필요하게 되는데, 이것은 회계의 기반이 된다. 따라서 회계(accounting)는 이해관계자들에게 합리적인 의사결정을 할 수 있도록 기업 활동에 대한 정보를 제공하고 이를 관리하는 활동이다. 회계 기능은 기업의 각종 거래에 관한 정보, 고객에 관한 정보, 조직 구성원의 임금에 관한 정보, 지급어음 및 외상매입금 등의 매입채무에 관한 정보, 받을어음 및 외상매출금 등의 매출채권에 관한 정보, 기타의 자산 및 부채에 관한 정보 등을 제공함으로써 한정된 자원을 효율적으로 운용하고 배분하기 위한 경영자의 의사결정에 도움을 준다.

2) 재무관리

재무관리(Financial Management)란 기업을 둘러싸고 있는 외부의 이해집단에 대해서 주기적으로 보고하게 된다. 기업의 경영성과인 경영실적, 현금흐름 등 기업의 경제적 활동이 최종적으로 요약되는 것이며, 기업의 재무적 기능을 계획적으로 관리하기 위한 활동이다. 기업의 재무관리 담당자가 자금조달 의사결정, 투자 의사결정, 배당 의사결정 등과 같은 활동을 수행하기 위하여 기업의 자금운용에 관한 정보뿐만 아니라 물가, 부동산 경기, 환율 등과 같은 거시경제 정보등의 중요성이 크다.

(1) 경영분석

경영분석(business analysis)이란 손익 계산서(P/L: Profit and Loss statement), 대차대조표 (B/S: Balance Sheet), 이익잉여금(statement of retained earning) 처분계산서, 현금 흐름표

(statement of cash flows) 등 재무제표를 비롯한 각종의 회계자료를 상호 비교 관찰하여 기업경영의 실태를 파악하고 나아가 기업경영에 필요한 여러 가지 유익한 정보를 얻는 방법을 말한다. 따라서 경영분석은 기업의 합리성 여부를 사후적으로 검토하여 미래의 발전적인 경영을 위해 필요한 성보를 얻는 수단이라 할 수 있다.

(2) 투자환경 분석

투자란 부동산, 증권, 기계장치, 공장 또는 그림들과 같은 자산을 매입하는 활동을 말하고 있으며, 특정한 자산을 매입하는 목적은 장래에 많은 이익을 획득하기 위함이다. 투자하기 위해서는 투자환경의 평가를 하게 되는데, 투자에는 다양한 상황이 발생되며, 불확실성이 존재하기 때문에 제시된 지표를 활용하여 타당성과 객관성 분석을 하게 된다.

투자환경 분석(Investment Environment Analysis)이란 투자에 따른 수익성의 확보와 만족할 만한 성과 그리고 회수를 위하여 투자환경은 물론 경영환경과 관련된 범주와 변수들에 대한 정보를 획득하고 분석하는 것이다.

투자환경의 요소를 측정하고 분석함으로써 위험을 최소화하고 투자의 위험요소를 제거하는 전략을 수립하거나 투자위험의 요소를 통제함으로써 효율적인 투자를 할 수 있도록 하는 것이 목적이다.

6. 경영정보관리

경영정보시스템(management information system)이란 기업경영과 관련하여 필요로 하는 정보를 획득·처리·저장하여 관리함으로써 필요시 활용하기 위한 일련의 활동 시스템이다.

정보기술의 발전은 경영에도 획기적인 변화를 가져오게 되었으며, 고객과 종업원, 상품의 판매 등과 활동을 체계적으로 구축하고, 경영자의 의사결정을 지원하기도 한다.

경영정보시스템은 비용, 시간 절감 및 생산성 향상은 물론 서비스의 품질 향상에 많은 기여를 하고 있으며, 다양한 프로그램의 출현으로 기업의 특성에 맞는 운영체계를 구축함으로써 경쟁에서 우위를 창출하기 위한 노력을 하고 있다.

정보의 자원화라는 차원에서 혁신적인 관리를 위한 중요성이 증가하고 있고, 정보의 흐름과 내용을 경영자가 데이터를 활용하여 분석함으로써 의사결정을 지원하는 역할을 하고 있다.

경영정보시스템의 구축은 영업분석, 손익분석, 현황분석 등으로 분석할 수 있도록 하므로 관리자들에게 유용하고 효과적인 자료를 실시간으로 제공할 수 있는 데이터의 축적은 가장 중요한 경영정보의 요소가 되고 있다.

제3절 경영관리와 경영정보시스템

1. 정보시스템의 개념

시스템(system)이란 필요한 기능을 실현하기 위하여 관련 요소를 어떠한 법칙에 따라 조합시킨 집합체를 의미한다. 집합체를 전체적으로 활용하기 위해서는 관련성이 있는 요소들이 상호 작용을 할 수 있도록 하는 것이며, 기업의 운영에서 공통된 목표를 달성하기 위해서 투입(Input)과 산출(output)의 관계에서 표출되는 관련 요소들의 집합을 의미한다. 관련 요소란 사람, 절차, 물질적 개체를 의미하며, 기업은 고객과 종업원, 상품 등의 요소 및 활동을 유기적으로 체계화시킨 종합체라고 할 수 있으므로 하나의 시스템이라고 할 수 있다.

시스템 이론(system theory)의 연구는 초기에 국한적인 연구를 하였으나, 1950년대에 들어와서 다양한 학문 분야로 급속하게 확대되었고, 시스템의 이론을 체계적으로 정립하게 되었다.

정보시스템(information system)은 조직의 운영관리와 의사결정을 지원하기 위해서 정보를 수집 · 처리 · 저장하고 전달하는 일련의 활동들을 수행하기 위한 구성요소들의 집합이라고 할 수 있다.

정보시스템은 데이터와 데이터를 절차에 따라 처리하기 위한 자료를 받아 데이터를 처리하며, 처리결과를 출력하는 입력, 처리, 출력의 과정을 가진 시스템이다. 정보시스템은 간단한 정보기술의 집합체가 아니라 하드웨어, 소프트웨어, 처리 과정(process), 조직 구성원, 정보기술이 정보를 중심으로 연결된 집합체이다. 조직 내·외의 유·무형 자원을 활용하여 조직에 필요한 정보를 수집하고 목적에 맞게 처리하여 적시에 필요한 부문이나 사용자에게 배포하는 인간(작업자)과 기계(컴퓨터)의 통합 시스템으로서 역할을 하고 있다.

정보시스템에 인터넷이 도입되면서 사업자들은 시간적·공간적 제약의 극복, 유통 채널의 단축, 별도의 판매거점이 불필요하게 되었으며, 마케팅 활동의 효율성 제고(提高), 고객 요구에 대한 신속한 대응, 소자본 한계를 극복하는 기회의 제공 등과 같은 여러 가지 가능성을 제공하게 되었다.

2. 경영정보시스템의 개념

경영정보시스템(MIS: Management Information System)이란 모라벡(Moravec)에 의하면 기업의 효율적 운영과 관리에 필요한 자료를 저장·검색하기 위한 여러 가지 절차, 방법, 조직, 소프트웨어, 하드웨어 등의 구성요소로 이루어진 하나의 전산처리 시스템이라 정의하고 있다.

또한 캐너밴(Kennevan)은 경영정보시스템(MIS)을 조직의 운영과 환경에 관련된 과거와 현재, 그리고 미래에 예상되는 정보를 제공해 주기 위해 조직화한 방법이며, 의사 결정자에게 적절한 시기에 정보를 제공해 줌으로써 조직의 계획, 운영 및 통제기능을 지원해 주는 시스템이라고 정의하였다. 일반적으로 경영정보시스템은 다음과 같은 의미를 내포한다고 할 수 있다.

첫째, 인간과 기계(컴퓨터 하드웨어)가 상호 보완적으로 결합하여 과업을 수행하는 것을 의미한다.

둘째, 경영정보시스템은 통합 시스템(integrated system)으로 여러 하위 시스템과 응용 프로그램의 일관성 또는 호환성을 가진 시스템이다.

셋째, 경영정보시스템의 궁극적 목표는 조직의 목표와 일치되어야 한다는 것이다. 즉 경영정보시스템은 조직이 목표에 효율적이고 효과적으로 도달할 수 있도록 지원하는 하위 시스템이다.

넷째, 정보가 필요한 의사 결정자에게 유용한 정보가 적절한 시기에 제공되어야 하며, 정보 제공방법도 적절성이 함께 고려되어야 한다.

다섯째, 경영정보시스템은 조직의 계획, 운영 및 통제 등 경영과정 전반에 걸친 활동을 포함하고 있어야 한다는 것이다. 거래처리 시스템을 비롯하여 정보보고시스템, 의사결정지원시스템, 사무자동화 시스템 등 모두를 포함하여야 한다는 것이다.

경영정보시스템은 물리적 구성요소와 각각의 구성요소를 이해하는 것이 중요하다. 구성요소와 그 기능들로 인한 수행 결과로 얻어지는 산출물이 무엇인지를 파악해야 한다. 정보시스템의 운용(運用) 요소는 물리적 요소, 처리기능, 사용자 출력으로 구분할 수 있다.

▶ 경영정보시스템

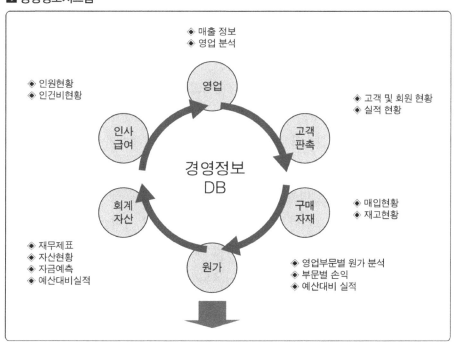

3. 경영정보시스템의 도입 배경

1) 운영 환경

　최근의 기업경영은 리더십(leadership)과 복합경영을 중요시하는 다국적 기업형태로 변화되고 있다. 또한 세계 주요 국가들은 기술 보호 정책의 관점에서 소유권을 강화하거나, 선진국의 경우에는 선진기술의 이전 회피와 같은 방향으로 변화되고 있다.

　일반적으로 기업의 경쟁력은 두 가지 핵심 요소에 의해서 좌우된다고 한다. 첫째는, 브랜드나 고객충성도와 같은 무형자산의 효율성이며, 둘째는 종사원의 사명감과 동기부여이다. 따라서 기업의 경쟁력은 브랜드, 고객충성도, 업무능력, 업무 프로세스와 같은 무형자산에 의해서 결정되며, 보이지 않는 곳에서 움직이는 무형자산을 잘 관리하기 위해서는 가치체계에 대한 이해가 절대로 중요하다.

　관광사업의 운영은 업종, 규모, 시설, 경영방침에 따라 많은 차이점이 있다. 그러나 최근 조직구성이 단순화하여 의사소통을 통한 업무의 효율성을 높이고 있으며, 직접 판매를 위해 조직을 강화하고 있는 것이 기업의 운영 환경이다.

　관광사업의 경우 다양한 분야에서 업무처리의 신속화와 경영의 효율성을 도모하기 위해 컴퓨터를 이용하는 경향이 증대하고 있다. 고임금 시대의 도래(到來)와 근로시간 단축 등 가격경쟁이 심화하고 있고 이로 인하여 기업은 경비 절감이라는 차원에서 컴퓨터를 활용하여 업무처리를 하는 시대가 되었다.

　인터넷 등 각종 정보통신기기의 발달은 개인의 시야와 활동 영역을 확장하면서 국가와 지역, 기업의 장벽을 낮추고 있으며, 인터넷을 통해 상품의 매매가 급속도로 확대되고 있다. 그러나 정보처리의 활용이 고객 서비스 향상을 위한 방향에 부합하는 역할을 하고 있으나, 접객의 제일선에서 고객에 대한 최상의 서비스를 제공하는 숙련된 노동력이 감소함으로써 서비스의 품질을 감소시킨다는 우려의 목소리도 제기되고 있다. 또한 이러한 시스템을 활용하는 능력이 향상되어 제반 비용을 절감할 수 있게 되었으나, 감시의 정도가 높아지고 이 분야에 취업할 수 있는 전문 인력의 채용이 감소하였다. 이러한 운영 환경에 컴퓨터를 도입하면서 프로그램을 관리하고 정보를 운영하는 전문 인력의 육성이 필요하게 되었다.

2) 고객관리 환경

전통적인 경영학의 이론에서는 생산의 3요소인 자본, 노동, 물질만을 중요시해왔을 뿐 정보를 주요 생산재로서 인식하지 않았다. 그러나 정보화 사회로의 진입으로 인하여 정보는 제4의 생산요소로 평가하는 상황으로 변화하였다.

현대의 경영환경을 보면 시장은 갈수록 정보 및 정보화에 대한 요구가 강해지고 있다. 선진국의 업체와 경쟁을 해야 하는 경영환경의 국제화를 비롯하여 경쟁 심화, 기술의 복잡성, 신속한 의사결정에 대한 요구 등 복잡하고 변화가 잦은 경영환경 극복이 기업 성패와 직결되고 있다. 교통수단의 발전이 관광의 발전에 기여한 것과 같이 첨단 정보통신을 이용하여 방문하고자 하는 지역의 교통상황, 이동시간, 방문지역의 정보 등을 이용자가 활용함으로써 관광의 모습을 급속도로 변모시키고 있다.

인터넷을 통해 상품의 매매가 급속도로 확대되고 있는 인터넷 전자상거래(electronic commerce)업체도 등장하고 있다. 인터넷 전자상거래는 인터넷의 자유무역지대를 중심으로 한 세계 전자 무역체제 추진을 위한 종합정책을 발표한 뒤 세계적인 관심사로 대두되고 있다. 인터넷 상거래는 국가, 인종, 종교에 상관없이 모두 고객이 될 수 있다.

고객의 욕구를 파악하고 만족시키기 위해서는 고객 이력(guest history) 카드의 정보를 지속적으로 관리해야 할 필요성이 제기되었고 효과적인 고객관리(CRM: Customer Relationship Management)를 위한 체계를 구축하는 것은 기업경영에서 매우 중요한 요인이 되었다.

고객관리 체제는 전사적(全社的) 관점에서 고객 관련 정보를 집중적으로 관리하고 고객 중심의 특성을 이해하여 마케팅 활동을 계획·지원·평가하는 과정으로 변화하였다.

3) 경영자의 인식

관광산업에 있어서 정보는 그동안 주요 관광객의 의사결정을 지원하는 기능으로만 인식하였으나 관광환경이 복잡해지고 욕구가 다양해짐에 따라 관광정보의 기능도 다양한 형태로 확대되고 있다. 관광정보의 기능은 관광객의 의사결정 측면에서 볼 때, 관광지의 선택, 호텔의 결정 등과 같은 다양한 분야에 영향을 미치게 된다.

이러한 기능을 수행할 수 있도록 정보화 사회를 가져온 원천은 정보기술의 혁신이다. 인간의 기억 능력은 제조화된 추상적인 사항에는 강하지만, 상세한 개별사항에는 한계가 있기 때문에 종래부터 기록된 서적·사진·팸플릿(pamphlet) 등을 활용하여 왔다. 그러나 정보화 사회에서는 컴퓨터에 의해서 신속하고 정확하게 이를 실행할 수 있게 된 것이다.

급변하는 경영환경과 시장에의 대응능력을 극대화하여 고객이 만족하는 상품의 정보와 서비스를 제공하는 것은 정보화시대에서 경쟁력의 원천이 되고 있다. 관광사업에서 제공하는 상품은 재고가 불가능하고 상품을 많이 비축하는 것보다 상품을 회전시키는 회전속도가 중요한 것과 마찬가지로 자금, 상품, 서비스 생산, 인적자원, 정보를 효율적으로 활용하는 것이 생산성을 향상하는 방법으로 변화되었기 때문이다.

기업은 제품개발의 연구시대에서 원자재 구매, 생산, 판매, 유통, 사후관리(after service) 등의 전 과정에 대한 시간을 단축하는 스피드 경영이 중요해지고 있다는 것이다. 정보의 실질적 사용자인 최고 경영자, 중역진, 실무진들은 경영정보시스템(MIS: Management Information System)의 개념과 경영정보시스템(MIS)의 정보를 이용할 수 있도록 하는 지식을 갖추고, 경영활동 전반에 관한 이해를 바탕으로 정보를 전략적 무기(Information as a strategic weapon)로 인식해야 한다.

이제는 정보와 데이터의 처리가 고객 서비스를 위한 경영방식으로 변화되어가고 있고 그동안 관광은 노동집약적 산업이었으나 정보시스템에 대한 발전과 환경 변화라는 시대적인 흐름 속에서 관광사업의 경영도 자본 집약적인 산업으로 변화되고 있다는 것을 의미한다.

4) 정보 경쟁력

전통적으로 재화와 서비스를 생산할 때 투입하는 요소를 생산요소라고 하며, 자본(capital), 노동(labor), 토지(land)를 중요하게 취급하였으나, 정보화 사회에서는 정보가 중요한 생산요소가 된다고 인식하기 시작하였다.

생산품 개발을 위한 원자재 구매, 생산, 판매, 유통, 사후관리(after service) 등 전 과정에서 정보를 활용하면 시간을 단축할 수 있다는 인식이 확대되면서 스피드 경영은 경영관리 과정의 일부분으로 정착되었다.

통신 기술과 정보처리 기술의 발전은 정보화 사회로의 전환을 의미하며, 정보와 기술의 융합(融合)은 산업사회의 혁명을 일으켜 정치, 경제, 사회, 문화 환경 등은 기업경영에 직접적인 영향을 미치고 있다. 인간의 기억 능력은 한계가 있어, 서적·사진·안내서(pamphlet) 등을 홍보 매체로 이용하였으나 정보화 사회는 다양한 정보매체를 활용하여 신속하고 정확한 판단과 의사결정을 할 수 있도록 지원하고 있다.

최근 자주 등장하고 사용되고 있는 것이 경쟁력이다. 경쟁력의 어원은 "뭔가를 얻기 위해서 다른 사람과 함께 싸우다"라는 뜻의 라틴어 콤페테레(competere)이며, 경제학 분야에서 경쟁력이 전면에 등장한 것은 1980년대였다. 국가도 브랜드를 갖고 있다. 대외적인 이미지, 그리고 여기에 동반되는 여러 가지 인상이 그 것이라고 할 수 있다. 국가에 있어서 브랜드라는 경쟁력은 절대적이다.

국가경쟁력이란 국가의 힘을 말하며, 삼성경제연구소에서는 정부, 기업, 국민이 개별적으로 혹은 삼위일체가 되어 창출하는 국가 경영력, 산업 경영력, 사회 문화력에 의해 결정되는 힘이라 정의하고 있다. 결국 국가경쟁력도 국가의 제도, 국가기관의 제반 능력 등을 토대로 일반화되는 국제경쟁 환경에서 세계경제포럼(WEF: World Economic Forum), 국제경영개발원(IMD: International Institute for Management Development) 등에서 국가의 경쟁력에 대한 평가를 일반화하고 있는 것은 국제사회에서 보편화되고 있다.

한국 관광에 있어서 한류(寒流)의 열풍으로 인하여 관광객이 증가하여 관광사업 경영에 일익을 담당했던 것도 바로 국가적 이미지와 연관성이 높다고 하겠다. 관광객이 관광에서 서비스 품질이 하락하고 있다고 표현되어 소비자에게 인식된다면 사실에 근거하지 않는다고 하여도 선입견으로 인해서 경쟁력과 경영활동에 막대한 영향을 끼친다. 한번 고정화된 이미지는 감정적이고 경쟁력 측면에서 보면 그 위력은 대단하다고 할 수 있다. 따라서 경쟁에서 승리하기 위해서는 비교할 범주, 경쟁업체를 정확히 선택하고 목표를 설정하여 성취 정도를 설정하는 것이 기본 원칙이다. 그러나 효용성 측면을 고려해야 하며, 경쟁력은 국가, 기업, 개인이 가장 직접적인 경쟁상대와 확실한 변별력, 즉 비교우위를 극대화할 때 강화된다. 경쟁에 입각해서 고려하면 기업의 수익성에 큰 변화를 가져올 수 있다.

제4절 **경영정보시스템의 분류와 유형**

1. 경영정보시스템의 분류

경영정보시스템은 통합 기능적 관점, 의사결정 지원, 정보기술(IT)의 발전 등에 따라서 분류할 수 있으며, 경영정보시스템(Management Information System)을 언급할 때는 일반적으로 광의의 경영정보시스템과 협의의 경영정보시스템으로 분류할 수 있다.

1) 광의의 경영정보시스템

광의(廣義)의 경영정보시스템은 거래처리 시스템(TPS: Transaction Process System), 정보 보고 시스템(IRS: Information Reporting System), 의사결정 지원 시스템(DSS: Decision Support System) 및 사무자동화 시스템(OAS: Office Automation System) 등 모두를 포함하는 넓은 의미의 개념이다.

2) 협의의 경영정보시스템

협의(狹義)의 경영정보시스템은 코버와 왓슨(1984년)이 정의한 정보 보고시스템에 관점을 둔 견해로서 일반적으로 거래처리 시스템(TPS: Transaction Process System)과 정보 보고시스템(IRS: Information Report System)의 통합 정도를 가장 적당한 의미로 해석하는 것이 일반적이다.

▶ 경영정보시스템의 분류

구분	시스템
통합 정도	• 전사적 자원관리(ERP: Enterprise Resource Planning) • 부문별 정보시스템(DIS: Department Information System) • 조직 상호 간 정보시스템(IOIS: Inter Organizational Information System)
기능 영역	• 생산정보시스템(MIS: Manufacturing Information System) • 회계정보시스템(AIS: Accounting Information System) • 재무 정보시스템(FIS: Financial Information System) • 마케팅 정보시스템(MIS: Marketing Information System) • 인적자원 정보시스템(HRIS: Human Resources Information System)
의사결정 지원	• 의사결정 지원 시스템(DSS: Decision Support System) • 중역 정보시스템(EIS: Executive Information System)
제공되는 지원	• 운영 지원 시스템(OSS: Operations Support System) • 거래 처리 시스템(TPS: Transaction Processing System) • 공정 통제 시스템(PCS: Process Control System) • 업무 협력 시스템(ECS: Enterprise Collaboration System) • 경영 지원 시스템(MSS: Management Support System) • 지식경영 시스템(KMS: Knowledge Management System)
고객관리	• 고객관리 시스템(CRM: Customer Relation Management)
IT 발전	• 전문가 시스템(ES: Expert System) • 인공 지능(AI: Artificial Intelligence)
공급망	• 공급망 관리 시스템(SCM: Supply Chain Management)
지원되는 활동	• 운영 시스템(OS: Operational System) • 관리 시스템(MS: Management System) • 전략 정보시스템(SIS: Strategic Information System)

자료: 천면중 · 이민화 · 남기찬, 경영정보시스템, 대영사, 2002, pp.35-52를 참고하여 구성함

2. 경영정보시스템의 유형

기업의 정보시스템은 초기에 단순한 외부 환경의 변화에 대처하고 업무처리를 신속하게 지원하는 방안으로 컴퓨터를 도입하였으며, 기업의 운영과 업무를 지원하는 전자자료 처리시스템(EDPS: Electronic Data Processing System)과 거래처리 시

스템(TPS: Transaction Process System)을 활용하기 위한 시스템으로서 역할을 하였으며, 주로 하위 경영층에서 사용하였다.

그러나 기업 규모의 확대와 사회 환경의 변화, 정보화시대의 확산으로 인하여 경영정보시스템에도 많은 변화와 발전을 가져오게 되었으며, 사용자의 활용에 적합한 환경 조성, 다양한 정보시스템의 개발, 정보시스템 운영의 효율성 측면에도 많은 변화를 주고 있다.

기업의 내·외부 환경의 급격한 변화로 인하여 기업 조직에도 많은 변화를 가져오게 되면서 시스템 도입이 확대되었다. 기업경영의 의사결정 사항을 지원할 수 있는 의사결정 지원 시스템(DSS: Decision Support System)을 비롯하여 중역정보시스템(EIS: Executive Information System), 전략정보시스템(SIS: Strategic Information System) 및 사무자동화 시스템(OAS: Office Automation System) 등으로 확대·발전되었다.

1) 거래처리 시스템

거래처리 시스템(TPS: Transaction Processing System)은 1950년대 초기의 정보시스템으로 계량적으로 측정이 가능한 기본적인 기업의 상거래 활동에 대한 정보시스템을 말한다. 상거래 활동 시 주로 중앙처리 장치(main frame)를 사용하였고, 오늘날은 많은 기업에서 거래 처리 시스템의 기반을 활용하여 전략 정보시스템(SIS: Strategic Information System)으로도 사용한다.

2) 생산정보시스템

생산관리란 광의의 의미로는 경영에서의 모든 생산을 의미하고, 협의는 구매 활동, 제조 활동, 재무 활동, 기획 활동 등에서 특히, 제조나 생산 현장에서 발생하는 활동을 의미한다.

일반적인 생산 정보시스템(MIS: Manufacturing Information System)이란 생산기능을 구성하고 있는 생산기획, 작업관리, 공정의 운영과 통제, 그리고 생산실적 등과 관련된 활동을 지원하는 정보시스템을 말한다. 그러나 접근방법에 따라서 기업 자동화(automation)는 기업 사무 및 경영관리의 분야에서 발생하는 자료 및 정보 관리의 일부 또는 전부를 자동화하는 것을 지칭하는데, 이를 사무자동화 시스템

(OAS: Office Automation System)이라고도 한다.

3) 인사 정보시스템

기업의 성장과 환경 변화에 따라 일부 조직의 구조적인 팽창과 변화, 그리고 업무의 다양성과 복잡성에 대처해야 하는데, 이를 위해서도 인력과 조직에 대한 정확한 정보가 기업 경쟁력을 좌우하는 중요 요소로 부각되고 있다. 인사 정보 시스템(HRIS: Human Resources Information System)은 인력계획, 인사기록의 저장 및 관리 등을 지원하는 정보시스템으로서 종합적이고 효율적인 인적자원을 관리하는 시스템으로 발전하고 있다.

4) 경영보고서 시스템

의사결정을 하는 데 정보는 유용한 형태의 자료라고 정의할 수 있다. 즉 개인이나 조직이 의사결정을 하고자 할 때 올바른 판단과 의사결정을 할 수 있도록 도움을 주는 참고자료를 의미한다. 경영보고서 시스템(MRS: Management Report System)은 지식의 축적에 도움을 주며, 또한 현재 상황을 종합적으로 판단할 수 있도록 할 필요성이 있다. 정보화 사회의 도래는 사회적 변화를 한층 가속화했다. 즉 기업경영의 체계가 사람에 의해서 보고되는 체제에서 시스템에 의해서 보고되는 정보로 이동되고 있다.

5) 의사결정 지원 시스템

현대사회에 들어와 기업의 관리와 통제를 위한 도구(道具)로 컴퓨터의 활용은 단순한 업무의 자동화나 정보의 제공이라는 관념을 탈피하여 경영 관리자에게 의사결정을 명확히 할 수 있도록 도와주는 영역으로 확대되었으며, 의사결정을 신속하게 판단하는 기능이 필요하게 되었고 이를 의사결정 지원 시스템(DSS: Decision Support System)이라고 한다.

기업에서 의사결정을 하는데 다수의 관리자나 실무자들이 회의에 참석함으로써 시간을 소비하는 경향이 있으나, 그룹 의사결정 지원시스템(GDSS: Group Decision Support System)은 그룹 회의에서 의사결정을 신속하게 지원하는 역할을 하는 시스템이라고 할 수 있다.

6) 회계 · 재무 정보시스템

회계 정보시스템(AIS: Account Information System)은 기업경영에서 가장 기본적인 정보시스템이며, 역사적으로 가장 먼저 도입된 정보시스템이라고 할 수 있다. 기업의 재무에 관한 자료를 수집, 분류, 기록, 정리하여 경영자 및 외부 이용자들이 의사결정을 하는 데 유용한 회계정보를 제공하는 정보시스템이다.

재무 정보시스템(FIS: Financial Information System)은 자금의 조달 및 재무자원의 운용 및 평가에 관한 정보를 제공하여 이와 관련된 의사결정을 지원하는 정보시스템이다.

7) 마케팅 정보시스템

기업은 변화하는 환경 속에서 다양하고 많은 의사결정을 내리게 된다. 법률적 변화, 경쟁자의 새로운 가격전략, 그리고 소비자의 생활양식(life style) 및 구매패턴의 변화와 같은 다양한 환경 변화에 대처하기 위해 마케팅 담당자는 수시로 의사결정을 내려야 한다. 이러한 상황에서 마케팅 담당자가 직면하는 문제점은 의사결정에 따른 위험(risk)과 많은 불확실성(uncertainty)이 존재하여 의사결정을 하기가 어려울 수 있다.

마케팅 정보시스템(MIS: Marketing Information System)은 마케팅 활동을 하는 과정에서 의사결정의 위험과 불확실성을 감소시키기 위해서는 객관적 자료를 수집 · 분석하고, 이를 의사결정에 유용한 정보로 활용하게 하는 활동을 의미한다. 마케팅 조사는 마케팅 담당자들에게 마케팅 의사결정에 필요한 제반 정보를 정확하고 체계적으로 제공함으로써 의사결정의 성공확률을 높여주는 것이다.

8) 전략정보시스템

기업들은 변화하는 환경하에서 장기적인 기업목표와 사업영역을 결정하며, 조직 내부의 다양한 기능들의 조정과 통제를 목적으로 경영전략 개념을 도입, 활용하고 있다.

전략정보시스템(SIS: Strategic Information System)이란 기업이 전략을 수립하는 데 요구되는 정보를 적시에 제공하기 위한 정보시스템이다. 전략이라는 표현은 군사를 지휘하는 방법인 병법(兵法)에서 사용되는 용어로서, 전쟁에서 승리하기 위한 계획을 의미한다. 윌리엄 란체스터(F. W. Lanchester)가 자신보다 강력한 적군(敵軍)을 이기기 위해 고안한 전쟁전략이다. 오늘날 열세한 기업이 강한 기업과 경쟁하기 위해서 적용할 수 있는 기업 전략이 되었다.

기업이 경영환경을 분석·예측하고 시장, 상품, 품질 등 고객의 구매행위에 기준이 되는 부문과 기업의 내부 경영에서 경쟁기업보다 경쟁 우위를 유지할 수 있는 주요한 의사결정 수단이 되고 있다.

9) 중역 정보시스템

기업의 경영과정에서 경영자는 조직을 관리해야 하며, 관리업무를 수행하기 위해서 중요한 의사결정을 해야 한다. 그러나 관리자는 계층별(최고 경영, 중간관리, 하위 관리) 달성 목표와 관리하는 영역에 따라 추구하는 목적에 차이가 있다.

▣ 경영계층과 시스템의 변천

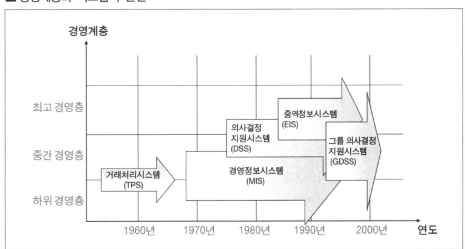

주: 시스템 도입 및 변천 시기에 대해서 학자들에 의하면 다소의 차이가 있으나 경영정보시스템(MIS)에 전략정보(SIS), 경영보고서(MRS), 마케팅 정보(MIS), 생산정보(MIS), 인사 정보(HRIS), 회계·재무 정보(AIS·FIS)시스템의 도입 시기를 포괄적으로 포함시키고 있다.
자료: 고석면 외, 호텔경영정보론, 백산출판사, 2023, p.112

　　최고경영층이라고 할 수 있는 경영자는 계획과 관련된 관리기능을 수행하기 위해서는 정보에 의해서 의사결정을 내려야 한다. 중역 정보시스템(EIS : Executive Information System)은 기업의 내·외부 정보, 대인(對人)관계를 위한 정보를 토대로 의사결정에 활용하는 정보지원 시스템이라고 할 수 있다.

참고문헌

강길환·김재문·서진욱·이상근, 현대경영학의 이해, 대왕사, 2002.

고석면·봉미희·황성식, 호텔경영정보론, 백산출판사, 2023.

고석면, 호텔경영론, 기문사, 2012.

권익현·임병훈·안광호, 마케팅(관리적 접근), 경문사, 1999.

김우곤·김동진·정승환, 관광정보의 이해, 백산출판사, 2006.

김천중, 관광정보시스템(관광사업과 정보통신), 대왕사, 2000.

나승훈·서지한·김형준, ERP구축을 위한 경영정보시스템, 형설출판사, 2001.

남태희, 컴퓨터과학총론, 21세기사, 2001.

박재희, 경영의 동양철학적 의미, 인천상의(1월호), 2010.

서범석, 관광경영전략론(이론과 사례), 기문사, 1998.

손병모, 관광 정보시스템의 사용자 만족에 관한 연구, 경기대학교 대학원 석사학위논문, 2000.

스테판 가릴라 지음·서소을 옮김, 경쟁의 역설, (사)한국물가정보, 2008.

안영진, 경영패러다임의 변화, 박영사, 2004.

이선희, 관광마케팅개론, 대왕사, 1998.

조희영, 경영학원론, 민영사, 1998.

천면중·이민화·남기찬, 경영정보시스템, 대영사, 2002.

최승이·한광종, 관광광고홍보론, 대왕사, 1993.

홍일유, 디지털 기업을 위한 경영정보시스템, 법문사, 2005.

여행업과
정보시스템

12 여행업과 정보시스템

제1절 여행업의 의의와 업무

1. 여행업의 의의

여행업의 정의는 법률적인 정의와 현상적인 정의로 구분하여 살펴볼 수 있다. 법률적인 정의는 관광 관련 법규가 제정되면서 현실적으로 법적으로 규정되어 있는 개념을 포함하게 되었으며, 법규의 개정을 통해서 그 정의도 발전되어 왔다고 할 수 있다.

일반적으로 여행업이란 여행자를 위해 여행의 편의를 제공하는 사업이라 정의하고 있다. 여행자와 여행시설업자의 사이에서 거래상의 불편을 덜어주고 중개해 줌으로써 그 대가를 받는 기업이라고 정의하고 있으며, 여행상품을 생산하여 판매하고, 관광객을 안내하며, 관광관련사업자(principal)의 이용권을 매매하며, 관광객을 위하여 여행편의를 제공하는 등 기타 관광에 필요한 업무를 수행하는 기업이라 정의하고 있다.

> ■ **관광관련사업자**(principal)
>
> 관광사업을 경영하는 사업자로서 또는 여행사 대리자의 입장에서 말할 때 사용하는 말로서 운송업자, 관광숙박업자, 관광객이용시설업자를 비롯하여 관광객이 이용할 수 있는 회사를 의미한다.

관광진흥법에 여행업이란 여행자 또는 운송시설·숙박시설, 그 밖에 여행과 관련된 시설의 경영자 등을 위하여 그 시설 이용 알선이나 계약 체결의 대리(代理)나 여행에 관한 안내를 하고, 그 밖의 여행 편의를 제공하는 업이라 정의하고 있다.

여행업을 운영하기 위해서는 관광진흥법에서는 등록을 하도록 규정하고 있는데, 행정상 등록하지 않으면 자본과 경영할 수 있는 능력을 갖추고 있어도 영업행위를 할 수 없다는 것이다. 따라서 여행업은 등록해야 하며, 관광사업자로서 영업행위를 하기 위해서는 영업활동을 하기 이전에 보증보험 등에 가입해야 한다.

> ■ **여행업의 운영**
>
> 여행업을 운영하기 위해서는 법의 규정에 따라서 등록해야 하며, ① 사업계획서, ② 신청인(법인의 경우에는 대표자 및 임원)이 내국인(內國人) 경우에 성명 및 주민등록번호를 기재한 서류, ③ 부동산의 소유권 또는 사용권을 증명하는 서류, ④ 자본금은 종합여행업, 국내외여행업, 국내여행업이라는 업종에 따른 차이가 있다.
>
> ■ **보험 등의 가입**
>
> 여행업의 등록을 한 자는 사업을 시작하기 전에 여행계약의 이행과 관련한 사고로 인하여 관광객에게 피해를 준 경우 그 손해를 배상할 것을 내용으로 하는 보증보험 또는 공제에 가입하거나 영업보증금을 예치하고 그 사업을 하는 동안 이를 유지하여야 한다.

여행업을 경영하기 위해서는 영업활동과 관련하여 기획여행을 실시하려는 경우 표시해야 할 의무가 있으며, 국외여행 인솔자를 활용하는 경우 자격을 갖춘 자를 활용해야 하고, 여행계약 체결과 같은 규정을 준수해야 한다.

■ 기획여행(광고)

여행업을 경영하는 자가 기획여행을 실시하고자 하여 광고하려는 경우에는 다음 각호의 사항을 표시하여야 한다. 다만, 2가지 이상의 기획여행을 동시에 광고하는 경우 다음 각호의 사항 중 내용이 동일한 것은 공통으로 표시할 수 있다. ① 여행업의 등록번호·상호 및 소재지 및 등록관청, ② 기획여행 명·여행 일정 및 주요 여행지, ③ 여행경비, ④ 교통·숙박 및 식사 등 여행자가 제공받을 서비스의 내용, ⑤ 최저 여행 인원, ⑥ 보증보험 등의 가입 또는 영업보증금의 예치 내용, ⑦ 여행 일정 변경 시 여행자의 사전 동의 규정, ⑧ 여행목적지(국가 및 지역)의 여행경보 단계이다.

■ 국외여행인솔자의 자격

여행업자가 내국인의 국외여행을 실시할 경우 여행자의 안전 및 편의 제공을 위하여 그 여행을 인솔하는 자를 둘 때는 다음의 어느 하나에 해당하는 자격을 갖추어야 한다. ① 관광통역안내사자격을 취득할 것, ② 여행업체에서 6개월 이상 근무하고 국외 여행경험이 있는 자로서 문화체육관광부 장관이 정하는 소양 교육을 이수한 자, ③ 문화체육관광부장관이 지정하는 교육기관에서 국외여행 인솔에 필요한 양성 교육을 이수한 자

■ 여행계약

여행계약이란 ① 여행업자는 여행자와 계약을 체결할 때에는 여행자를 보호하기 위하여 문화체육관광부령으로 정하는 바에 따라 해당 여행지에 대한 안전 정보를 서면으로 제공하여야 한다. 해당 여행지에 대한 안전 정보가 변경된 경우에도 또한 같다. ② 여행업자는 여행자와 여행계약을 체결하였을 때는 서비스에 관한 내용을 적은 여행계약서(여행일정표 및 약관을 포함한다.) 및 보험 가입 등을 증명할 수 있는 서류를 여행자에게 내주어야 한다. 여행업자가 여행 일정(선택 관광 일정을 포함한다)을 변경하려면 문화체육관광부령으로 정하는 바에 따라 여행자의 사전 동의를 받아야 한다.

2. 여행업의 업무

여행업의 업무는 업종에 따른 차이점이 있으나 주요 업무는 다음과 같다. ① 여행 상담, ② 여행 수속(手續), ③ 예약과 수배 및 발권, ④ 관광안내, ⑤ 여행상품 기획 등으로 분류하고자 한다.

1) 여행 상담

여행하고자 하는 고객은 여행하고자 하는 지역의 안전 정보는 물론 교통, 숙박, 식사, 관광자원을 비롯하여 여행 출발과 도착, 현지에서의 기본적인 여행 관련 정보가 필요하다.

여행 상담 업무는 여행을 희망하는 경우 여행자가 여행사를 방문하거나 전화 등 다양한 방법에 의해서 발생하게 되는데, 여행사의 이미지를 좌우하는 중요한 역할을 하게 된다. 따라서 상담자는 여행상품에 대한 풍부한 지식과 상품가격, 일정, 여행수속과 예약에 관한 사항, 운송교통에 관한 정보, 여행 조건 등에 대한 숙지가 필요하며, 고객 응대를 위한 서비스 자세가 필요하게 된다. 최근에는 정보통신의 발달로 인하여 직접 방문하지 않고 전화 상담을 하는 고객들도 많이 발생하고 있어, 친절하고 신속하게 응대함으로써 기업의 이미지가 손상되지 않도록 하는 것이 중요하다.

2) 여행 수속

여행 수속(手續) 업무는 해외여행에 있어서 가장 기본적인 업무인 여권(passport) 및 비자(visa) 발급 등과 관련된 업무를 말한다. 여권 및 비자 등 여행에 필요한 수속 대행 업무는 중요한 비중을 차지하고 있으며, 특히 해외여행의 경우 여권 및 비자는 필수적인 사항이기 때문에 고객들로부터 문의가 많이 올 수 있다.

해외여행 수속 대행은 여행자로부터 소정의 수속 대행 요금을 받기로 약정하고, 여행자의 위탁에 따라 사증(visa), 재입국 허가 및 각종 증명서 취득에 관한 수속 업무, 출입국 수속에 따른 서류 작성 및 기타 관련 업무를 대행하는 것을 말한다.

여행사에서의 수속 업무는 여행을 출발하기 전까지 여행과 관련된 서류를 마련하고 작성하는 일이다. 이러한 업무는 시간적인 제한요인이 있기 때문에 각종 서류의 신청이나 발급 등 소요되는 일수를 감안하여 계획적이고 능률적으로 업무를 진행시키는 것이 중요하다.

따라서 기본적인 지식과 더불어 구체적인 지식을 갖고 고객에게 응대해야 하며, 보험 관련 업무 및 환전 수속 업무 등도 여행사에서 대행하는 업무 중의 하나이다.

3) 예약과 수배 및 발권

수배 업무는 고객의 요청에 의해서 고객이 희망하는 교통, 숙박시설, 식당 등에 대해서 사전에 예약함으로써 여행에 필요한 여러 요소를 확립하고 이들을 조합해서 하나의 여행상품을 만들어내는 업무이다. 즉 여행수배 업무는 여행자의 일정에 맞게 한국 또는 외국 현지의 지상부문에서 교통, 숙박, 식당 등의 상품을 통합·조정하고 균형 있는 일정을 진행, 연출하기 위해서 필요한 업무이다.

교통수단에서 항공과 관련되는 업무는 컴퓨터 예약시스템(CRS)을 이용하여 항공권의 예약·발권을 비롯하여 운송, 호텔, 렌터카 등 여행에 관한 종합적인 서비스를 제공하는 업무에 대한 이해와 숙지가 필요하다.

4) 관광안내

관광안내(tourist guide)는 관광 행사 진행에 있어서 매우 중요한 부문이다. 관광상품의 품질을 좌우하는 중요한 요소로서 일정한 시험에 합격해서 자격증을 취득해야 하며, 평가 기준에 맞는 기준을 통과해야 한다. 관광안내는 안내하는 대상에 따라 외국어, 한국어 등과 관련된 능력을 확보해야 하며, 전문지식은 물론 친절함, 판단력, 업무처리 능력이 필요하다.

(1) 관광통역안내사

관광통역이란 한국을 여행하는 외국인 관광객을 대상으로 관광지 등을 안내하고 여행에 필요한 정보와 서비스를 제공하는 업무를 수행한다. 한국에 입국한 외국인 관광객을 위하여 언어소통의 어려움을 해소하고 문화적 차이의 이해를 돕고 관광지 안내를 받고자 할 때 관광통역(interpretation)이 필요하게 된다. 관광통역안내사가 되기 위해서는 일정한 시험에 합격하여 자격을 취득하여야 한다.

> ■ **관광통역안내사**
>
> 한국을 여행하는 외국인 관광객을 대상으로 관광지 등을 안내하고 여행에 필요한 정보와 서비스를 제공하는 업무를 수행하며, 관광통역안내사 자격을 취득한 사람을 종사하게 해야 한다.
> 관광통역안내사의 필기시험 과목은 한국사(국사편찬위원회에서 실시하는 한국사능력 시험으로 대체), 관광자원해설, 관광법규, 관광학개론이다.

(2) 국외여행 인솔자

국외여행 인솔자(T/C: Tour Conductor)란 한국인들의 해외여행이 보편화되면서 여행자들에게 해외에서의 여행안전과 편의를 제공하기 위하여 도입된 제도로서 해외여행의 출발에서 시작하여 여행이 종료될 때까지 관광객들을 인솔하는 사람을 지칭한다.

> ■ **국외여행 인솔자**(T/C: Tour Conductor)
>
> 한국인이 국외를 여행하는 경우 여행자의 안전과 편의를 제공하는 업무를 수행하며, 자격요건에 맞는 자를 두어야 한다.

(3) 국내여행 안내사

국내여행 안내사란 국내(國內)를 여행하는 한국인을 대상으로 명승지(名勝地)나 고적지(古蹟地) 안내 등 여행에 필요한 각종 서비스를 제공하는 업무를 수행하는 사람으로서 한국에 대한 관광, 역사, 지리, 문화 등과 관련된 지식을 갖고 있어야 한다.

■ **국내여행 안내사**

국내를 여행하는 한국인을 대상으로 명승지나 고적지 안내 등 여행에 필요한 각종 서비스를 제공하는 업무를 수행하며, 국내 여행안내사 자격을 취득한 자를 종사하도록 권고(勸告)할 수 있다.

국내여행 안내사의 필기시험 과목은 한국사(국사편찬위원회에서 실시하는 한국사능력 시험으로 대체), 관광자원해설, 관광법규, 관광학개론이다.

(4) 문화관광해설사

한국의 문화, 역사, 관광에 대한 풍부한 식견을 가지고 관광객들에게 문화유산에 대한 현장에서 설명해 주는 전문가를 말한다.

관광객들에게 해설함으로써 문화에 더욱 가까워지는 시간을 가질 수 있게 역사와 유적지에 대한 이해를 돕고 있으며, 현장 체험을 통해 다양한 활동과 폭넓은 경험의 장을 제공하고, 우리 고유의 문화유산이나 관광자원, 풍습, 생태 환경등을 설명하고 해당 지역의 역사나 문화, 관광자료에 대한 해설자료를 수집해서 관광객들에게 자세하게 설명해 주는 역할을 하게 된다.

■ **문화관광해설사**

문화관광해설사는 관광객들에게 관광지에 대한 전문적인 해설을 제공하는 업무를 수행한다.

문화관광해설사의 평가 기준은 이론과 실습으로 구분할 수 있다. 이론평가는 기본 소양, 지역의 문화·역사·관광·산업, 외국어(영어, 일본어, 중국어), 컴퓨터, 안전 관리 및 응급 처치, 수화(手話), 관광객의 심리 및 특성, 관광객 유형별 특성 및 접근 전략이며, 실습은 시나리오 작성, 현장 시연(試演) 테스트이다.

5) 여행상품 기획

여행자에게 상품판매가 가능한 상품을 조사하고 기획하며, 여행상품을 개발하여 판매하는 업무 기능 등이 있다.

여행상품 기획이란 여행업을 경영하는 자가 여행하려는 여행자를 위하여 여행의 목적지, 일정, 여행자가 제공받을 운송 또는 숙박 서비스의 내용과 그 요금 등에 관한 사항을 미리 정하고 이에 참가하는 여행자를 모집하여 실시하는 여행으로서 상품의 기획을 통해서 여행수요를 창출할 수 있다. 최근에는 정책적인 차원에서의 여행상품 개발이 많이 진행되고 있으며, 항공회사뿐만 아니라 호텔, 외국의 관광 관련 조직과의 제휴에 의한 상품들도 개발되고 있다.

제2절 **여행상품의 분류와 유통**

1. 여행상품의 분류

여행자들에게 제시 판매되는 여행상품은 무형의 상품으로서 서비스업에 공통된 성격으로 생산과 소비가 동시에 이루어지기 때문에 재고(在庫)가 불가능하다. 또한 여행상품은 여행 그 자체가 요일이나 계절에 좌우되는 요인이 많기 때문에 이용자의 계절·요일에 따라 그 파동이 크다. 특히 모방하기가 쉬운 상품이며, 여행자들의 이용 만족도에 따라 효용차가 크다. 본 내용에서는 여행상품의 종류를 기획여행 상품과 주문여행 상품으로 분류하고자 한다.

1) 기획여행 상품

해외여행의 자유화는 여행사가 상품을 기획하는 여행형태를 탄생시켰으며, 기획여행이란 국외여행을 하려는 여행자를 위하여 여행사가 미리 여행목적지 및 관광일정, 여행자에게 제공될 운송, 숙박 및 식사, 여행관련 서비스, 여행요금을 정하여 광고 또는 기타 방법으로 여행자를 모집하여 실시하는 여행이다.

기획여행 상품의 개발은 여행업과 소비자에게 많은 영향을 끼치게 되었다. ① 기업의 체질을 기다리는(waiting) 판매방법에서 적극적인(push) 판매방법으로 전환시켰다. ② 기획과 선전으로 인한 잠재(potential)수요 개발과 비수기(off-season)의 수요를 창출하는 계기가 되었다. ③ 대량 구입(購入), 집중 송객(送客)으로 인하여 가격 인하가 가능하였다. ④ 교통 및 숙박 등의 상품들을 사전에 예약함으로써 품질관리가 가능해졌다. ⑤ 여행상품을 대량으로 상품화함으로써 기업의 인건비를 절감할 수 있게 되었다. ⑥ 소비자 입장에서는 여러 가지 상품을 비교·검토하여 상품을 선택할 수 있게 되었다.

■ **국외여행 약관에 의한 용어**

• **기획여행**
여행업자가 국외여행을 하려는 여행자를 위하여 여행의 목적지·일정, 여행자가 제공받을 운송 또는 숙박 등의 서비스 내용과 그 요금 등에 관한 사항을 미리 정하고 이에 참가하는 여행자를 모집하여 실시하는 여행을 말한다. 국내외여행업 또는 종합여행업을 하는 여행업자 중에서 기획여행을 실시하려는 자는 추가로 보증보험 등에 가입하거나 영업보증금을 예치하고 유지하여야 한다.

• **희망여행**
개인 또는 단체 여행자가 희망하는 여행조건에 따라 여행사가 운송, 숙식, 관광 등 여행에 관한 전반적인 계획을 수립하여 실시하는 여행이다.

■ **국내여행 약관에 의한 용어**

• **희망여행**
개인 또는 단체 여행자가 희망하는 여행 조건에 따라 당사가 운송, 숙박, 식사, 관광 등 여행에 관한 전반적인 계획을 수립하여 실시하는 여행이다.

• **일반 모집여행**
일반 모집여행이란 여행업자가 수립한 여행조건에 따라 여행자를 모집하여 실시하는 여행이다.

• **위탁 모집여행**
위탁(委託) 모집여행이란 여행업자가 만든 상품의 여행자 모집을 타 여행업체에 위탁하여 실시하는 여행이다.

---

2) 주문 여행상품

주문(order made) 여행상품은 여행자가 희망하는 여행 조건에 따라 운송, 숙박과 식사, 관광 등 여행에 관한 전반적인 계획을 수립하여 실시하는 여행으로서 특정 단체(group)로부터 여행지와 여행일정 등의 주문을 받아 들어가는 비용을 비롯하여 가격이 얼마인지에 대한 견적(見積)을 제공하고, 계약을 체결하는 과정을 거친다.

주문여행은 여행사의 판촉능력에 의하여 발생하게 되는데, 영업의 관건은 이와 같은 단체를 얼마나 많이 유치하느냐에 달려 있다. 특히 기업체나 단체에서 판매실적이 우수하거나 사원을 대상으로 사기(士氣) 증진을 위하여 여행(포상여행, incentive tour)을 시켜주기도 하는데, 이는 관광분야에서 중요한 시장으로 발전하고 있다.

2. 여행상품의 가격

일반적으로 상품의 가격은 수요와 공급의 원리에 의해서 결정된다. 여행상품의 가격에도 이러한 원리가 적용되고 있다. 여행상품의 가격은 하드(hard)와 소프트(soft) 측면에서 그 원리를 찾을 수 있으며, 여행상품의 원가는 그 대부분이 교통, 숙박 및 식사비 그리고 관광지 입장료로 구성되어 있다고 하겠다.

여행업자는 소비자에게 상품가격을 제시하여 판매하고 있으나 구조적으로 여행업자의 가격결정 실권이 없다고 하는 근본적인 이유는 운송·숙박·식당 등 상품 공급업자의 가격정책에 의해서 여행상품 가격이 결정되기 때문이라고 한다.

가격결정의 방식은 원가요소를 기준으로 한 가격, 구매자를 기준으로 한 가격, 경쟁요소를 기준으로 한 가격, 품질요소를 기준으로 한 가격, 공급자 요소를 기준으로 한 가격, 판매지역 요소를 기준으로 한 가격결정 방법이 있으나, 여행상품의 가격결정은 소비자와 거래(去來)라고 하는 유통과정을 통해 여행자와의 여행계약에 의해서 시작이 된다.

가격결정의 요인은 다양한 요소에 의해 결정된다고 할 수 있다. 첫째, 1차적 요인인 상품의 핵심내용(hard parts) 둘째, 2차적 요인인 수급(需給)의 원칙 셋째, 3차적 요인인 간접적인 척도(상표, 이미지 등)에 의해서 가격이 결정될 수 있다.

▶ 여행상품의 가격결정 요소

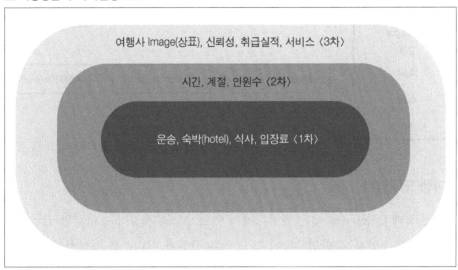

자료 : 정찬종, 여행사경영론, 백산출판사, 2018, p.182를 참고하여 재작성함

3. 여행상품의 유통

사회가 변화하고 발전함에 따라 각 분야의 분업화 현상은 다양한 효과와 이익을 가져왔다. 여행업에 있어서도 여행 업무가 단순히 알선에 머물러 있었던 시기에는 여행상품의 유통구조는 존재할 필요가 없었다고 인식하였다. 그러나 오늘날에는 여행상품의 생산이 전문화되고 여행상품의 생산자와 소비자들 간에 관념적·지리적·시간적 간극(gap)이 커지게 되자 이를 극복하기 위한 생산·유통·소비 과정의 분업화가 필요하게 되었으며, 유통기구들이 그 역할과 기능을 수행하게 되었다.

일반적으로 패키지 관광(package tour)의 특징은 교통수단, 숙박, 식당을 일시에 대량으로 구입하여 여행의 세트(set)를 만들어서 상품으로 판매하는 것이다. 이렇게 여행업자가 기획해서 만든 상품을 다른 여행업에게 판매하는 유통과정에서 도매(wholesaler)와 소매(retailer)의 과정이 발생하게 되었다.

▶ 여행상품의 유통체제

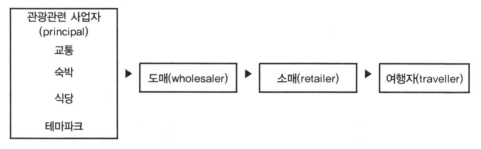

1) 여행 도매업자

여행 도매업자(wholesaler)는 관광객에게 여행상품을 제공하는 다양한 공급자를 비롯하여 운송업자, 숙박업자들이 갖고 있는 상품과 서비스를 결합하여 여행 패키지를 계획 · 준비 · 판매 및 관리하는 기업 및 개인들로 구성된다. 여행 도매업자는 다양한 공급자(운송 및 숙박 등)들로부터 대량의 상품을 구매하여 여행업자에게 재판매하는 것이다.

세계관광기구에서는 여행 도매업자의 수요를 미리 예상하여 여행목적지에의 수송과 목적지에의 숙박 그리고 가능한 기타 서비스를 준비하여 이를 완전한 상품으로 만들어 여행업 또는 직접 자사(自社)의 영업소를 통해 개인이나 단체에게 일정한 가격으로 제공하는 유통경로상의 기업으로 정의하고 있다. 여행 도매업자는 일정한 상표(brand)를 갖는 주최여행 상품을 생산하여 다른 여행업에게 판매하는 생산자의 입장에 있는 여행업을 의미하는 것이다.

> ■ 브랜드 상품
>
> 회사의 이미지나 소비자의 기억에 남을 수 있는 상품으로 오랫동안 유지시킬 수 있는 브랜드 네임(brand name)을 선정하는 데 특성이나 여행자들이 기억하기 쉽고 상상할 수 있는 상품명을 선택하는 것이 기업의 발전에 이바지한다.

2) 여행 소매업자

여행 소매업자(retailer)는 여행 도매업자나 여행소재 생산자로부터 상품을 공급받아 소비자에게 직접 판매하며, 도매업자(wholesaler)로부터 판매실적에 상응하는 일정한 수수료(commission)를 받고, 여행과 숙박 그리고 이에 수반되는 서비스와 서비스 조건에 대해 여행자에게 정보를 제공한다. 또한 이들은 서비스 공급업자인 항공사나 호텔 등으로부터 상품을 지정된 가격으로 수요시장에 판매하도록 인정받은 업체를 말한다.

3) 지상 수배업자

여행업자가 모든 여행 관련 서비스를 수배하는 경우가 일반적이지만, 해외여행의 경우 목적지의 호텔·식당·버스 등을 직접 수배하는 과정에 변경사항이 많이 발생할 수 있다. 따라서 여행업자로서는 현지의 사정에 대한 정보를 갖고 신용이 있는 현지 여행업자의 존재가 필요하게 되었으며, 여행목적지에서 여행자를 대상으로 여행기능을 수행하는 현지 여행사를 지상 수배업자(land operator)라고 한다.

4. 여행서비스와 플랫폼 비즈니스

정보통신기술의 발전과 스마트 폰의 보급으로 정보통신기술(ICT: Information and Communications Technology)의 중요성이 높아지게 되면서 스마트 폰을 활용한 서비스 개발이 시작되었고, 그 개념이 점차 확장되면서 스마트 폰의 기능과 활용은 단순한 기능을 초월하여 관광분야까지 기능과 영역이 확대되고 있다.

소비자에 대한 여행정보는 그동안 책, 친구, 온라인 등에서 사전(事前)에 습득하는 것이 대부분의 방법이었으나, 스마트 폰의 보급으로 관광정보 수집은 현장에서 실시간으로 습득할 수도 있고, 지인(知人)의 정보 이외에도 온라인의 현지 여행자들에게서도 정보를 제공받을 수 있게 되었으며, 정보도 최신성과 집단 평가된 정보를 실시간으로 받을 수 있게 된 것이다.

정보기술의 발전으로 인한 전자 거래는 상품유통 분야에 커다란 변화를 가져오고 있다. 관광분야에도 온라인 여행사(OTA: Online Travel Agency)의 등장과 발전으로 인하여 유통시스템에 획기적인 변화가 발생되고 있다. 정보의 다양화와 통합화 등은 사회현상에 미치는 광범위한 영향뿐만 아니라 최종 사용자와의 직접적인 접속, 기업의 효율적인 예약관리가 가능해지면서 새로운 수익사업을 창출하는 긍정적인 측면과 더불어 부정적인 측면이 함께 남아있는 상황이 존재하게 되었으며, 이에 대비하는 체계적이고 합리적인 방향을 설정해야 할 필요성이 제기되고 있다.

■ **상거래의 분류**

• B2B(Business to Business)
기업과 기업이 주체가 되어 상호 간에 전자 상거래를 하는 것을 말하며, 상품은 있지만 판로가 없는 공급업체와 여러 가지 판로가 있는 업체 간의 거래형태로 대부분 이미지를 무료로 제공받아 오픈마켓과 쇼핑몰 운영을 통해 상품을 판매하고 공급업체에 주문을 넣어 고객에게 상품을 배송하는 서비스를 말하며, 상품 이미지로 온라인상에서 판매하고 판매가 이루어지면 공급업체에 공급한 만큼만 결재하여 배송을 보내고 차익을 얻는 것이다. B2B의 경우 중요한 것 3가지는 상품의 수, 운영 노하우, 기술력이다.

• B2C(Business to Customer)
기업과 소비자 간 전자 거래를 의미하며, 일반적으로 인터넷쇼핑몰을 통한 상품의 주문 판매를 뜻한다. 기업이 소비자를 상대로 행하는 인터넷 비즈니스로 가상의 공간인 인터넷에 상점을 개설하여 소비자에게 상품을 판매하는 형태의 비즈니스이다.

• B2G(Business to Government)
기업과 정부 사이에 이루어지는 전자 상거래를 의미한다.

■ O2O

O2O란 Online to Offline이라는 의미이며, 온라인이 오프라인으로 옮겨온다는 뜻이다. 정보 유통 비용이 저렴한 온라인과 실제 소비가 일어나는 오프라인의 장점을 접목해 새로운 시장을 창출하기 위한 방안이다.

특히 4차 산업혁명에 따른 기술 발전은 관광영역에서도 나타나고 있는데, 여행 플랫폼(Platform) 비즈니스의 성장이다. 여행 서비스 유통구조는 여행 플랫폼을 기반으로 급속하게 변화하고 있으며, 새로운 변화는 여행자가 소비자에서 생산하는 프로슈머(prosumer: produce+consumer)로 변화하고 있다는 점이다.

관광산업의 측면에서 여행 플랫폼 비즈니스는 전통적인 여행업의 범주를 벗어나 여행상품 생태계에 많은 영향을 줄 것으로 예상하고 있는데, 초창기 비즈니스 모델이 C2C에 가까운 맞춤형 상품이었다면, 시간이 지날수록 획일적인 기존 상품을 답습하는 형태도 다수 나타나고 있어서 향후 그 귀추가 주목된다. 규모의 경제에 따른 가격경쟁력을 갖춘 글로벌 OTA뿐 아니라, 가격이 저렴하지 않더라도 단체여행상품과는 차별적인 '경험'을 담고 있는 여행상품을 여행 플랫폼 기업을 통해 구입하려는 경향이 증가할 것으로 전망하고 있다.

플랫폼 기업은 규모의 경제와 조직 경쟁력의 강점으로 글로벌 OTA 시장의 장악력이 커지고 있으며, 여행정보 유통구조에서도 글로벌 플랫폼의 영향력이 점차 확대되고 있다.

> ■ **상거래의 분류**
>
> • C2C(Consumer to Consumer)
>   소비자와 소비자와의 거래 방식으로 중개기관을 거치지 않고 소비자들이 인터넷을 통해 직거래를 하는 방식

여행 플랫폼 비즈니스가 성장하면서, 전통적인 여행업은 전형적인 패키지 상품을 넘어서 FIT 대응을 위한 현지 상품 플랫폼을 정비하는 등 여행업계 내에서의 대응도 진행되고 있다.

향후 여행 플랫폼 비즈니스의 새로운 변화는 긍정적으로는 편리성 증대 및 정보 활용성 강화로 인한 관광여행 증대, 창조적 융·복합 여행상품에 대한 기대와 소비를 가속화시킬 것으로 기대되는 한편, 주요 과제는 관광상품 유통구조의 독과점 강화에 따른 여행 경비 증대, 관광산업 일자리 구조 변화 등이 나타날 것으로 전망하고 있다.

1. 여행업과 예약시스템*

여행업에서는 고객서비스 차원과 고객 만족, 경영의 효율성을 도모하기 위하여 여행과 관련된 예약시스템을 활용하여 운영하고 있다. 일반적으로 예약시스템의 도입배경은 비용 절감, 서비스의 극대화라는 관점에서 도입 시행하고 있다고 할 수 있다.

▶ 예약시스템의 특징

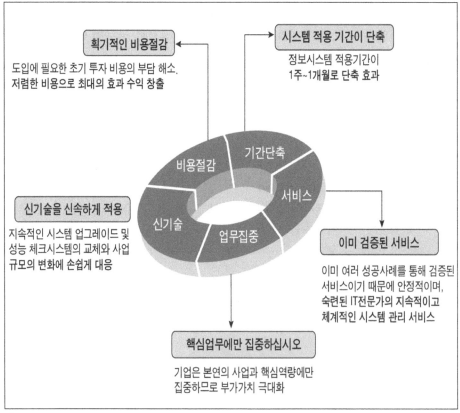

획기적인 비용절감
도입에 필요한 초기 투자 비용의 부담 해소.
저렴한 비용으로 최대의 효과 수익 창출

시스템 적용 기간이 단축
정보시스템 적용기간이
1주~1개월로 단축 효과

신기술을 신속하게 적용
지속적인 시스템 업그레이드 및
성능 체크시스템의 교체와 사업
규모의 변화에 손쉽게 대응

이미 검증된 서비스
이미 여러 성공사례를 통해 검증된
서비스이기 때문에 안정적이며,
숙련된 IT전문가의 지속적이고
체계적인 시스템 관리 서비스

핵심업무에만 집중하십시오
기업은 본연의 사업과 핵심역량에만
집중하므로 부가가치 극대화

(비용절감 / 기간단축 / 서비스 / 업무집중 / 신기술)

자료: http://www.toursoft.co.kr/

---

* 예약시스템과 관련된 자료는 Toursoft 승인하에 인용하였음

SIGN IN

여행업무관리시스템
MCLICK TRAVEL BUSINESS SYSTEM

☐ 회사코드/아이디 저장

업체코드

hyemi

••••••••

비밀번호 재설정

로그인

toursoft E#

좀 더 다양한 여행업무 인프라를 정확/신속하게 최대의 효과와 수익을 얻을 수 있도록 실용화한 ERP System
중·대형 여행업무 기업에 적합한 구성

| 종합여행사 | 패키지여행 | 상용/항공 | 호텔/렌터카 | 전시박람회 | 랜드사 |

자료: http://www.toursoft.co.kr/

여행업의 비즈니스를 위한 여행 소프트 사례는 기업의 규모, 회사의 특징, 상품판매 내역 등 운영 및 경영관리적 특성에 따라 다양한 패키지를 활용하고 있다.

2. 예약시스템의 기능

예약시스템의 주요 기능은 상품관리를 비롯하여 예약관리, 정산관리, 항공관리, 고객관리, 지역정보 관리 등 영업과 관리를 위한 시스템으로 구성되어 그 기능을 수행하고 있다.

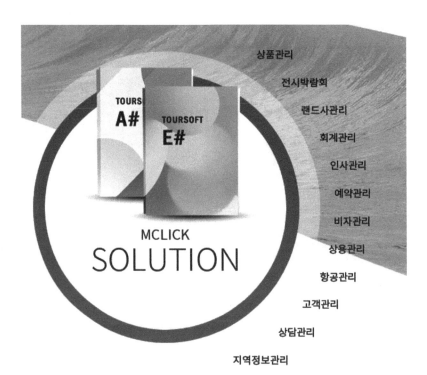

상품관리
전시박람회
랜드사관리
회계관리
인사관리
예약관리
비자관리
상용관리
항공관리
고객관리
상담관리
지역정보관리

MCLICK
SOLUTION

상품/행사관리
예약/실적 관리
항공/발권 관리
인사 관리
기초코드 관리
가정산 관리
고객 관리
회계 관리
지역정보 관리

Toursoft
주요기능

옵션 팩 Toursoft

Auto DSR	세계지역정보	
보험가입 자동 연계	은행 입금 자동 다운	
SMS Solution	FAX Solution	대량 Mail Solution

Toursoft

1) 상품관리

여행업에서의 상품은 계절에 따라 요금체계가 변하게 된다. 상품관리는 요금 등록, 항공구간별 일정표 등록, 여행 일정표 조회, 출발 일자 등록 및 출발상품 조회, 취소상품 조회 등과 같은 업무를 수행한다.

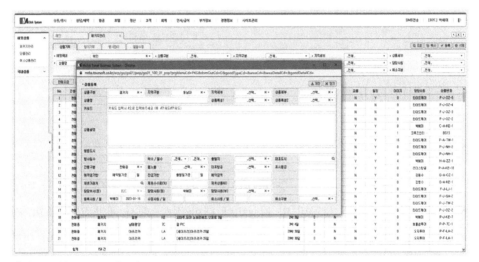

자료: http://www.toursoft.co.kr/

2) 예약관리

예약관리는 상품 관리와 더불어 고객과의 상담에 의해 상품 판매가 진행되는 경우가 많으며, 예약대장을 관리하는 것이 중요하다. 상담 등록, 예약/예약변경/취소 현황, 행사일정의 확정, 해당 예약인원에 대한 보험처리, 여행참가자 입금/환불내역, 출발 단체 조회, 행사 예정고객의 Rooming list, Passenger list 등의 출력, 행사 인솔자의 등록, 여행경비 내역서 조회, 출입국 신고서, Invoice 등의 예약 및 행사와 관련하여 통합적으로 관리하는 것이다.

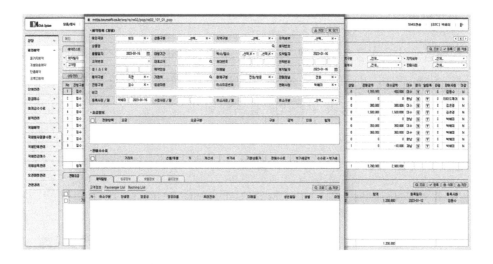

3) 정산관리

행사 후 가장 중요한 관리는 정산관리이다. 정산관리는 정산처의 조회를 비롯하여 행사별 정산관리, 항공비 및 지상비에 대한 정산, 행사 예약 입금 조회, 경비내역서(여행경비 내역), 정산 처리된 행사 보고서(항공비 내역서, 항공비 세부내역서, 지상비 내역서, 여행경비 내역서, 할인 내역서) 조회, 행사별 수익 현황, 월별 수익현황, 거래처 지상비 현황 등을 통합적으로 관리하는 기능이다.

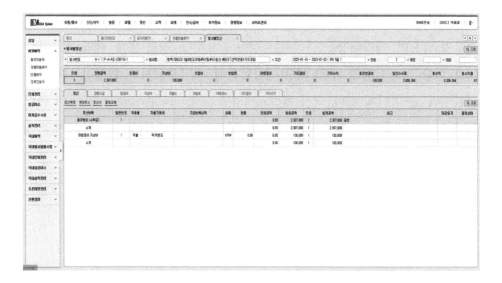

4) 항공관리

항공관리는 노선별 현황조회, 예약업무를 비롯하여 티켓 등록 및 발권정보, 환불처리, Void(환불)처리, ADM(Agent Debit Memo)처리, DSR report(정상 티켓 판매, Void 티켓, Refund 티켓), 판매실적 조회, 티켓 수령 정보, 티켓 재고 현황, 카드 매출전표 (CCCF: Credit Card Charge Form) 발권 현황, 판매보고서(STF: Sales Transmittal Form) 출력, 전표 등록 및 조회, 은행입금 등록, 현금 출납장, 행사 원장 조회, 계정별 원장 조회, 거래처 원장 조회 및 잔액 조회, 합계 잔액 시산표, 손익계산서, 대차대조표, 세금계산서 등록 및 조회 현황 등을 통합적으로 관리하는 기능이다.

- **ADM(Agent Debit Memo)**

  적정 운임의 적용 및 가격 징수 여부 판단 중 운임의 과소징수인 경우 발권여행사로 송부한다. 과다징수인 경우 ACM(Agent Credit Memo)을 발송한다.

- **카드매출전표(CCCF: Credit Card Charge Form)**

  카드매출전표란 신용카드로 BSP 항공권을 결제하는 경우에 사용되는 전표이다. 지불수단이 발권 항공사가 인정하는 Credit Sales에 의하여 발권하는 경우에 사용된다.

- **판매보고서(STF: Sales Transmittal Form)**

  판매보고서로서 수기로 보고하게 되어 있으나 컴퓨터가 읽어 들일 수 있도록 전산 Form으로 대체할 수 있다.(BSP 승인 전제)

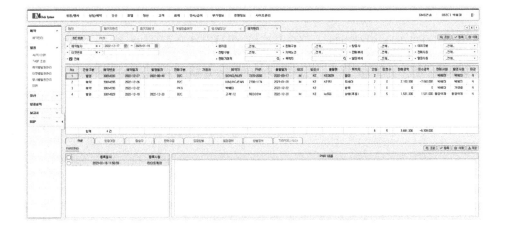

5) 고객관리

고객관리는 마케팅 차원에서 중요한 기능이다. 고객정보 관리, 고객세부정보 관리(고객상담, 신용카드, 예약실적, 항공실적, 취소실적, 여권, 비자 등), 관광행사와 관련된 정보(출/입국/행사 중인 고객)관리를 비롯하여 고객별 DM관리, 지역별 고객을 관리하는 기능이다.

6) 인사관리

인적 서비스의 의존도가 높은 서비스업의 인사관리는 중요한 기능 중의 하나이다. 인사관리는 인사정보 등록 및 조회, 인사정보(사번, 부서별, 직책별, 입사일자별, 퇴직일별 등) List, 재직자 및 퇴직자 증명서 관리 등을 수행할 수 있다.

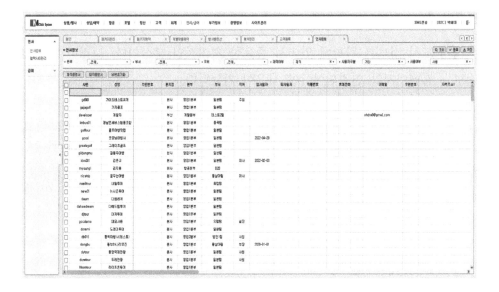

7) 기초관리

기초관리는 시스템 운영과 관련된 사항으로서 공지사항 등록 및 조회, 회계 기초코드, 은행계좌 정보, 인사 기초코드, 거래처 정보, 항공사 정보, 보험사 정보, 우편번호 정보 등과 관련된 기능을 통합적으로 관리하는 기능이다.

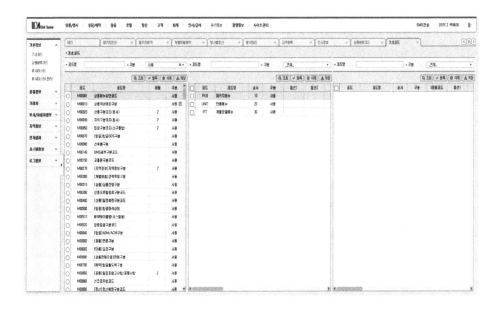

8) 국가/도시 정보

국가/도시 정보는 관광에 있어서 중요한 지리적인 분석이다. 그러나 지역의 정보는 홈페이지와 연결되어야만 사용이 가능하다.

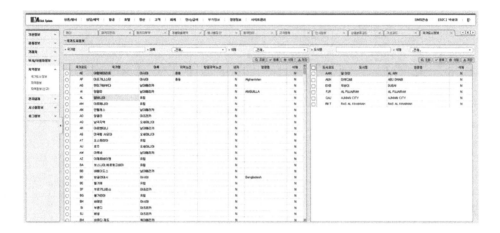

9) SMS 관리

고객 및 관련자들에게 단문 메시지 서비스(Short Message Service)를 개인별, 거래처별로 분류해서 문자를 보내는 기능이 가능하다.

10) 알림톡 관리

고객 및 관련 사람들에게 카카오톡으로 개인별, 거래처별 안내 템플릿을 보내는 기능이 가능하다.

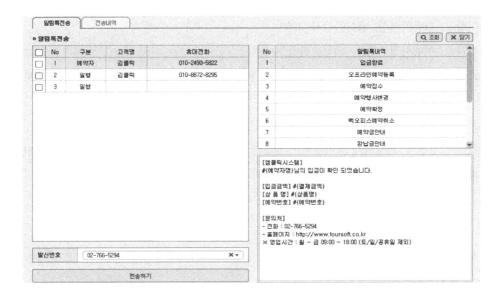

11) 급여 관리

직원들의 급여를 ERP에 저장 후 관리 및 확인할 수 있다.

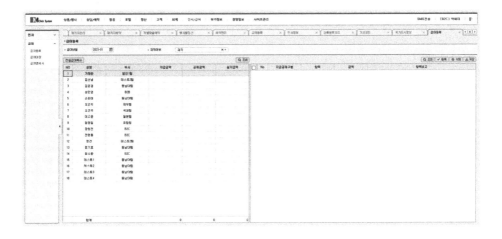

참고문헌

윤대순, 여행사경영론, 기문사, 1997.

이선희, 여행업경영개론, 대왕사, 1996.

이정학, 관광학원론, 대왕사, 2013.

이항구, 관광학서설, 백산출판사, 1997.

정찬종, 여행사경영원론, 백산출판사, 1994.

조성극, 일본여행업의 해외여행 상품론에 관한 연구, 경기대학교 대학원 박사학위논문, 1995.

조아라, 4차 산업혁명과 2020-2024 관광 트렌드, 한국문화관광연구원, 2019.

長谷正弘 편저, 관광마케팅(이론과 실제), 한국국제관광개발연구원 譯, 백산출판사, 1999.

http://www.toursoft.co.kr/

호텔업과 정보시스템

13

호텔업과 정보시스템

제1절 호텔 정보시스템의 의의

1. 호텔업의 개념

사람들은 숙박시설의 역사가 여행의 역사와 병행 발전하였다고 한다. BC 500년 경 기숙사(boarding house)의 출현과 그리스에서의 온천욕을 위한 최초의 리조트 (resort) 출현 등은 숙박시설의 역사성을 표현하는 대표적인 사례이다. 오늘날 호텔(hotel)이라는 용어가 일반화한 것은 영국으로 1800년경으로 추측하고 있다.

호텔의 역사는 200년이 넘으며, 영국에서는 현재도 인(inn)이라고 하는 저렴한 요금의 대중 숙박시설이 있다. 고대 로마의 오스티아(Ostia)에서 발견된 숙박시설은 당시의 여행과 숙박시설의 형태로 추측하고 있으며, 여행자들은 발달하지 못한 도로 사정과 불안한 치안 상태에서 여행해야 했던 시절에 피난처로서 숙소가 필요했고 그 당시에는 간이 숙소가 제공되었을 것이다. 로마 시대의 여행은 도로와 교통수단의 발달이 여행 활성화에 중요한 역할을 하였으며, 이로 인하여 여행자들을 위한 숙박시설이 발전하는 데 기여한 바가 크다고 할 수 있다.

호텔에 대해서 정의를 내린다는 것은 학계는 물론 국가에서도 다양하게 표현하고 있어 명확한 정의를 내리기는 어렵다고 할 수 있다.

호텔은 여행자에게 따뜻하고 친절하게 봉사해야 하는 기업으로 손님에게 가정을 떠난 집처럼 아늑한 분위기를 조성해 주는 환대산업으로 표현하기도 한다.

오늘날의 호텔은 종래의 숙박과 음식을 제공하는 시설로서만 이해되었으나 오늘날에는 사기업(私企業)이 아닌 영리를 목적으로 하면서 사회공공에 기여(寄與)하는 공익적 사업으로서의 성격을 갖고 있다.

오늘날 호텔의 개념도 하나의 사기업으로서의 숙박과 음식을 제공하는 시설이라는 기본적인 이해가 필요하며, 더 나아가 오늘날에는 영리를 목적으로 하면서 사회와 국제 간에 문화교류를 하는 사업으로 인식하는 것도 중요한 의의가 있다고 하겠다.

2. 호텔 정보시스템의 의의

정보는 이용하고자 하는 사람에게는 의미 있는 형태로 처리된 데이터이며, 현재 또는 미래를 예측하고 실제적인 행동을 하는 데 중요한 가치를 제공해 주는 것이라고 할 수 있다.

정보는 일반적으로 복잡한 자료를 간단하고 명료하게 처리하기 위하여 사람이 필요한 자료를 분석하여 이를 유용한 형태로 변형하여 직접적으로 활용하기 위한 수단으로 이용된다. 따라서 필요한 정보를 창출하기 위해서는 이를 위한 기본적인 자료(data)가 먼저 확보되어야 한다. 정보가 존재하기 위해서는 실질적인 가치를 가져야 하고 의사결정에 유용한 가치를 제공할 수 있어야 한다.

호텔업의 경쟁력은 그동안 가격과 품질이라는 시각에서 접근해 왔다. 그러나 정보화시대에는 고객이 제품이나 서비스의 가치를 판단하는 데 있어 시간이라는 요인이 승부를 좌우하게 되었으며, 경쟁력 차원에서 시간의 지체 여부는 고객의 상품 선택에 영향을 미치는 중요한 요인이 되고 있다.

호텔업은 서비스 사업으로 인적자원을 활용하여 고객 만족을 최대화하는 것이 목적이다. 따라서 정보기술(IT: Information Technology)의 사용은 때때로 서비스 사업의 목적에 부합되지 않는 것으로 인식하였다. 이로 인하여 호텔업은 정보기술을 활용하는 것이 다른 산업보다 늦게 도입되었다. 이는 정보기술의 적용이 오히려 고객 서비스를 방해하는 요인이 된다는 인식 때문이었다. 이후 호텔업에서는 정보의 활용을 통해 고객의 시간 낭비를 줄이고 시스템을 활용하여 불필요한 비용을 억제할 수 있다는 인식을 하게 되었다.

호텔 정보시스템(HIS: Hotel Information System)이란 호텔의 중요한 자원인 정보의 흐름과 자료를 효과적으로 관리하기 위한 종합적인 활동이며, 이를 활용하여 경영활동에 반영하고 지속적으로 관리하기 위한 과정이라고 정의하고자 한다.

제2절 호텔 정보시스템의 운영체계

1. 프런트 오피스 시스템

환대산업의 자동화를 지원하는 시스템을 서술하거나 표현하는 의미로 자주 사용하는 용어가 자산관리시스템(PMS: Property Management System)이다. 자산관리시스템은 호텔 프런트와 백오피스의 여러 업무를 수행하고 종업원들의 업무를 감독하고 통제함으로써 호텔경영의 효율적인 수단이 되어 왔다.

프런트 오피스 시스템(front office system)은 호텔 업무의 특성을 가장 잘 표현하고 있으며, 하드웨어와 소프트웨어의 결합을 기반으로 구축된다. 또한 매체를 통하여 송·수신한다. 개발된 소프트웨어는 기능이 매우 복잡해서 단기간에 개발되는 경향보다는 호텔경영자와 전산 부문의 전문가들이 장기간에 걸친 연구와 결과에 의해 나오게 된 것이다. 이러한 소프트웨어를 패키지라 부르며, 대부분의 패키지는 호텔 문화가 발달한 국가에서 개발된 것이 많다.

프런트 오피스의 시스템은 고객을 중심으로 언제 어디서나 고객에게 일관된 서비스를 제공하며, 영업장의 매출을 유기적으로 연동하고 고객이 원하는 곳에서 서비스를 제공할 수 있도록 업무 시스템을 구축하고 있다.

> ■ 패키지(package)
>
> 패키지란 여러 개의 단위 프로그램이 유기적으로 엮어져 전체적인 기능을 수행하
> 도록 한 프로그램의 집합이라 정의하고 있다.

▶ 프런트 오피스 업무

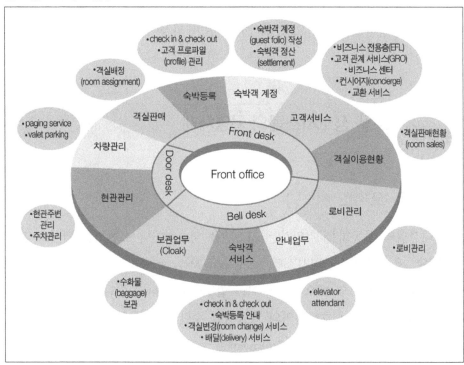

자료: 고석면 외, 호텔경영정보론, 백산출판사, 2023, p.169

1) 고객관리

고객관리는 호텔의 영업과 관련하여 회원·비회원 고객의 정보를 통합 관리
하는 시스템으로 고객의 신상정보 및 회원의 계약정보, 연회비, 카드 발급, 양
도·양수, 실적 정보, 디렉트 메일(DM: Direct Mail) 등을 관리한다.

고객시스템 기능은 고객 신상관리, 실적관리, 불평 및 불만 사항의 관리, 디렉
트 메일(DM) 관리로 구분할 수 있으며, 호텔을 이용한 고객정보는 시스템적으로
통합되고 영업장별 고객의 특성을 반영하여 데이터로 관리한다.

호텔은 영업장을 이용하는 고객의 정보를 기반으로 고객의 취향과 특성을 고려한 서비스를 제공할 수 있으며, 특히 호텔에서는 통합된 고객 데이터를 이용하여 실적에 따라 고객 우대 정책을 시행할 수 있게 되었으며, 고객의 선호도에 입각한 고(高)품질 서비스를 제공할 수 있다.

2) 객실관리

호텔업의 객실 영업관리는 예약시스템을 활용하여 제공된 예약정보를 이용하거나, 통합 고객정보를 이용하여 신속한 등록업무가 가능하고, 고객에 대한 정보를 정확히 등록할 수 있다. 또한 고객에게 차원 높은 서비스를 제공하여 지속적인 방문을 유도할 수 있으며, 객실관리는 객실 업무를 효과적으로 관리할 수 있는 시스템을 제공하고 있다.

특히 고객관리시스템과 정보를 공유하여 회원 여부, 방문기록, 이용실적, 서비스 제공 내역, 기호(嗜好) 사항, 불만 사항 등을 미리 파악하여 고객에 대해 보다 나은 서비스를 제공할 수 있다. 객실관리는 숙박객이 영업장을 이용하고 후불(後拂) 처리했을 때 정보를 공유하여 체크아웃 시 통합정산이 가능하다.

3) 영업장 관리

호텔업은 객실을 비롯하여 식음료를 판매하는 다양한 영업장을 운영하는 경우가 많다. 판매시점(POS: Point Of Sales) 관리시스템은 호텔 영업과 관련하여 중심이 되는 업무로 고객에 대한 판매, 정산, 마감 등을 관리한다. 고객 접점에서 호텔의 전체 영업장에서 판매를 위해 화면을 통해 업무처리가 가능하게 하고, 종업원들의 순환배치나 운영을 효율적으로 할 수 있다. 또한 판매시점(POS)관리를 통해서 고객에게 다양한 서비스 제공과 통합된 고객관리를 지원하여 고객의 만족도를 높일 수 있다.

따라서 판매시점(POS) 관리시스템의 도입을 통해 정보시스템의 운영에서 미래 지향적인 관점에서 설계하고 대(對)고객서비스 향상과 수익의 극대화를 이룰 수 있다.

4) 연회(행사)관리

연회(행사)관리는 마케팅, 판촉을 통해 고객을 유치하여 각종 행사에 대한 사전 계약, 준비사항을 관리하고 원활한 행사 진행을 위한 서비스와 시설을 제공한다.

연회(행사)와 관련된 정보를 고객관리, 객실 영업, 후불관리(後拂管理)의 시스템과 연계될 수 있도록 함으로써 업무 효율성과 고객서비스가 증대되고, 행사 예측이 가능하여 마케팅 능력이 향상되어 운영의 효율성을 증대시키고 있다.

연회(행사)관리는 상담 관리, 예약관리, 행사 확정 관리, 실행관리로 업무를 구분할 수 있으며, 프런트 오피스(F/O), 판매시점(POS)관리 시스템, 관련 부서와 온라인을 통해서 행사정보를 참고하고 활용하도록 구성되어 있다. 그리고 통합 고객관리와 연계된 실적관리를 체계화하고 정보를 공유하여 고객에 대한 통합 서비스 제공이 가능하다. 또한 특정 행사와 관련하여 손해와 이익(損益)을 사전에 산출할 수 있으며 다양한 형태의 연회행사와 관련된 영업 분석 자료를 제공한다.

5) 식음 예약관리

식·음료 영업장의 예약 및 테이블 관리(TMS: Table Management System), 접객 업무를 신속하고 효율적으로 처리할 수 있다. 자산관리시스템(PMS: Property Management System) 및 영업장 관리시스템(POS)과의 연동을 통해서 고객정보, 고객 실적, 고객 선호도 및 특성을 파악하여 고객 만족을 증대시킬 수 있도록 하고 있으며, 각 영업장에 대한 매출 등 종합적인 정보를 제공한다. 또한 전사적인 차원에서 회원뿐 아니라 영업장별 단골고객, VIP도 개별적으로 관리할 수 있어 차별화된 서비스가 가능하도록 지원하고 있다.

6) 영업 회계관리

영업 회계관리는 프런트 오피스(F/O: Front Office)시스템의 모든 영업 관련 자료를 집계하여 여신관리, 계획 분석 관리 등을 거쳐 최종 확정 매출을 경리·회계 시스템에 전달하는 역할이다. 프런트 오피스(F/O)시스템과의 연동은 물론 백오피스(B/O: Back Office) 시스템의 중추적인 역할을 하는 시스템이며, 영업 회계시스템은 인터페이스를 기본으로 한 통합적 관점에서 고려되고 있다.

영업 회계시스템은 고객과의 거래에서 상세 매출 내역이 영업장 관리시스템으로 통합되면, 그 내역을 집계·분석하여 경리·회계시스템으로 전달하는 인터페이스를 기본으로 개발하여 운영되고 있다.

7) 판매수요 예측관리

판매수요 예측관리시스템(YMS: Yield Management System)은 일반적으로 객실 판매 현황에 대하여 분석하는 것이다. 객실 판매에 대한 과거 판매실적, 현재의 예약과 투숙 현황 및 객실 판매에 영향을 미치는 환경적인 요소를 고려하여 미래 객실 수요의 예측이 가능하다. 또한 경쟁사별, 예약 채널별 가격정책을 비교, 분석함으로써 마케팅 전략 수립할 때 가치 있는 정보를 제공하여 객실 판매 수익을 극대화할 수 있도록 지원하고 있다.

2. 백오피스 시스템

백오피스(B/O: Back Office)는 수익이 발생할 수 있도록 영업활동을 지원하는 기능의 업무를 총칭하는데, 일반적으로 고객과 직접적인 접촉 빈도가 낮은 부문이라고 할 수 있다. 최근에는 새로운 고객을 창조하는 것보다 고정고객을 관리하는 것이 필요하다는 인식하에 백오피스 부문의 역할에 대한 중요성이 증가하고 있다.

백오피스 시스템은 호텔에서 발생하는 경영관리 업무를 효과적으로 지원하며 조직 운영의 방향 설정 및 수행과 결과에 대한 정보를 수집하고 적용하기 위한 시스템으로 인사·급여, 경리·회계, 비유동(고정)자산, 구매·자재, 예산·원가, 임원 정보 등과 같은 기능이 있다.

백오피스(B/O: Back Office)의 다양한 시스템들은 조직 구성원들의 편의성을 위해 사용자 중심의 인터페이스(Interface)를 구성하며, 각 영업활동에 의해서 발생되는 매출 및 고객정보는 프런트 오피스(F/O: Front Office) 시스템의 영업 회계 관리와 유기적으로 연동하여 구성된다.

1) 인사 · 급여 관리

호텔의 조직이 효과적으로 운영되기 위해서는 각 업무를 담당하는 인력들을 효율적으로 관리할 수 있도록 하는 업무 시스템이 필요하다. 성수기와 비수기에 매출 및 고객변동이 심한 경우 관리 및 운영 인력도 탄력적으로 운영할 필요가 있다. 이를 위하여 데이터 등록에 대한 업무 부하가 많이 발생하는 채용이나 근태관리 부분에는 자동 운영 시스템(self operation system)의 개념을 도입하여 불필요한 인력 투입을 해소하고 있다.

인사 · 급여 관리는 조직에 필요한 인력을 적시에 채용해서 퇴직할 때까지 그 내역과 변동사항을 관리하며, 급여의 지급 규정을 기본으로 급여, 상여 및 정산, 퇴직금 계산의 업무를 수행한다.

또한 직무별 인력 채용계획, 교육계획을 수립하여 효율적인 조직 운영을 위한 기초자료를 제공하며, 인건비 계획을 수립하여 경영계획에 반영하고, 실적을 집계하여 원가관리 및 경영평가에 활용한다.

2) 경리 · 회계 관리

경리 · 회계 관리는 호텔 정보시스템의 핵심 기반이 되며, 재무 정보를 통합하는 업무를 지원한다.

호텔에서 발생하는 모든 거래 내역을 신속, 정확하게 처리하여 의사결정에 필요한 자료를 산출하고 경영 성과와 재무 상태를 측정, 전달하는 시스템으로 회계 결산, 세무(稅務), 자금, 재무관리와 같은 기능이 있다.

회계 결산 기능은 데이터의 일관성 및 연계성 확보, 사용자 전표 처리의 용이성과 효율성을 제공하고 있다. 세무(稅務)는 경리의 기초자료로서 세무 보고에 필요한 자료의 산출과 세법(稅法)관리 규정에 따라 발생하는 소득 및 비용에 대하여 세금을 계산하고 신고 및 납부, 증빙 관리를 목적으로 한다. 자금 기능은 자금의 소요 예측을 통해 필요한 자금을 최적의 조건으로 조달하고 효율적으로 배분하며, 자금 운영 실적을 분석하여 경영진 및 의사 결정자에게 다양한 정보를 제공하고 있다.

3) 자산관리

자산의 분류 기준에 따른 유형 및 무형 고정자산의 등록, 자산 매각·폐기·재평가 등 변동정보, 감가상각(減價償却) 정보를 제공한다. 호텔의 자산을 관리하는 기능으로 감가상각(減價償却) 계산에는 정액법(定額法), 정율법(定率法)을 사용한다. 자산취득에서 처분, 부서 간 이동, 자산 변동사항을 관리하며 등록관리, 변동관리, 감가상각 관리, 자산 현황 관리로 구성된다.

자산 통합 관리는 발생하는 감가상각비를 포함한 각종 비용 정보는 경리·회계, 관리회계 시스템에 제공되며, 자산 운영 및 수선 관련 정보는 시설·장비 시스템으로 연계된다. 이때 연계되는 각 시스템 간 자료의 일치성을 유지하여 업무 편리성 및 정확성을 확보할 수 있는 시스템이 구축되어야 한다.

자산관리는 업무처리의 효율성 및 신속성이 필요하며, 특히 추정 감가상각비에 대한 정확한 정보를 신속하게 산출하여 제공할 수 있게 되어 관리회계 시스템의 영업장별 추정 손익 작성 시 정확성을 높이고 있다.

■ **감가상각 계산 방법**

- **정액법(straight-line method)**
  정액법(straight-line method)이란 매 회계기간 일정액의 감가상각비를 계상하는 방법으로 상각 기간 내에 균등액을 감가상각하는 방법
- **정률법(fixed-percentage-of-declining balance method)**
  정률법(fixed-percentage-of-declining balance method)이란 매년 일정률로 감가상각비가 감소하는 방법으로 각 연도의 감가상각비는 미상각 잔액에 일정한 상각률을 곱하여 계산하는 방법

---

4) 구매·자재관리

구매는 호텔 운영에 필요한 자산, 소모품, 비품에 대한 구매 요청 시 구매의뢰를 접수하여 매입처에 발주하고 그 진행 상황을 관리하며 검수 후 입고(入庫) 처리한다. 영업부서에서 필요한 식자재를 요청하면 출고 처리하고 이에 대한 수불

(受拂) 장부를 작성한 뒤 원가관리에 활용한다.

구매 및 자재의 흐름에 기본이 되는 품목에 대한 상세 항목들과 재고 수준을 관리하고, 환산 단위 및 매입처에 대한 정보들이 유기적으로 연동되도록 하고 있다.

구매·자재관리는 재료비 분석 시스템과 충분히 연동되어 실시간 식자재의 재고를 파악하기 위하여 양목표(量目表: recipe)를 이용한 재료비를 산출하고 이에 필요한 데이터를 제공한다.

5) 예산·원가관리

예산·원가관리는 매출목표 및 인원계획과 같은 자료와 비용예산 편성을 통해 호텔이 달성하고자 하는 목표를 설정하고 실적을 관리, 평가할 필요성이 있으며, 경영목표관리, 경영 실적관리와 경영 평가관리로 구분할 수 있다.

경영목표는 영업계획, 인원계획과 연계하여 예산편성을 통해 목표를 설정하는 것이다. 연간 기본 예산을 근거로 월별 실행예산 편성 및 예산 통제 기능의 유연성과 예산 운영 및 실적분석 기능, 다양한 의사결정 지원 자료 제공이 가능한 시스템을 구축한다. 필요한 소요 재원을 합리적으로 산출하여, 부서별 및 사업 단위별로 효율적으로 배분·집행하고 경영목표 자료로 배부기준에 의거 목표 손익을 제공한다.

경영 실적은 영업장별 목표 손익을 관리하는 것으로 목표 설정과 실적에 대한 정보를 관리하는 것이며, 경리·회계 등의 시스템과 연계하여 필요 자료를 활용하고 영업장별 적합한 간접비 배부기준 및 업무를 수행하여 실제원가 분석 및 영업장별·사업 부문별 손익현황을 제공한다.

경영평가는 목표 대비 실적을 평가하는 관리이며, 영업장별 손익현황이 제공되어 평가를 측정하기 위한 현황을 제공하는 시스템으로 경영자에게 정보 자료를 제공한다.

6) 임대시설 관리

호텔업의 시설 일부분을 다른 사람에게 빌려주어 운영하게 하는 사례가 발생하며, 임대한 시설의 개별 정보와 이에 대한 임대 계약 및 이력을 기록 관리하는 업무이다. 임대 업무에는 계약자 정보 및 시설유지와 관련된 관리비를 산출하여 적정한 임대유지 비용을 부과하고 징수하는 절차를 관리한다. 임대수익을 극대화할 수 있는 각종 현황 및 예측자료를 제공할 수 있도록 하며 신속한 시설 유지 보수 서비스와 결합하여 최적의 임대 환경을 제공한다.

7) 임원 정보

정보시스템은 경영자에게 정확한 정보를 제공해야 하고 의사결정을 할 수 있는 신속한 정보를 제공하는 것으로서 매우 중요하다고 하겠다.

중역정보시스템(EIS: Executive Information System)은 임원 또는 최고 경영자들이 조직 내·외부의 정보를 취합하여 정확한 의사결정을 할 수 있게 지원하는 정보시스템이 요구된다. 따라서 다른 정보시스템과 구분되며, 정보의 정확성, 신속성, 일관성이 필요하며 원활한 인터페이스가 요구되고 정보 기술적 관점에서 통제 시스템 역할도 수행할 수 있어야 한다.

호텔업은 고객이 다양한 영업장에서 상품을 이용하고 있으며, 그 현황에 대한 정보를 신속하게 임원에게 제공해야 하고 경영자들이 의사결정을 하는데, 중요한 시스템으로 정착되고 있다.

3. 인터페이스

인터페이스(interface)란 시스템 상호 간(間)의 소통을 위해 구성되며, 통신 및 전송이 가능하도록 하는 매개체로서 중요한 역할을 하고 있으며, 호텔 시스템의 구성은 인터페이스에 의해 구성된다고 해도 과언은 아니다.

호텔업은 다른 업종과 달리 고객들의 매출 활동이 다양한 영업장에서 발생되며, 호텔에서는 이러한 상황을 확인하고 전송시키기 위해서는 다양한 시스템과의 유기적인 기능이 필요하게 된다.

➡ 시스템 연동

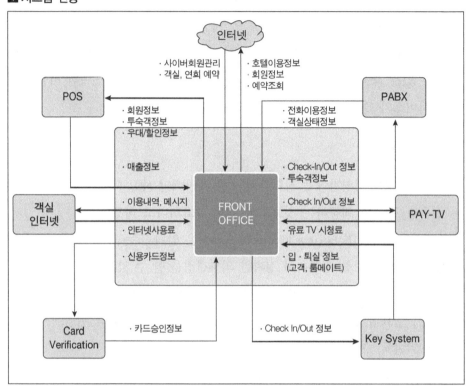

인터페이스(interface)는 호텔 정보의 통합 및 자동화의 실현을 위하여 전화요금 관리, 객실관리, 키(key) 관리, 판매시점(POS) 관리, 신용카드 조회 등과 연동해서 호텔 전반 업무의 효율화를 위한 구축이 전제되어야 한다. 인터페이스와 관련된 소프트웨어는 운영 특성상 안정성, 신속성이 보장되어야 한다. 호텔업은 운영 특성상 영업활동이 연중무휴이며, 다양한 영업장에서 발생되기 때문에 시스템의 접속에서 데이터의 손실을 막아야 하며, 고장률이 없어야 한다.

호텔 정보시스템의 분류에서 인식의 정도와 차이에 따라 연회예약시스템(sales & catering system), 중앙예약시스템(central reservation system), 판매 예상 결정시스템(yield management system) 등은 인터페이스에 포함하기도 하고 백오피스로 구분하는 경향도 있다.

1) 판매시점관리

판매시점관리(POS: Point Of Sales)시스템은 호텔의 영업에 있어서 중심이 되는 업무로 고객에 대한 판매, 정산, 마감 등을 관리하며, 상품별 매상 금액을 고객에게 제시하고 전산을 하는 기능뿐만 아니라, 호텔경영에서 필요로 하는 각종 정보를 신속하고 정확하게 수집하고 처리하는 시스템이다.

호텔은 객실·식음료·부대사업에서 고객별·시간별 차이에 의해 다양한 거래가 발생하기 때문에 매출에 대한 종합적인 집계가 필요하다. 매출 내역의 실시간 전송, 각종 고객 관련 조회 및 신용카드의 결제 조회 등을 수행하며, 종업원들의 순환 배치 편성, 종사원의 운영을 효율적으로 관리할 수 있다.

2) 전화요금관리

교환(operator)은 고객과 의사소통하기 위한 서비스이며, 내·외부를 연결하는 기능으로서 호텔의 이미지를 결정짓는 중요한 역할을 하는 관리로서 홍보 매체, 통신매체, 안내센터의 기능을 수행한다. 투숙 고객에 대한 모닝콜(morning call) 서비스는 물론 고객에게 각종 정보제공 및 메시지의 접수 및 전달 업무를 수행하며, 대내적으로는 부서 간의 긴밀한 연락체계를 구성하고 유기적인 협력관계를 유지하는 역할을 한다.

전화 자동교환(PABX: Private Automatic Branch Exchange) 시스템은 호텔의 통신을 관리하고 전화요금을 부과하는 기능이 있으며, 전화요금은 고객이 객실에서 국제전화를 사용할 때 부과되며, 고객 원장(guest folio)에 계산되어야 한다.

3) 미니 바 관리

미니 바(mini bar)란 호텔의 객실에 설치되어 있는 소형냉장고로 각종 주류·음료 및 안주류를 주요 품목으로 하고 있다. 미니 바는 다른 영업장과 달리 객실에 품목을 비치하여 고객이 이용할 수 있도록 하고 고객이 체크아웃할 때 정산하므로 이용 내역 확인이 필요하고 정확한 관리가 요구된다.

고객이 미니 바를 사용하였을 경우 체크아웃할 때 계산서(bill)를 가지고 오는 경우가 있으나 사용 내역을 하우스키핑(housekeeping)에서 확인하는 것이 일반적이다. 프런트(front)에서는 사용금액을 고객원장(guest folio)에 정확히 집계하여 고객에게 청구하여야 한다.

호텔 시스템의 발전으로 고객이 객실에서 미니 바를 이용하였을 경우 금액이 자동으로 전송되는 벤더 시스템(vendor system)이 출현하기도 하였다.

4) 인 룸 무비(In-room movie)

고객이 객실(in-room)에서 케이블 TV(CATV)를 이용하여 유료영화(pay TV)를 시청하는 경우 프런트로 전송되어 고객원장(guest folio)에 자동으로 계정된다.

고객이 호텔에 체재하는 동안에 사용한 객실의 TV 모니터(monitor) 사용 내역을 조회할 수 있으며, 프런트에서 고객에게 전달할 메시지를 전송하면 객실에서 메시지를 확인할 수 있도록 하는 기능도 있다.

5) 음성 사서함

음성 사서함(voice mail)은 전화 자동교환(PABX: Private Automatic Branch Exchange) 시스템 및 프런트 오피스 시스템과 상호 연계되어 다양한 기능을 수행하고 있다.

음성 사서함은 고객이 체크인하는 경우 고객정보(profile)에 등록된 국적별 언어를 통하여 자동으로 언어 기능을 수행하는 것이다. 음성 사서함(voice mail)은 시스템의 성능과 기능에 따라 서비스가 제공되는 언어의 수에 차이가 있으며, 국적에 따라 고객이 원하는 언어로 음성을 기록 또는 삭제하기도 한다.

외부고객이 숙박 중인 고객과 전화 통화하려면 교환을 통해 객실까지 연결되지만, 고객이 부재(不在) 중인 경우에는 사서함에 기록되어 음성 메시지를 보관, 저장하는 기능이다.

6) 신용카드

신용카드는 카드발행자가 일정한 자격을 갖추고 있는 사람에게 입회 신청을 받아서 카드를 발급해 주고 있으며, 카드를 이용하여 필요한 시기에 상품과 용역을 가맹점으로부터 현금 없이 사용할 수 있도록 하고 있다.

신용카드는 제3의 화폐라고 할 정도로 가입자 수가 많으며, 널리 보급되어 있다. 그러나 이에 못지않게 신용 불량자도 많이 발생되어 호텔 이용고객에 대한 신용카드의 유효성에 대한 여부를 조회하고 고객이 제시한 신용카드의 사용 권한 및 부정 사용을 확인하는 것이 신용카드 검증(credit card verification)이다.

7) 객실 키

고객이 호텔에 체크인할 때 투숙할 객실의 키(key service)에 대한 사용 권한(card authorization)을 부여한 카드를 만들어 제공하게 된다.

객실 입실 시 키를 키 센서(key sensor)에 꽂으면 객실이 자동으로 점등되고 외출하거나 퇴숙(check-out)할 때 키(key)를 빼내면 자동으로 점멸되는 시스템인 객실 자동전멸장치(room key tag system, 客室自動全滅裝置)를 도입하여 환경보호 캠페인에 동참하고 에너지도 절약하려 노력하고 있다.

숙박하고 있는 고객이 영업장을 이용한 후 객실 키를 제시하면 단말기에서 고객정보가 확인되어 후불 처리가 가능하다. 객실(room) 키(key)는 일반적으로 체크아웃 시 반납해야 하지만, 일부 호텔에서는 객실(room) 키(key)를 고객에게 기념으로 제공하기도 하여 재투숙을 유도하는 마케팅 효과에도 기여하고 있다.

8) 에너지관리시스템

에너지관리시스템(EMS: Energy Management System)이란 에너지의 사용을 효율적으로 관리하고 통제함으로써 에너지 비용을 절감하기 위한 것이다.

호텔은 다른 산업에 비해서 에너지 소비율이 높은 사업이기 때문에 고객이 사용하는 물(水)을 비롯하여 냉·난방장치, 전등, 수온 등의 자동제어를 통해서 에너지소비를 효과적으로 조정, 관리하기 위한 시스템이다.

범세계적인 환경보호라는 추세에 부응하고 호텔도 에너지관리시스템을 활용한 에너지 절약은 환경을 보호하고 원가절감 효과를 가져오게 된다. 호텔은 에너지를 절약하고 안전과 환경을 보호하는 호텔이라는 인식을 소비자에게 인식시킬 수 있어 경쟁에서 유리한 위치를 차지하는 효과도 달성할 수 있다.

9) 안전 금고관리

호텔에서는 투숙하는 고객에게 편의를 제공하기 위하여 고객의 귀중품을 일시적으로 보관하는 업무를 하게 된다. 고객의 현금이나 귀중품을 보관하도록 하는 안전관리 시스템이다. 고객의 귀중품을 보관하는 방법에는 귀중품 자루를 사용하는 방법, 안전 금고(safety deposit box)를 활용하는 방법 등이 있다.

귀중품 보관은 고객이 체크인하면서 프런트의 안전 금고에 보관하는 방법이 일반적이다. 또한 고객이 객실의 대여금고를 사용하는 경우 고객원장(guest folio)에 계정을 해야 하는데, 호텔업은 고객에게 최대한의 서비스를 제공하면서 다른 한편으로는 이익을 창출하기 위한 노력을 하고 있다.

10) 중앙 예약관리

중앙예약시스템(CRS: Central Reservation System)이란 유통(流通) 차원에서 컴퓨터를 이용한 통신 접수나 체인 본부를 통한 예약 및 정보를 교환하기 위한 시스템이라고 할 수 있다.

중앙 예약관리는 인터넷 예약 도구(internet booking tool)와 연결되어 호텔 예약을 할 수 있도록 하는 상호작용 시스템(integrated property system)이다.

고객의 취향과 고객의 객실 유형 등 고객의 모든 정보가 예약하고자 하는 호텔에 전송되어 고객의 정보를 공유하여 서비스할 수 있도록 해주고 있다.

체인 호텔들은 고객의 정보를 공유, 활용하여 고객의 취향을 사전에 파악하여 선호 객실을 추천할 수 있으며, 고객에게 만족을 줄 수 있는 서비스가 가능하여 이용률 증대에 기여할 수 있다.

▶ 호텔 정보시스템 운영체계

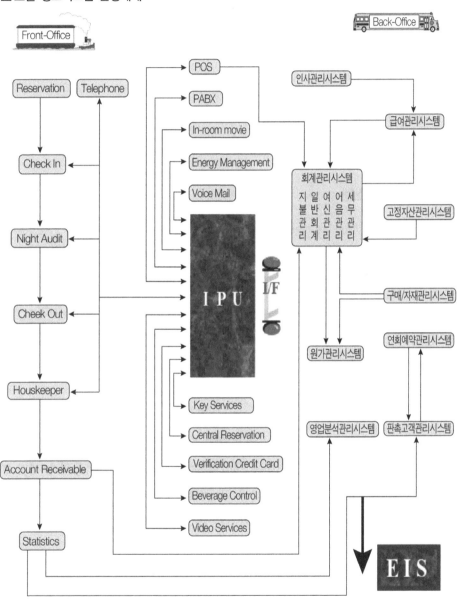

EIS: Executive Information System
IPU: Instruction Process Unit
I/F: Interface

호텔 정보시스템의 운영형태와 사례

1. 호텔 정보시스템의 운영형태

호텔 정보시스템의 운영형태는 인 하우스 시스템(in-house system), 패키지 시스템(package system), 아웃 소스 시스템(out-source system)으로 구분하고 있다.

1) 인 하우스 시스템

인 하우스 시스템(in-house system)이란 체인호텔이 자체적으로 개발하여 운영하는 시스템이다. 호텔 체인이 시스템을 소유하고, 개발한 시스템 일부를 다른 호텔 그리고 관련 산업체에 판매하는 것이다. 이러한 시스템은 각각의 체인호텔 시스템에 맞게 변형·발전시켜 왔으며, 효율적인 운영과 유통 능력에 기인한다. 그러나 최근 들어 호텔들이 자체의 시스템을 만들지 않고 있으며, 이러한 이유는 개발비에 대한 부담과 시스템을 자체적으로 소유하는 것에 많은 위험 부담이 있기 때문이다.

2) 패키지 시스템

패키지 시스템(package system)은 소프트웨어 회사로부터 구매하는 것이다. 중·소규모의 호텔들도 자체의 시스템을 개발할 수 있으나 시간과 비용의 문제가 발생하여 기업들이 개발한 소프트웨어를 구매하는 경향이 높다. 현재 호텔에서 이용하고 특별한 기능을 제공하는 패키지(package)화된 시스템이 많이 있다.

3) 아웃 소스 시스템

아웃 소스 시스템(out-source system)은 외부 전문업체의 도움으로 호텔 전체 또는 부분을 관리하는 시스템이다. 소수의 호텔은 매우 효과가 크다고 판단하여 아웃소싱(outsourcing) 조건을 적용하고 있으며, 호텔의 효과적인 관리를 위해 특별한 부분을 자동화하고 있다. 이처럼 호텔에 적합한 시스템들이 개발되어 호텔 운영에 기여하고 있다.

2. 호텔 정보시스템의 운영사례

1) OPERA*

오페라(Opera)의 자산관리시스템(Property Management System)은 단일 호텔에서 체인호텔, 리조트호텔에 이르기까지 규모에 상관없이 최상의 호텔 운영을 지원하기 위해 설계된 웹(web) 베이스 프로그램이다. 모든 업무를 실시간으로 신속하고 효율적으로 처리하여 고객에 대한 서비스를 향상할 수 있도록 도와주며, 오페라 시스템은 다음과 같다.

▶ 오페라 시스템

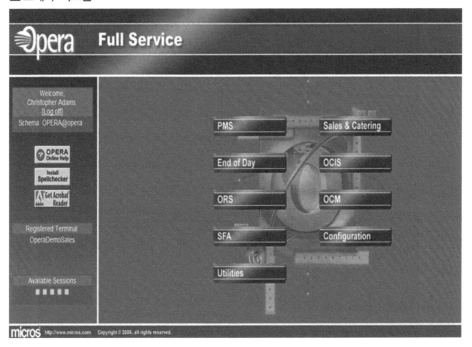

(1) 예약(reservation)

손님의 요구사항을 빠르고 정확하게 처리할 수 있는 객실 예약 모듈(module)이다. 개인 손님과 회사 등의 정보를 관리하는 프로파일(profile) 그리고 예약에 관련

---

* OPERA와 관련된 자료는 Oracle의 승인하에 인용하였음

된 예약확인서(confirmation letter) 전송, 메시지 입력, 등록카드 출력, 지불관계 구분 등 객실 예약에 필요한 다양한 기능을 제공한다.

(2) 프런트 데스크(front desk)

손님의 요구에 맞추어 객실 배정(room assignment) 및 체크인(check-in)을 할 수 있으며, 호텔 체재 고객(In-house guest)의 요청사항을 효율적으로 관리할 수 있는 모듈이다.

(3) 캐셔링(cashiering)

숙박한 손님의 빌링(billing)을 처리할 수 있는 모듈로 호텔에 체재하고 있는 고객(In house guest)의 계산 내역 확인뿐만 아니라 중간 정산(high balance), 지불 관계 적용, 체크아웃(check out) 등을 처리하며, 이미 계산 완료된 폴리오 내역(folio history), 환전(money exchange), 단체 체크아웃(group check out), 신속한 체크아웃(express check-out)에 대한 다양한 기능을 수행할 수 있다.

(4) 객실관리(room management)

객실을 청소하고 관리하는 하우스키핑(housekeeping)의 기능을 위한 모듈로 각 객실의 정비상태 확인이 가능하다. 고장 난 객실(Out of Order), 객실을 수리하여 판매 가능한 객실(Out of Service)관리, 프런트 데스크(front desk)와 공유되는 객실(room share), 청소 대기 객실 및 타입 확인(queue reservation), 청소 시트(sheet)의 생성 등 객실관리를 위한 다양한 기능이 있으며, 이러한 업무를 신속하게 처리하도록 도와준다.

(5) 여신관리(account receivable)

호텔을 이용한 고객의 후불 관리를 위한 모듈로써, 후불(後拂) 계정의 생성, 관리, 지불 관계 적용, 미입금(aging) 관리, 리포트 생성 등 정확하고 신속한 후불관리를 할 수 있도록 도와준다.

(6) 나이트 오디터(night auditor)

호텔의 일일 업무 마감을 위한 모듈이며, 시스템을 이용할 수 없는 시간, 즉 다운타임(down time) 없이 원하는 리포트의 저장 및 출력, 출력(export) 파일 생성 등을 실행할 수 있는 모듈이다.

(7) 보고서 및 기타(reports & miscellaneous)

다양한 리포트는 예약, 호텔 체재 고객(In-house guest), 빌링(billing), 실적, 예측(forecast) 등의 자료들을 제공하며, 오페라(Opera)에 포함된 보고서(simple report builder)를 통해 호텔에서 필요한 보고서(report)를 직접 생성 사용할 수도 있다. 보고서는 기본적으로 PDF(Portable Document Format)로 제공되며, 엑셀(EXCEL), 워드(Word) 등으로의 전환도 손쉽게 이루어진다.

2) WINGS**

환대(hospitality)산업은 다른 어떤 산업보다도 문화와 관습의 차이에 많은 영향을 받는다고 판단하였다. 한국은 1980년대 서울올림픽(1988년)을 기점으로 환대산업이 활성화되기 시작했지만, 호텔 운영을 뒷받침할 수 있는 소프트웨어가 없어 외국에서 개발한 회사의 소프트웨어에 의존(依存)할 수밖에 없었다.

▶ WINGS 시스템

1990년대 들어 국내에서 자체적으로 개발한 호텔 정보시스템이 출현하기 시작하였다. 그러나 외국의 시스템들은 한국 실정에 맞지 않는 경우가 많았으며,

---

** WINGS와 관련된 자료는 산하정보기술의 승인하에 인용하였음

수정하기도 어려웠고 비용이 많이 소요되어 국내 호텔산업에서 시스템을 도입하는 데 많은 비용적 부담이 되었다. 따라서 (주)산하정보기술은 국산화를 시도하게 되었으며, 기술의 독자성을 확보하고 수입 대체 효과를 달성하여 관광산업과 정보산업 발전에 일익을 담당하고자 호텔, 외식업, 콘도, 리조트 업계의 전산화에 필요한 정보시스템을 개발하여 보급할 목적으로 설립하였다.

(주)산하정보기술은 1990년대 최초로 독자 개발하여 운영 중심이던 호텔 관리시스템을 근간으로 사용의 편리성, 기능의 다양화, 개방 시스템의 추구, 사용의 편리성, 사업 발전의 기반 제공을 위해 윈도우(window), RDBMS, GUI, 컴퓨터와 통신 기술, 최신의 운영관리 기법을 조화시켜 호텔 종합정보관리시스템인 WITH(Wise Information Technology for Hospitality)를 개발하였다. 또한 웹 기반 차세대 솔루션인 WINGS(Wise Innovation & Gifted Solution)를 구축(2014년)하였다.

■ **RDBMS**(Relational Database Management System)

관계형 데이터베이스를 만들거나, 수정하고 관리할 수 있게 해주는 프로그램이다. RDBMS는 사용자가 입력하거나, 응용프로그램 내에 포함된 SQL 문장을 취하여 데이터베이스의 생성, 수정 및 검색 등의 서비스를 제공한다. 잘 알려진 RDBMS로는 마이크로소프트의 액세스, 오라클의 오라클 7, Ardent의 Uni data 등이 있다. 신생 기업이나 소규모 비즈니스 그리고 개인적인 데이터베이스 대부분은 RDBMS를 이용하여 만들어지고 있다. 그러나 새로운 객체 지향형 데이터베이스 모델인 OODBMS (Object Oriented Database Management System)가 미래의 데이터베이스 관리 시스템으로서의 자리를 놓고 RDBMS와 각축을 벌이기 시작했다.

■ **GUI**(Graphical User Interface)

기존의 문자 위주의 컴퓨터 운영방식이 아닌 그림 위주의 새로운 컴퓨터 운영방식이다. 1980년대 후반부터 IBM PC 및 워크스테이션에서도 GUI가 보급되어 현재의 컴퓨터는 GUI를 사용하고 있다.

WINGS는 투숙객과 직접 관련되는 예약, 등록, 수납, 마감, 여신, 연회, 부대업장 포스(POS: Point of Sales) 등을 처리하는 프런트 오피스(front-office)시스템과 운영

지원을 위한 인사 및 급여, 경리 및 회계, 발주, 구매 및 자재, 고정자산, 표준원가, 실적원가 등으로 구성된 백 오피스(back-office)시스템과 신용카드, 객실관리, 객실 키, 전화 자동교환(PABX), Pay TV, 메시지 서비스(SMS: Short Message Service) 등과 연동을 위한 인터페이스(interface)로 구성된 종합적인 소프트웨어 패키지이다.

WINGS는 표준 HTML 5 기반의 자바(JAVA) 웹 솔루션으로 PC 이외에도 스마트폰, 태블릿(tablet) 등 각종 모바일 기반에서도 운영 가능하며, 시간과 공간의 제약 없이 업무를 지원할 수 있도록 하고 있다.

> ■ HTML(Hyper Text Markup Language) 5
>
> 웹 문서를 만들기 위한 기본 프로그래밍 언어로 HTML(Hyper Text Markup Language) 5는 액티브X(Active X)를 설치하지 않아도 동일한 기능 구현이 가능하고 특히 플래시(flash)나 실버라이트(silver light), 자바(JAVA) FX 없이도 웹 브라우저(web browser)에서 화려한 그래픽 효과를 낼 수 있다.

호텔 실무자의 업무를 지원하기 위하여 단순한 기능제공 수준의 역할에서 벗어나 주변 경쟁이 심화(深化)되고 있고 호텔의 수익 증대를 위한 역할이 필요하다는 인식하에 WINGS 온라인 마케팅 솔루션을 제공하게 되었다.

정보기술의 발전은 모바일 쇼핑 시장이 활성화되면서 소비자들은 언제 어디서든, 시간과 장소의 제약을 받지 않고 원하는 제품과 서비스를 구매할 수 있게 되었으며, 이러한 트렌드(trends) 변화는 숙박·여행 산업에서 변화가 나타나게 되었고 온라인 여행사(OTA: Online Travel Agency)를 통한 예약 비중이 날로 증가하고 있다는 인식을 하게 되었다.

WINGS 마케팅 솔루션은 다양한 유형의 온라인 예약 채널과 연동해 예약관리를 돕는 채널 관리시스템(CMS: Channel Management System)과 호텔 자체 홈페이지를 통한 부킹 엔진(BE: Booking Engine) 서비스를 제공하고 있다.

또한, WINGS-PMS 연동이 가능한 키오스크도 출시해 셀프 체크인·체크아웃 등 고객이 기다리지 않는 신속한 서비스를 제공하며, 모바일을 통한 예약, 셀프 체크인·체크아웃, 사물 인터넷(Iot)을 접목한 키리스(Keyless) 시스템, 룸서비스 오더(room service order), 객실 온도와 조명 등 객실 환경 조절이 가능한 솔루션인 WINGS-AYS(At Your Service)를 개발하여 고객이 원하는 새로운 서비스 트렌드를 주도해 가고 있다.

■ **키오스크**(Kiosk)

키오스크(kiosk)란 정보서비스와 업무의 무인·자동화를 통해 대중들이 쉽게 이용할 수 있도록 공공장소에 설치한 무인 단말기를 말한다. 공공시설, 대형서점, 백화점이나 전시장 또는 공항이나 철도역 등에 설치하여 행정절차나 상품정보, 시설물의 이용 방법, 인근지역의 관광정보 등을 제공한다. 일반적으로 키보드를 사용하지 않고 손을 화면에 접촉하는 터치스크린(touch screen)을 채택하여 쉽게 검색할 수 있다. 이용자 편의를 제공한다는 장점 외에도 직접 안내하는 사람을 두지 않아도 되기 때문에 인력비용 절감 효과가 있으며, 특히 인터넷을 장소와 시간에 구애받지 않고 활용할 수 있다.

■ **키리스**(Keyless) **시스템**

예약별로 자동 생성되는 비밀번호를 고객(guest)의 문자·이메일로 전송하면 고객은 별도의 앱(app)을 다운로드(download)할 필요가 없어 더욱 편리하며 사용 후에는 자동으로 폐기된다.

---

3) 베니키아 예약시스템

한국 최초의 중저가 관광호텔로 탄생한 베니키아(BENIKEA: Best Night In Korea)는 한국의 토착 브랜드로 발전시키고 국내·외의 여행객들에게 합리적인 가격, 우수한 서비스와 시설로써 편안하고 안락한 숙박을 제공하기 위해 만들어진 호텔 브랜드 사업이다.

베니키아 사업단에서는 표준화된 예약시스템을 구축하여 국내와 여행 관련 사이트 및 세계적 유통시스템(GDS: Global Distribution System)과 연계한 베니키아 중앙예약시스템(BCRS: Benikea Central Reservation System)을 개발하여 운영하게 되었으며, 여행자에게 숙박을 위한 예약 편의를 제공하는 계기를 마련하였다.

▶ 베니키아 예약시스템

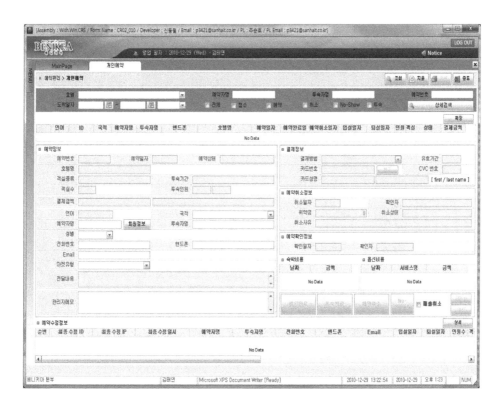

참고문헌

고석면 · 봉미희 · 황성식, 호텔경영정보론, 백산출판사, 2023.

김재민 · 신현주, 현대호텔경영론, 대왕사, 1991.

김천중, 관광정보론, 대왕사, 2000.

김천중, 관광정보시스템, 대왕사, 2000.

남상오, 회계원리, 다산출판사, 2000.

남태희, 컴퓨터과학총론, 21세기사, 2001.

박수형, 호텔정보시스템실무, 대왕사, 2001.

이항구, 관광학서설, 백산출판사, 1995.

최승이, 국제관광론, 대왕사, 1993.

W. A. Rutes and R. H. Penner, Hotel Planning and Design, Waston-Guptill Publication, 1985.

http://www. benikea.co.kr/

시장조사와 환경분석

시장조사와 환경분석

제1절 관광시장 조사의 의의

1. 시장조사의 개념

시장조사(market research)는 미국을 중심으로 1920년대부터 발달한 경영조사의 한 분야로서 마케팅 정보시스템의 하위시스템이라 할 수 있다. 시장조사는 현재 시장 및 잠재시장의 조사를 통해서 마케팅 활동을 지속적으로 추진하여 연구하고 평가하는 영역이다. 또한 시장조사는 시장 관계에 대한 분석과 검토를 통하여 시장에 대한 경영층의 의사결정이 용이하도록 정확하고 유효한 정보를 제공하는 기능이다.

마케팅 활동을 위한 조사의 경우 마케팅 의사결정의 위험과 불확실성을 감소시키기 위해서는 객관적 자료를 수집·분석하고, 이를 의사결정에 유용한 정보로 사용하게 하는 활동을 의미하며, 마케팅조사는 마케팅 담당자들에게 마케팅 의사결정에 필요한 제반 정보를 정확하고 체계적으로 제공함으로써 의사결정의 성공확률을 높여주는 것이다.

시장조사 방법은 문헌 조사(desk research)와 현장 조사(field research)로 구분할 수 있다. 현장 조사 방법에는 표본조사(samples surveys), 동기조사(motivation research), 모델의 사용(use of model)이 있다.

표본조사(samples surveys)에는 지리적(geographic) 변수, 사회·경제적(socio-economic) 변수, 개성적(personality) 변수, 소비자 행동(consumer behavior) 변수 등이 있고, 동기조사(motivation research) 잠재관광객의 욕구를 발견하는 자기분석법, 연상과 투시법, 관찰법 등이 있다.

모델(model)의 사용 시 가설의 형성, 가설에 대한 검증 및 타당성이 있어야 하며, 기초적인 심리학, 광고 과정 모델, 미시 경제적 행동모델, 거시 경제적 모델 등과 같은 것이 있다.

시장의 조사는 정보화 시대의 경쟁력 확보와 마케팅 목표를 달성할 수 있는 기업의 핵심 요소가 되고 있다. 이를 효과적으로 운영하고 활용하기 위해서는 내부적 시장정보 분석과 외부적 시장조사 분석이 필요하다. 내부적 시장조사는 기업 경쟁의 원천이 되며, 수요시장의 마케팅 목표를 달성하기 위한 필요 핵심 요소로서 통상적으로 기업 내부에서 발생하는 정보를 의미한다. 또한 외부적 시장조사는 기업의 외부에 있는 분석이다.

2. 관광과 시장조사

일반적으로 관광 수요시장은 다양한 방법에 의해 시장을 분류할 수 있다. 여행목적에 의한 휴가여행 시장, 문화관광 시장, 국제회의 시장 등과 연령구조에 의한 시장 분류, 국제관광객의 추세에 따라 분류할 수 있다. 관광시장 조사의 내용에는 법·제도적, 정치·경제적, 기술, 문화 등의 시장 인자, 소비자, 경쟁관계, 유통경로 등이 있다.

> **■ 수요시장**
>
> 수요시장은 분류의 차이는 있으나 제1차(primary) 요인은 접근성이 유리하고 이동이 편리한 시장, 제2차(secondary) 요인은 관광잠재력이 높은 시장, 3차 요인은 기회(opportunity) 시장으로 원거리이지만 관광객 발생이 가능한 시장으로 분류할 수 있다.

기업은 변화하는 환경 속에서 다양하고 많은 의사결정을 내리게 된다. 법률적 변화, 경쟁자의 새로운 가격전략, 그리고 소비자의 생활양식(life style) 및 구매패턴의 변화와 같은 다양한 환경변화에 대처하기 위해 마케터는 수시로 의사결정을 내려야 하는 것이다. 이런 상황에서 마케팅 담당자가 직면하는 문제점은 의사결정에 많은 불확실성(uncertainty)과 위험(risk)이 따른다는 것이다. 신제품을 소비자들이 실제로 선호할 것인지, 책정된 가격은 적정한 것인지, 경쟁기업은 어떻게 반응할 것인지 등이 확실하지 않은 상황에서 의사결정을 하여야 한다. 잘못된 의사결정의 결과는 금전적 손실뿐만 아니라 기업의 이미지 추락, 고객 이탈 등과 같은 많은 손실을 가져오게 된다.

기업은 마케팅 의사결정에 따른 위험을 최소화하기 위해 마케팅관리자의 직관이나 경험에 근거한 주관적 판단보다는 객관적인 자료나 정보에 근거해 의사결정을 내려야 한다. 자료(data)란 객관적 사실을 기술해 놓은 것으로, 예를 들면 설문조사의 결과를 표나 도표로 정리한 것이며, 분석 결과 소비자들은 가격의 인상에 대해 매우 민감한 반응을 나타낼 것이라고 추측하는 것이 조사 내용이 된다.

시장조사는 현대의 기업경영에 영향을 미치는 환경요인과 이에 대응하기 위한 활동 수준에 관한 정보를 과학적 원리를 적용하여 수집, 분석하는 것으로 중요성이 점차 증가하고 있다.

3. 관광시장과 환경

관광은 관광 현상이라는 관점에서 볼 때 관광의 중심은 바로 인간이며 인간은 환경에 의해 형성·제약을 받으며 상호 의존성이 증대되는 현대사회에서 환경이 더욱 중요한 요인이 되고 있다. 관광은 사회현상이라는 관점에서 환경으로부터 영향을 받기도 하고 반대로 환경에 영향을 주기도 한다. 관광에 영향을 미치는 환경을 어떻게 분류할 것인가는 연구자의 연구를 기본으로 종합적인 판단을 할 수밖에 없다.

환경을 일반 환경과 과업환경으로 구분하고 일반 환경은 정치, 경제, 사회, 문화, 인구통계, 기술, 법률, 생태 환경 등의 다양한 요소로 구성되어 있다고 하였다. 오늘날 관광은 외부로부터 가해지는 지배, 제약, 압력, 규제 및 이해관계에서 오는 영향력과 교섭하여 자기 기업에 유리하도록 관계를 맺고 기업의 생존 발전을 도모하는 사회적 존재이다.

관광에 영향을 미치는 환경을 어떻게 분류할 것인가는 연구자의 연구를 기본으로 종합적인 판단을 할 수밖에 없다.

교통개발연구원의 연구보고서에서는 관광현상에 영향을 미치는 환경을 국제적 환경과 국내적 환경으로 대별하고 이를 다시 정치, 경체, 사회, 지역, 시장, 산업, 기업, 기술적 환경으로 분류 제시하였다.

관광환경은 국가 및 사회뿐만 아니라 관광객에도 영향을 주며 관광객을 대상으로 하는 관광사업도 환경으로부터 직·간접적으로 영향을 받아 왔다는 것을 의미한다. 따라서 관광에 미치는 환경의 중요성과 제반 환경요인의 설정 등은 중요한 과제라고 생각한다. 관광을 발전시키고 목표를 설정하기 위해서는 시장조사를 기본으로 관광환경을 분류하고 분석하는 것이 매우 중요하며, 관광환경의 유형을 다음과 같이 분류하고자 한다.

▶ **관광환경의 유형**

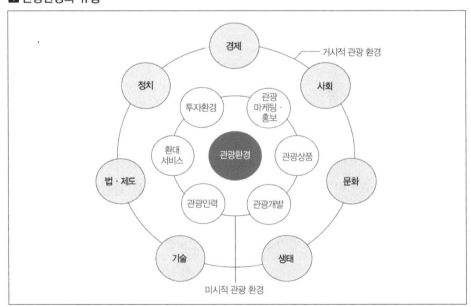

관광환경의 분류

1. 거시적(巨視的) 관광환경

1) 정치적 환경

　엘리엇(J. Elliot)은 정치적 환경을 수요와 지역의 안정성, 지리적 위치와 기후 등의 외부적 환경과 정치체제, 지도자의 지도력과 개성, 행정수행 능력, 관료 제도 등을 내부적 환경으로 구분하였으며, 홀(Colin Michael Hall)은 관광에 있어 정치적 범주를 정부의 역할, 관광정책, 국제관계, 테러(폭력)와 정치적 혁명, 관광개발, 정치체제, 정치사회의 가치변화, 자본주의 사회로 분류하였다.

　정치적 환경의 변수로는 법체계, 정치적 안전성, 정부의 계획과 정책 방향, 그리고 국제정세 등이 있다. 법체계란 국가의 범위 내에서 가장 명시적으로 규율하는 사회적 지침이라 할 수 있는데, 정부의 공공정책이나 기업의 경영정책은 법률이 정하는 범주 내에서 그 효과를 인정받을 수 있기 때문이다.

　정치적 안정성은 국제관광과 국내관광에 많은 영향을 끼친다. 정치 상황에 따라 정부의 관광에 대한 지원이나 규제 등과 같은 일련의 조치들이 발생된다.

　관광개발은 막대한 투자 비용이 필요하게 되고 투자에 필요한 막대한 재정은 민간기업이 감당하기 어렵기 때문이며, 특히 관광은 공공성과 외부효과로 인하여 공공기관의 개입이 불가피한 측면이 있다. 따라서 정부의 관광에 대한 중요성의 인식 여부에 따라 결정적인 영향을 받게 되며, 국제정세는 세계 각국이 정치·경제·사회·문화 등 다양한 측면에서 상호 의존관계를 지니고 있기 때문이다.

　냉전이 종식된 이후 세계질서의 재편성이 급속도로 진행되었으며, 국제 간에 있어 경제교류의 장애를 극복하려는 노력과 이념의 몰락 등과 같은 정치적 변화는 관광의 국제교류 증진에도 공헌하였다.

　정치적 변화는 이념을 초월하여 국가들의 실리를 추구하게 되었고, 아시아 신흥국가들이 선진국 대열에 참여, 세계의 중심축이 유럽에서 아시아·태평양 국가로 다극화되는 경향이며, 세계는 이들 국가에 관심이 증대하고 있다.

▶ 정치 트렌드

주요 트렌드	세부 트렌드
거버넌스(governance)의 중요성 증대	• 글로벌 거버넌스(global governance)의 위기 • 세계 정치주의의 다자주의 시대 • 협력적 거버넌스 구축 필요성의 증대
남·북 및 국제협력의 중요성 확대	• 한반도 신뢰 프로세스를 통한 남·북 관계 진전 • 유라시아 이니셔티브를 통한 동반 성장 및 번영 도모 • 공적 개발 원조(ODA: Official Development Assistance)의 지속 확대 • 자유무역협정(FTA: Free Trade Agreement)의 확대

자료: 최경은·안희자, 최근 관광 트렌드 분석 및 전망, 한국문화관광연구원, 2014, p.76

2) 경제적 환경

세계 각국의 이념적·정치적 논리에 따라 협력하던 시대와 달리 실용주의 원칙에 따라 자국의 경제적 이익을 최우선시하게 되었다. 세계 경제는 이미 무한경쟁시대에 돌입하여 국가 간의 경제 전쟁이 치열해지고 있으며, 자본주의 시장원리에 입각한 자유무역주의를 확산시키고 국가 간의 경쟁을 심화시키는 결과를 초래하였다. 유럽연합(EU: European Union)이라는 단일시장의 실현, 이러한 경제의 블록화 현상으로 세계화와 지역화가 동시에 진행되어 협력과 경쟁이라는 상반된 개념이 존재하게 되었다.

이러한 블록화를 추진하는 선진국들은 세계를 하나의 시장으로 완전 통합하기 위한 과도기인 블록의 필요성을 강조하고 있다.

경제적 환경은 통치행위에 미치지는 못하지만 직·간접적으로 관광 발전에 영향을 끼치는 경제 제도이며, 정치적 위험이 상호 존재한다. 경제적 제국주의, 국가안전, 사회변화에 역행하는 민간기업의 활동, 외교관계, 종교적 지침이나 문화적 이질성, 정치적 편의주의 등이다.

경제적 환경에서 가장 중요한 요인은 물가 수준이다. 물가 수준은 소득과 비용(費用)에 의해 결정되는데, 특히 환율은 해외여행에 있어 국가 간에 발생하는 상대적 비용의 개념으로 의사결정에 막대한 영향을 끼친다.

관광은 일반적으로 자유 무역산업으로 인식하고 있지만 정치·경제적 블록 (block)은 블록지역 내의 여행을 촉진시켜 통합된 지역 내의 화합은 지역관광에는 좋은 영향을 끼치겠지만 블록(block) 간의 관광객 이동에 있어서 새로운 장애 요인으로 부각되고 있다.

▶ 경제 트렌드

주요 트렌드	세부 트렌드
세계 경제의 변화	• 지역 블록화의 강화 • 글로벌 경쟁의 심화
융합 패러다임 및 공유경제 확산	• 산업 융합의 고도화 • 공유경제의 산업화 • 협력적 소비 형태 증가
저성장 및 양극화 심화	• 저성장을 특징으로 하는 뉴 노멀(New Normal)시대의 도래 • 빈부격차 해소를 추구하는 자본주의 5.0의 부상
주력 소비시장에서의 여성 및 아시아의 부상	• 소비시장에서 여성 구매력 및 영향력 확대 • 중국 소비시장 세분화·다양화 • 중국 소비자의 명품 구매욕 증가 • 미래 소비세대로서 핫 아시안(hot Asians) 부상
신흥 경제국의 성장	• 경제 대국으로 도약하고 있는 중국의 파워 • 성장 가능성이 큰 신흥경제국(BRICS)의 등장 • 유망 신흥시장으로 새롭게 부상하는 MINTs • 아시아니제이션(Asianization)으로 전환

자료: 김향자, 제3차 관광개발기본계획 수립을 위한 기초연구, 2009, p.46; 최경은·안희자, 최근 관광트렌드 분석 및 전망, 한국문화관광연구원, 2014, p.76을 참고하여 재작성함

■ **뉴 노멀(New Normal)**

시대 변화에 따라 새롭게 부상하는 표준으로, 위기 이후 5~10년간 세계 경제를 특징짓는 현상으로 과거를 반성하고 새로운 질서를 모색하는 시점에 등장하였다. 저성장, 저소비, 높은 실업률, 고위험, 규제 강화, 미 경제 역할 축소 등이 글로벌 경제 위기 이후 세계 경제에 나타날 뉴 노멀로 논의되고 있다. 과거 사례로는 대공황 이후 정부 역할 증대, 1980년대 이후 규제 완화, IT기술 발달이 초래한 금융 혁신 등이 대표적인 변화의 사례이다.

> ■ 브릭스(BRICS)
>
> 브릭스라는 용어를 처음 만든 사람은 영국 사람인 짐 오닐(Jim O'Neill)로서 당시 "더 나은 글로벌 경제 브릭스의 구축(Building Better Global Economic BRICs)"이라는 보고서를 발표하면서 브라질(Brazil)·러시아(Russia)·인도(India)·중국(China)의 신흥 경제 4개 국가를 일컫는 용어였다. 현재 남아프리카공화국(Republic of South Africa)이 회원국으로 가입하여 확장되었다.
>
> ■ 민트(MINTs)
>
> 멕시코(Mexico), 인도네시아(Indonesia), 나이지리아(Nigeria), 튀르키예(Türkiye) 등 4개 국가의 영문명 이니셜(initial)을 조합한 신조어로 미국계 자산 운용사 피델리티(Fidelity)가 처음 만들었다고 한다. 고령화 문제를 겪고 있는 선진 국가와 달리 풍부한 인구를 기반으로 젊은 층의 비중이 높아서 경제가 성장할 가능성이 높다고 하였다.

3) 사회적 환경

사회적 환경이란 연령, 인종, 성별, 유형, 가치관의 다양화, 소비생활 양식, 인구문제, 소비자운동, 노사관계 등이다. 유엔 보고서에 따르면 전 세계 60세 이상 노인 인구가 2050년에는 20억 명에 이를 것으로 전망하고 있으며, 고령인구의 증가로 고령 친화 산업의 수요가 급증할 것으로 전망하고 있다.

고령 친화 제품에는 노인을 위한 여가·관광·문화 또는 건강지원 서비스가 포함되어 있다. 베이비붐(baby boom) 세대가 생산과 소비의 중심계층에서 생산보다는 소비의 중심계층으로 전환될 것이며, 베이비붐 세대는 자산과 소득 수준이 이전 세대보다 높을 것으로 예상되고 능동적인 소비 주체로서의 성향도 갖고 있다고 하겠다. 건강, 여유 있는 자산, 적극적인 소비 의욕을 가진 이러한 전후 베이비붐 세대가 고령화 시대의 새로운 소비계층인 '뉴 시니어(new senior)'로 부상하고 있다.

■ **베이비붐(baby boom) 세대**

한국에서는 통상 한국전쟁 전후에 태어난 1955~1963년생을 말하며(1차 베이비부머 세대), 추가로 연간 90만 명 이상 출생한 1968~1974년생을 2차 베이비부머 세대로 분류하고 있다. 미국에서는 제2차 세계대전 후부터 1960년대에 걸쳐서 태어난 사람들을 의미하며, 여피(yuppie)로 대표되는 교육 정도가 높고 진보적인 사고를 하는 것이 특징이라 한다.

소비구조에 있어서 개성화 추구의 증가와 소비 선택 기준의 질적 변화양상 그리고 여성 시장·노인 시장·대도시의 젊은 엘리트 시장·맞벌이 부부 시장 등과 같은 새로운 시장의 출현 현상 등이 나타난다.

체계화된 교육제도를 바탕으로 문맹률의 저하와 고학력 사회, 컴퓨터 중심의 사회로 변화, 발전되고 있다. 그러나 경제성장의 역기능으로 인한 도시와 농촌 간 소득격차의 심화 현상과 실업률 등은 사회적 안정성을 저해할 수 있다.

산업사회에서 발생하는 노사(勞使)문제와 농촌과 도시의 문화적 격차의 증대 및 상대적 빈곤계층의 등장으로 인한 소외감의 대두, 각종 공해문제의 유발, 가치관의 이질화에 따른 제반 파생적 문제 등 경제성장의 역기능적 현상을 쉽게 찾아볼 수 있다. 또한 산업화로 인한 도시화의 진전, 환경오염의 사회문제화 등과 기계화로 인한 노동시간의 단축에 따른 여가시간의 확대와 문화활동 참여 욕구의 증대, 문화 수준의 중요성에 대한 인식의 확산과 국제화, 개방화에 따른 문화개방 등도 사회·문화적 환경에 영향을 미친다고 할 수 있다.

▶ 사회 트렌드 변화

주요 트렌드	세부 트렌드
저출산 및 고령화 사회	• 저출산으로 인한 인구성장률 둔화 • 고령화 사회로 인한 관련 산업의 지속적 성장 • 독거노인의 증가 • 신세대 노년층, 뉴 시니어 세대의 부상 • 주요 소비층으로서 중년층의 부상 • 중·장년층을 위한 복고(復古)열풍의 부상
새로운 가구 유형	• 소규모 가구(1~2인)의 증가 • 솔로 이코노미(solo economy) 부상 • 다문화 가정의 증가
개인화 증대	• 자기만의 스타일 중시 • 마이너리즘(minorism)의 확산 • 개인주의 만연에 대한 저항
안전에 대한 인식	• 인적 재난 사고에 대한 심각성 대두 • 사회적 재난으로서 전염성 질병의 인명피해 확산 • 프리 크라임(pre-crime) 관심 증대
소비문화의 변화 및 세분화	• 맞춤형 소비문화 확산 • 칩 시크(cheap-chic) 확산 • 럭셔리(luxury) 구매 욕구의 증가에 따른 프리미엄(premium)제품의 다양화 • 전통에 대한 관심 증대 및 확산 • 체험 및 경험 소비 추구의 확대 • 인터넷 엘리트(internet elite)의 등장
라이프 밸런싱 추구	• 일과 생활의 균형에 관한 사회적 논의 확산 • 가족 중심의 가치관으로 변화 • 다운 시프트(down shift), 호모 루덴스(homo ludens)적 삶의 추구 • 호모 모투스(homo motus)의 등장
웰빙 및 힐링 라이프 스타일의 확산	• 웰빙(well-being) 식문화에 대한 지속적인 관심 증대와 웰빙족의 증가 • 새로운 사회문화 코드로서 힐링(healing)의 부상

자료: 김향자, 제3차 관광개발기본계획 수립을 위한 기초연구, 2009, p.47; 최경은·안희자, 최근 관광 트렌드 분석 및 전망, 한국문화관광연구원, 2014, p.75; 중앙 선데이(2023년 1월 21~23일)를 참고하여 재구성함

■ 신세대 노인층

고령화 사회의 진입에 따른 소비자 집단의 출현 현상으로 자녀에게 부양받기를 거부하고 부부끼리 독립적으로 생활하려는 노인 세대(통크족(tonk)족: 'two only no kids'의 약칭), 손자 및 손녀를 돌보느라 시간을 빼앗기던 전통적인 모습을 초월하여 자신들의 인생을 추구하는 신세대 노인층으로서 이를 계기로 실버 마케팅(silver marketing)이라는 용어도 등장하게 되었다.

■ 스웨그(swag)

스웨그(swag)는 셰익스피어(William Shakespeare)에 의해 탄생한 말로 '허세', '자유분방함', '으스대는 기분' 등을 표현하는 힙합 용어로 사용되다가 사회문화적인 측면에서 '가벼움', '여유', '자유로움' 등을 상징하는 용어로 통용되고 있다.

■ 칩 시크(cheap-chic)

합리적인(cheap) 가격에 세련된(chic) 디자인, 실용적인 기능을 겸비한 제품 및 서비스를 의미하는 용어이다. 명품과 저가 제품으로 양분돼 있던 기존 시장의 틈새를 겨냥한 것으로 단순히 가격만 낮춘 것이 아니라 성능과 디자인이 고가제품과 같이 우수하다는 특징을 강조하는 개념이다.

■ 인터넷 엘리트(internet elite)

디지털 시대의 인터넷과 벤처의 발달로 인하여 정보기술을 선도하고 정보기술에 대한 높은 적응력을 보이며, 자기에게 필요한 제품을 구매하는 소비 패턴을 보이는 집단이다. 일명 예티(yetties)족이라고 하며, 젊고(young), 기업가적(enterpreneurial)이며, 기술에 바탕을 둔(tech-based) 집단을 약칭하는 용어로 국립국어원(2008년)에서 자기가치개발족(族)으로 순화하였다.

■ 다운 시프트(down shift) 문화

현대인들은 바쁘게 살아가며 치열한 경쟁 속에서 성공이라는 목표를 정하고 최선을 다해서 생활하지만 과연 행복하게 살고 있는가라는 질문에 대해 삶의 방식을 되돌아본다는 의미에서 나온 용어이다. 고소득이나 빠른 승진보다는 비록 저소득일지라도 여유 있는 직장생활을 즐기면서 삶의 만족을 찾으려는 행태를 지칭하는데, 사회적 지위 및 금전 수입에 연연하지 않고 삶을 즐기는 문화를 의미한다. 일명 슬로비족(slobbie)이라고 하는데 천천히 그러나 더 훌륭하게 일하는 사람(Slow But Better Working People)의 약칭으로 속도를 늦추고 보다 천천히, 느긋하게 생활하기를 원하며 물질과 출세보다는 마음과 가족을 중시한다는 것이다.

- **호모 루덴스(homo ludens)**

    놀이하는 인간, 노는 인간을 지칭하는 용어로 인간은 놀면서 행복을 추구하는 존재이며, 삶을 놀이로 만드는 것은 인간의 의무이자, 성공의 길이며, 행복의 길이 된다는 의미이다.

    우리의 시대보다 더 행복했던 시대에 인류는 자기 자신을 가리켜 "호모 사피엔스(homo sapiens: 합리적인 생각을 하는 사람)"라고 불렀다. 그러나 세월이 흐르면서 우리 인류는 합리주의와 순수 낙관론을 숭상했던 18세기 사람들의 주장과는 달리 합리적인 존재가 아니라는 게 밝혀졌다.

- **호모 모투스(homo motus)**

    코로나-19가 엔데믹(endemic)으로 전환되면서 사회적 거리두기 및 출입국 규제 완화의 영향으로 여행과 야외활동에 대한 수요가 증가하는 추세에서 호모 모투스(homo motus)가 나타났다. 호모 모투스는 해외여행과 운동, 문화생활과 같은 역동적인 인생을 추구하는 삶의 현상이다.

4) 문화적 환경

정보·통신의 획기적인 발달로 과거보다 생산성과 부가가치가 높은 지식정보사회로 변화되었다. 교육 수준과 의식 수준이 높아진 신세대형 소비자들의 등장과 증가하는 여유시간을 보람 있게 소비하려는 경향이 증가하게 될 것이다. 도시 근교 농·어촌 지역으로의 도시화의 확산과 농촌지역 인구감소의 지속 등의 변화 및 전원생활을 즐기려는 도시민들의 증가 현상이 점차 커지게 될 것이다.

특히 도시화, 산업화의 과정에서 파생된 환경문제에 관한 관심이 증가하고 컴퓨터 중심의 사회로 인한 테크노스트레스(techno-stress)의 증가에 따른 여가 욕구의 증가 현상이 필연적이라고 할 수 있다.

교육 수준의 향상, 통신기술의 발달로 다른 문화에 대한 지식과 인식에 대한 욕구가 증대되어 세계가 하나의 국가화(cosmopolitan world)를 이룰 것이며 이것은 관광에도 많은 영향을 끼치게 될 것이다. 전 세계인이 공유하는 생활방식의 형성과 관광은 이러한 '세계적인 생활양식(global life style)'의 주요 원인으로 작용함과 동시에 그 결과로 발전하게 될 것이다. 그러나 문화를 상품화하는 추세를 감안할 때 전통적인 문화의 파괴와 상품성을 유발하는 변형적인 문화의 파급이 우려될 수도 있다.

▶ 문화 트렌드

주요 트렌드	세부 트렌드
신 한류	• 한류 열풍의 확산 • 음악(K-Pop), 드라마, 영화, 게임 등과 같은 문화관련 콘텐츠
문화마케팅	• 미디어 문화마케팅의 글로벌화 • 문화예술의 가치 중요성 확대 • 라이프 밸런싱(life balancing)을 위해 추구하는 가치 변화 • 엔터테인먼트 · 문화콘텐츠 소비자 증가 • 다운 시프트(down shift) 문화의 확산 • 로하스(LOHAS, 환경 친화적)문화를 추구하는 소비자 증가
창조산업	• 서적, 영화, 음악, 소프트웨어 등 관련 산업 • 디자인, 패션, 영화, 비주얼 아트(visual arts), 광고, 건축 등 문화 · 예술 산업

자료: 심원섭, 미래관광환경변화와 신 관광정책 방향, 한국문화관광연구원, 2012, pp.91, 119-125를 참조하여 재작성함

■ 로하스(LOHAS)

로하스(LOHAS: Lifestyle Of Health And Sustainability)란 개인의 건강뿐만 아니라 사회의 지속 성장을 추구하고 환경을 생각하는 생활 스타일을 의미한다. 건강과 환경의 공존을 위해 자원 가치를 보호 보전하여 후손에게 물려주는 것을 추구하는 의미를 지칭한다. 로하스족은 상업화된 웰빙(well-being)문화에 대한 반성과 친자연, 웰빙 트렌드를 주도할 소비 세력으로 등장하게 되었다.

---

5) 생태적 환경

인류문명의 발전과 더불어 표출된 인구의 증가는 자연자원에 대한 과도한 수요를 유발하고 있으며, 빈곤한 재개발 도상 국가는 생존경쟁을 유발하고 선진국의 대량소비는 인류의 생존과 번영의 기반이 된 세계자원을 파괴, 훼손시킴으로써 지구 생태계에 많은 영향을 주고 있다.

특히 관광과 관련하여 환경은 관광객 유인에 필수적인 자연자원 · 문화자원에 대하여 관광적 가치를 부여하고 있기에, 이로 인하여 환경의 보호는 관광의 장기적인 발전을 보장하는 가장 중요한 요소가 되고 있다. 오늘날 관광목적지로

성공한 경우 대부분은 물리적 환경의 청결성과 환경의 보호, 지역 특성이 구분 되는 문화적 패턴을 갖추고 있는 곳이다. 이를 위해서는 환경보호와 관련되는 관광산업을 적극적으로 개발·장려해야 하며, 관광산업을 위해서는 중앙정부와 지방정부가 공동으로 지방·지역의 환경파괴를 유발하는 개발을 자제하고 민간 자본의 관광개발을 환경보호의 차원에서 규제할 필요성이 있다.

무분별한 개발과 자연환경의 파괴는 수질·대기오염의 심각한 문제로 대두되 고 있다. 이는 그린라운드(GR : Green Round)의 출현과 자연환경에 대한 관심의 증 대, 환경기술의 개발과 환경보전을 위한 범세계적인 기술을 축적하게 하고 환경 보호에 대한 압력을 더욱 증대시키게 되었다.

경제개발 정책으로 개발도상국들은 관광을 현대사회에 있어 최상의 경제성장 도구로 인식하고 있으며 관광에 대해 더욱 현실적인 접근을 하기 시작했다. 개 발도상국들은 '최적의(optimum)', '지구력 있는(sustainable)' 관광을 추구하고 있는데 이의 목적은 경제·사회·문화·환경적 관심사를 고려한 것이며 이러한 종류의 관광 발전은 포괄적이고 종합적인 계획을 필요로 한다. 따라서 환경보호 운동 등의 확산을 통한 관광상품 개발이 부각되는 이른바 녹색관광이 확산하게 된다.

▶ **환경 트렌드**

주요 트렌드	세부 트렌드
지구환경의 변화	• 기후 협정과 환경 변화 • 지속 가능한 개발 논리 확산 • 환경보전과 개발의 통합적 접근
에너지 절감 및 자원 활용의 가치 제고	• 에너지 절약 추구형 소비 증가 • 에너지 절약형 스마트 시티(smart city)에 대한 관심 증대 • 대체 에너지 개발 확대 • 업 사이클링(up-cycling) 문화 확산
기후변화 대응노력 강화	• 자연재해 확산 및 피해 증가 • 녹색성장을 위한 국제협력 강화 • 산업계 비즈니스 동력으로서 녹색산업의 성장
친환경 패러다임 확산	• 일상생활에서 친환경적 삶의 추구 • 친환경 소비 증대

자료: 김향자, 제3차 관광개발기본계획 수립을 위한 기초연구, 2009, p.46; 최경은·안희자, 최근 관광트 렌드 분석 및 전망, 한국문화관광연구원, 2014, p.76을 참고하여 재구성함

6) 기술적 환경

정보기술의 발전으로 세계 각국은 정보를 이용한 상품판매가 가속화되고 있으며 정보의 양은 급속도로 증가하고 있다. 선진국의 노동 인력의 대부분은 정보를 다루는 직업에 종사하고 있으며, 정보기술은 기업의 경영, 국가관리 등 사회 전반에 걸쳐 지대한 영향력을 발휘하고 있다. 이는 또한 관광산업의 환경 등을 변화시키는 전략적인 자원으로 부상하고 있다. 이러한 현상은 사람들의 여가와 관광에 대한 욕구 증가와 산업 및 기술에서도 즐기는 기술로 그 경향이 변화하는 유비쿼터스(ubiquitous) 환경 조성의 가속화로 이어지고 있다. 온라인(on-line)·오프라인(off-line)이 통합되고 그 경계가 불분명해지고 있으며, 서비스 경제 체제로의 전환이 이루어져 체험 경제의 개념을 갖추게 되었기 때문이다.

▶ 기술 트렌드

주요 트렌드	세부 트렌드
SNS의 무한 확장	• SNS(Social Network Services/sites)의 일상 생활화 • 정보 민주주의 확산 • 클라우드 소싱(cloud sourcing)의 발달 • 온라인 사생활 보호 중요성 확대
초연결 사회로의 진전	• 사물 인터넷(IoT: Internet of Things) 확산 • 빅 데이터(big data)의 영향력 강화 • 클라우드(cloud) 서비스의 확산 • 가상세계로까지 넓어진 생활 영역 • 인터넷 엘리트(internet elite)의 등장
모바일의 심화	• 디지털 노마드(digital nomad) 시대 도래 • 증강 인류(augmented humanity)로 진화
ICT 기반 융합산업 확대	• ICT(Information and Communications Technologies) 기반 산업 활성화 • 창의성에 기반을 둔 스타트 업체 증가

자료: 최경은·안희자, 최근 관광트렌드 분석 및 전망, 한국문화관광연구원, 2014, p.74을 참고하여 작성함

관광상품은 일반 제품과 달리 구매 시점에서 직접 눈으로 확인할 수 없기 때문에 관광산업에서 정보가 차지하는 비중은 타 산업에 비해 높다고 할 수 있다. 더욱이 현대의 관광객은 여행경험이 풍부해짐에 따라, 더욱 다양한 동기와 특별한 목적을 갖고 여행을 떠나기 때문에 기존의 정태적 관광정보에는 만족하지 않고 보다 동적(動的)이고 깊이 있는 정보를 요구하고 있다. 이러한 소비자의 정보 욕구에 대응하기 위해서 관광기업들은 고도의 정보기술을 바탕으로 한 차별화

된 관광 서비스를 제공해야만 한다. 관광산업에서의 정보기술은 관광기업의 업무 효율성 증진 및 서비스 질(質)의 향상에도 기여하고, 새로운 서비스 개발을 통해 고객만족의 극대화를 추구하는 강력한 수단이 되고 있다.

> **■ 디지털 노마드(digital nomad)**
>
> 디지털(digital)과 유목민(nomad)이 합성한 단어로 프랑스의 자크 아탈리(Jacques Attali)가 '21세기 사전'에서 처음 소개한 용어(1997년)이다. 주로 노트북이나 스마트 폰 등을 이용해 장소에 상관하지 않고 여기저기 이동하며 업무를 보는 사람을 표현한다. 일과 주거에 있어서 땅에 뿌리 내리고 토박이로 살며 정체성과 배타성을 지닌 민족을 이루기보다는, 어떤 정해진 형상이나 법칙에 구애받지 않고 바람이나 구름처럼 이동하며 정착하여 살아가는 정주민의 고정관념과 위계질서로부터 해방된 유목인을 의미한다.
>
> **■ 증강 인류(augmented humanity)**
>
> 스마트 폰 도입 초기에 유행했던 '증강현실(Augmented Reality: AR)'의 개념을 확장한 것으로 음성 인식, 자동 번역 등을 통해 외국어를 배우지 않고도 서로 다른 언어를 쓰는 사람들끼리 의사소통할 수 있는 기술을 대표적으로 제시하였는데, 미래에는 사람이 하기 어려운 일은 컴퓨터가 처리해 줄 것이라는 의미이다. 스마트 폰이 제공하는 정보를 이용해 인간의 능력을 확장시킨다는 개념으로 스마트 폰을 가진 사람은 인터넷과 연결돼 이전에 할 수 없었던 일을 할 수 있게 된다는 의미이다.

7) 법·제도적 환경

관광을 전략적 사업(strategic business)으로 육성하기 위해 국가 또는 공공단체의 정책 방향 설정이 직접적인 영향을 미치는 요인으로 작용하고 있다. 관광활동에 직접적인 영향을 미치는 환경에는 법률적 환경(legal government)이 있으며, 이를 정부 환경 또는 행정적 환경(government environment)이라고도 한다.

행정기능의 확대와 행정권의 강화 그리고 행정재량권으로 권한 행사를 하는데 경제 관료의 영향력 정도가 증대되면서 바람직하지 못한 권력 남용 및 무책임한 행정행위의 가능성이 점차 커지고 있다. 또한 공정성의 결여와 형식적이고 행정 편의적인 역기능이 발생하고 있다.

많은 국가들은 호텔의 개보수 비용을 융자해 주는 등의 금융지원을 하고 있으며, 이와 반대로 국가들이 겪고 있는 정부 재정적자로 인해 관광이 새로운 세금의 표적이 되고 있다. 즉 각종 관광시설, 서비스에 대해 세금이나 요금을 부과하고 심지어 관광을 '사치상품'으로 인식하여 차별 과세를 하고 이를 확대하려는 사례가 있다. 정부의 규제는 시장의 내적 요인뿐만 아니라 정치·경제·사회적 요인에 영향을 미치는 환경이다.

2. 미시적(微視的) 관광환경

1) 관광마케팅 · 홍보

정보화 환경의 폭이 넓어지면서 최첨단 기술에 의한 관광홍보에 관심이 높아지고 있다. 국가나 도시별로 이루어지는 다양한 목적지의 홍보, 마케팅 노력을 로케이션 브랜딩(location branding)으로 개념화하고 있으며, 이를 종합적인 인지도 관리모델이라고 할 수 있다.

관광 경쟁력은 이미지 향상을 통한 상호교류의 증진에서 비롯되며 이미지 광고를 비롯한 홍보활동이나 각종 이벤트를 개최하여 알리기에 매진하는 것은 결국 상호 교류를 증진시키기 위한 의도라고 볼 수 있다.

관광은 이미지를 변화시키는 데 체험 관련 사업을 관장하게 되는데, 직접 방문해서 보고, 느끼며, 감명받는 과정을 통해 새로운 사실을 발견하고 잘못 형성된 이미지를 전환시키는 데 결정적인 역할을 한다. 심리적인 거리를 단축시키는 역할을 하는 산업이 바로 관광이다. 관광산업 세분화의 가속화와 전문화로 인하여 유통혁명을 가져왔으며, 상품과 마케팅은 상호 의존적이기 때문에, 일반 마케팅보다 오히려 고차원적인 통합마케팅(total marketing)을 시도하려는 노력을 기울이고 있다.

관광홍보는 우선적으로 방문객들을 대상으로 한 전략이 필수적이었다. 이로 인하여 그동안 대부분의 관광은 외지 방문객을 위한 것으로 인식되어 왔으며, 관광객은 손님의 입장에서 주민보다 우선해서 배려되어야 한다는 사고가 일반적 관념이다.

관광객의 여행 욕구는 다양해지고, 여행에 관한 정보를 쉽게 획득할 수 있어야 하며, 관광객 유치를 위한 마케팅 활동에 관심을 기울일 필요가 있다.

2) 관광상품

관광상품은 소비자 욕구의 변화와 다양화 및 특성화로 인해서 목적지와 관련된 기관 및 업체들은 고객의 성향에 초점을 맞추는 관광상품을 개발하게 될 것이다. 사회, 경제, 환경, 기술, 정치적 여건이 급속히 변화하고 있으며, 관광부문역시 다양한 변화를 하고 있다. Z세대와 밀레니얼(millennial) 세대의 등장, 일과 삶의 균형을 추구하는 사회 인식, 근로시간의 변화 등으로 인한 여가시간의 증가를 비롯해 공유경제 확산, 4차 산업혁명에 따른 기술 진보, 기후 변화와 지속 가능성에 대한 인식, 글로벌 정치·외교 환경 변화 등으로 관광시장과 여행행태 등에 많은 변화가 나타나고 있다.

관광객들의 여행경험 증가는 여행 동기부터 정보 획득 방법, 목적지 선택, 여행 활동, 소비 지출 등에 이르기까지 전반적인 관광 트렌드에 큰 영향을 미치고 있다. 또한 과거에 비해 더 쉽고 편리하게 여행정보를 얻고, 더 다양한 수단으로 여행지로 이동할 수 있으며, 개인이 원하는 때에 원하는 여행활동을 할 수 있는 여건이 마련되어 관광이 더이상 특별한 이벤트가 아니라 여가의 일부분이라는 인식이 강화되고 있다.

기술 발전으로 인해 관광영역에서 나타나고 있는 트렌드로 '여행 플랫폼 비즈니스의 성장과 관광 지형 변화'를 꼽을 수 있다. 여행 서비스 유통구조는 여행 플랫폼을 기반으로 급속하게 변화하고 있는데, 이는 관광소비 트렌드뿐 아니라 관광산업 지형에서도 대대적인 변화를 야기하고 있다. 여행객의 측면에서 여행 플랫폼 비즈니스는 똑똑한 소비자의 등장이라는 사회·문화 트렌드와 맞물리면서 성장하고 있는데, 한편으로 플랫폼 비즈니스의 성장에 따라 FIT 여행의 증가, 모바일 플랫폼을 이용한 정보 탐색, 상품예약, '경험'을 공유하고 소비하는 여행행태 변화가 더욱 가속화될 것으로 전망되며, 고객의 개성, 활동, 고도의 안전성을 확보한 상품에 대한 관심도를 높이는 것은 필수적인 과제가 되었다.

3) 관광개발

관광 트렌드가 자연과의 접촉을 통한 모험, 생태관광 등에 대한 선호도가 높아지고 있는 것은 국내외 관광에서 나타나는 공통적인 현상이다. 이러한 경향은 도시가 아닌 지역의 자연환경과 고유한 지역문화 자체뿐만 아니라 지역 자연과 문화 기반의 다양한 축제 및 행사 등을 찾는 관광객 수의 증가로 이어지고 있다.

관광 트렌드 변화에서 관광객 스스로가 관광 가치를 창출하는 능동적 창조관광으로 전환되고 있고 지역 곳곳의 알려지지 않은 목적지들을 관광객들이 직접 찾게 되는 소비자 주도형 관광이 활성화될 것으로 전망된다.

관광개발을 통한 관광의 활성화는 경제의 회생과 복원의 절대 동력으로서의 역할을 하기 위해 노력하고 있으며, 관광객이 경험을 통하여 삶의 질을 충족시킬 수 있는 관광개발을 추진하는 사례가 많아지고 있다.

경쟁력을 강화하고자 관광지를 효과적으로 개발하여 관광상품으로 전환하기 위해서는 주요 변화 요인을 우선적으로 파악해야 한다.

4) 관광인력

세계 인구의 변화는 관광인구와 산업사회의 노동력 제공 차원에서 매우 중요한 요소가 되고 있다. 오늘날 젊은 층 인구의 비율이 감소하고 있는 선진국에서는 양질의 노동인력 확보가 심각한 문제가 되고 있다. 인구정책은 관광산업에 있어서도 주요한 문제로 부각되고 있으며, 국제노동기구(ILO: International Labour Organization), 세계관광기구(UNWTO: World Tourism Organization), 아시아 태평양 경제사회위원회(ESCAP: Economic and Social Commission for Asia and the Pacific) 등의 국제기구에서도 관광전문 인력양성에 대해 많은 관심을 갖고 국가 간 정보 및 아이디어 교류를 위한 회의를 개최하거나 특별 프로그램을 수행하고 있다.

관광분야는 사람이 중심이 되는 노동집약적 산업이다. 노동력 부족과 더불어 관광산업 분야에서도 인재 고용을 위한 필요성이 대두될 것으로 전망하고 있다. 국제노동기구(ILO)에서도 '훈련은 그 자체가 목적은 아니지만 향상된 직원의 능력을 통해 생산성을 증대시키기 위한 것이다.'라는 취지하에 훈련을 통한 관광산업의 생산성 향상을 위한 각종 지원 방안을 모색해야 한다고 언급하고 있다.

관광산업은 향후 신규 인력의 확보가 어렵게 될 것이라는 전망이며, 정보화사회의 진전으로 인한 노동력 대체 등 인력 수급의 불균형 현상도 고려해야 할 환경이다.

5) 환대서비스

관광은 이동과 목적지에서의 체재가 반드시 수반되며, 이와 관련하여 교통, 숙박, 식음료, 쇼핑 등 다양한 목적을 추구하는 시설들의 발전을 가져오게 되었으며, 관광관련 사업 분야에 종사하고 있는 사람들의 친절과 서비스 정신은 오늘날 환대산업의 대명사로서 많은 사람들에게 인식되고 있다.

예의와 친절, 진지한 관심, 방문객들에게 봉사하고 친해지려는 정신 그리고 따뜻하고 우정 어린 표현들은 환대산업에서 중요하며, 기본적인 사고라는 생각을 갖게 해주고 있다.

서비스는 서비스의 가장 기본적인 이해와 정신은 바로 서로가 감사하는 마음 자세를 가지는 것에서부터 출발해야 한다.

관광은 관광객에게 서비스를 제공하고 이 서비스는 관광객에게 중요한 영향을 끼치고 있기 때문에 영리를 추구하는 관광사업, 관광지의 환대정신, 국가사업에 있어서 서비스의 확립 여부는 관광 발전의 성공 여부와 직결되는 환경이다.

6) 투자환경

관광이란 관광객이 이동하고 소비하는 활동을 하는 과정으로서 이동과 목적지에서의 관광 활동을 할 수 있는 다양한 시설이 요구된다. 관광객은 새롭고 신기한 것을 추구한다. 사회·문화, 경제적 환경 변화는 관광객들의 관광·여가형태에도 유적지, 명승고적 등을 단순히 탐방하는 수준에서 최근에는 휴양, 스포츠, 체험관광 등의 오감(五感)을 만족하는 관광으로 변화하고 있다.

관광에 있어 주요한 사업 중 하나는 투자 활성화이다. 이를 위해서는 투자환경의 조성이 필요하게 되는데, 국가의 근본적인 관광환경의 평가는 관광인프라

확충을 위한 제도적 기반을 구축하는 것이다. 이를 위해서는 경쟁력 강화를 위해 추진되는 사업이라는 측면에서 관광산업이 도로, 철도, 항만, 공항과 같은 국가 기반 시설의 건설을 위한 투자의 개념에서 이해되어야 한다. 투자 현황에 대한 이해와 분석은 관광에서 중요한 환경이 된다.

제3절 관광환경 분석

1. 세계 관광시장 분석

관광에 영향을 미치는 관광환경 또는 정책 환경 등은 거시적·미시적인 측면에서 많은 연구가 이루어져 왔다. 따라서 관광 여건을 거시적·미시적인 관점에서 분류하고, 이에 따른 주요 지역별·국가별 분석이 필요하다. 이러한 분석은 관광환경을 둘러싼 정치, 경제, 사회·문화, 기술, 생태, 법·제도 등이 연구되어야 한다.

관광 여건 분석은 세계관광의 전망을 분석하고, 지역별로 긍정적인 측면과 부정적인 측면 등을 분석하는 것도 방법이 될 수 있다.

▶ 세계 관광시장의 환경분석

구분	분석 항목 사례	긍정적 요인	부정적 요인
거시적 환경분석	정치, 경제, 사회, 문화, 생태, 기술, 법·제도 등		
미시적 환경분석	관광마케팅·홍보, 관광상품, 관광개발, 관광인력, 환대서비스, 투자환경 등		

2. 지역별·국가별 환경분석

세계 관광시장의 여건분석을 기본으로 한 지역별 분석은 관광객 이동에 있어 지역 간의 역할이 중요하기 때문에 환경분석은 중요한 의미를 갖는다. 또한 관광객을 유치할 수 있는 국가별 특성을 도출함으로써 정책을 수립하기 위한 지표를 설정할 수 있다.

▶ 지역별·국가별 환경분석

지역	국가명	환경분석	긍정적 요인	부정적 요인
아시아	일본, 중국, 태국, 싱가포르, 홍콩 등	거시적 환경분석, 미시적 환경분석		
유럽	독일, 프랑스, 스페인, 이탈리아 등			
미주	미국, 캐나다 등			
대양주	호주, 뉴질랜드 등			

1) 관광정책의 목표

관광정책의 목표는 경제발전의 정도에 따라 국가가 추구하고자 하는 방향은 국가별로 차이점이 존재하게 된다. 따라서 국가별 관광정책의 목표를 기본으로 관광객 유치를 위한 방안을 수립할 수 있다.

▶ 관광정책 목표

지역	국가별	관광정책 목표	세부적인 정책목표
아시아			
유럽			
미주			
대양주			

2) 관광객 만족 시책

관광객 만족 시책은 국가가 관광객을 유치하기 위해 추진하고자 하는 정책으로 관광상품 개발, 관광시설, 관광품질 개선, 관광 서비스 등과 같은 내용을 분석하는 것이다.

▶ 관광객 만족 시책

지역	국가별	관광상품 개발	관광시설	관광품질	관광 서비스
아시아					
유럽					
미주					
대양주					

3. 국가별 관광시장 분석

1) 자연환경

　세계는 지역마다 생활양식이 다른 모습으로 표현되고 경관적인 특색이 상이하게 나타나는 것은 자연환경과 이에 관련된 인간 환경이 각각 다르기 때문이다. 자연환경이란 위치, 기후, 지질, 지형, 식생, 토양, 강수, 해양 등으로서 이들 요소를 하나하나 분석하여 살펴보고, 이를 관광과 연관하여 인식하는 것이 중요하다.

2) 정치환경

　관광정책의 추진에 있어 과정을 고려할 경우, 이를 실현하기 위한 환경이 중요한 요인이 되고 있다. 이러한 이유는 정책의 연구는 미래를 반영시켜야 하기 때문이다. 정치 환경분석은 행정조직, 수도(capital), 정치제도, 정치체제, 정치의 안정성, 주변국과의 정치·외교관계, 국제관계, 테러, 정치적 혁명, 자본주의와 사회주의, 정치체제, 가치변화, 이념 등이다.

3) 경제환경

　관광은 일종의 소비 행동인 만큼 경제적 조건은 관광에 있어서 중요한 변수가 된다. 생산성 향상과 가처분 소득(disposable income)의 증가는 관광을 촉진하는 역할을 하면서 사회 전반의 관광인구도 함께 증가하였다. 경제환경이란 1인당 GDP, 경제성장률, 개인소비지출, 저축률, 실질 GDP 성장률, 경상수지, 연평균 대미환율, 소비자 물가, 실업률, 개인 가처분 소득, 국민 총생산액, 외환보유고, 무역수지, 물가 상승률, 재정수지 등이다.

4) 사회환경

　도시화·산업화의 과정에서 파생되는 여러 가지 사회 문제에 관심이 증가하고, 고밀도 및 정보화 사회에서 발생되는 인간소외의 현상은 일탈(逸脫)을 낳게 되고, 스트레스 증가에 따른 욕구의 해소는 필수적이다. 사회환경은 총인구, 주요 지역 및 도시 현황, 사회적 안정성, 유급 휴가(paid holiday), 주당 근무시간, 사회간접자본 확충, 교육제도, 교육 수준, 임금수준, 노사관계, 성별, 연령, 인종, 소비생활 양식, 소비자 운동, 노사관계, 가치관의 다양성 등이다.

5) 문화환경

문화환경은 국가나 사회 전반의 가치관과 윤리관을 형성하게 되며 이는 관광활동에 많은 영향을 끼치게 된다. 교육수준의 향상과 통신기술의 발달로 인하여 다른 문화에 대한 지식과 인식에 대한 욕구가 증대되어 세계의 지구촌화를 통하여 이질적인 문화의 접변은 관광에 많은 영향을 미치고 있다. 문화환경이란 종교, 언어, 문화 수준, 문화개방도, 문화활동 시간, 문맹률, 지식 등이다.

6) 법·제도

관광산업을 육성하는 데 국가 또는 자치단체의 정책적 방향 설정은 전략적 사업으로 유도해 나가는 정책으로, 관광 활동에 직접적인 영향을 미치는 법률적·제도적 환경이 있는데, 이를 정부 환경 또는 행정적 환경이라고 할 수 있다. 법·제도적 분석은 출입국관리(여권 및 비자, 검역, 세관), 외환관리제도, 화폐제도, 보험, 소비자 보호, 출국세 부과, 공항세, 항만, 국제교류에 관한 내용, 과세 등이다.

▶ 관광시장 조사 분석

구분	분석내용
자연환경	위치, 지질, 지형, 하천, 평야, 해안, 산지, 화산, 기후, 기온, 강수, 일조, 계절, 국토 면적 등
정치환경	행정조직, 수도(capital), 정치제도, 정치체제, 정치의 안정성, 주변국과의 정치·외교관계, 국제관계, 테러, 정치적 혁명, 자본주의와 사회주의, 정치체제, 가치변화, 이념 등
경제환경	1인당 GDP(US\$), 경제성장률(%), 개인소비지출(%), 저축률(%), 실질 GDP 성장률, 경상수지(백만 달러), 연평균 환율, 소비자물가지수(%), 실업률(%), 개인 가처분 소득(US\$), 국민 총생산액(US\$), 외환 보유고(\$), 무역수지(\$), 물가 상승률(%), 재정수지 등
사회환경	총인구, 주요 지역(도시) 현황, 사회적 안정성, 휴가 일수, 주당 근무시간, 사회간접자본 확충, 교육제도, 교육수준, 임금수준, 노사관계, 성별, 연령, 인종, 소비 생활양식, 소비자 운동, 노사관계 가치관의 다양성 등
문화환경	종교, 언어, 문화수준, 문화개방도, 문화활동 시간, 문맹률, 지식 등
법·제도	출입국관리(여권 및 비자, 검역, 세관), 외환관리제도, 화폐제도, 보험, 소비자 보호, 출국세 부과, 공항세 항만, 국제교류에 관한 내용, 과제 등

4. 국가별 관광환경 분석

1) 출입국

관광은 이동 현상이라는 측면에서 공간적 이동의 전이를 통한 이동성과 다양한 참여 계층의 증가는 관광객 배출국가와 관광객 유입국가에 있어서 매우 중요한 요인으로 인식되고 있다. 출입국 분석은 관광시장, 국제 수송, 국내 교통, 쇼핑, 외래객 입국자 수, 외래객 체재 일수, 내국인 출국자 수, 평균 여행비용, 평균 여행 횟수, 평균 국외여행일 수, 외래객 평균 소비액 등이다.

2) 관광수지

관광을 통한 국제 간 자본이동의 확대 차원에서 관광수지(收支)에 절대적인 영향을 미치며, 국가의 경제적 안정과 국제적 경제향상에 커다란 공헌을 하고 있다. 관광을 통한 수입과 지출은 국가의 균형적 발전에 영향을 주게 되며, 관광수지의 분석은 경제의 안정과 성장, 국민소득증대를 통한 소득격차를 시정하고 고용 창출 및 안정에도 기여하게 된다.

관광수지 분석은 관광외화 수입(A), 관광외화 지출(B), 관광수지(A-b), 무역역조 보전(補塡), 외화가득률, 부가가치율, 수입 유발률, 고용 유발률, 산업 연관효과, 세수 효과 등이다.

3) 관광행정 조직

관광목적을 달성하기 위한 가장 효과적인 시스템은 일정한 사회구조 속에서 어떠한 조직을 형성시켜 전체체계를 총괄·유지해 나가는 것이 무엇보다 중요하다고 할 수 있다. 행정조직은 관광행정과 정책을 실시·집행하는 주체로서 공익을 목적으로 하는 조직을 의미한다. 관광 행정조직은 환경변화에 대한 정책 결정, 의사결정, 의사 관리, 의사 통제, 의사 조정, 조성, 복지, 보호, 개발, 정책, 대응능력, 정부의 정책 추진력, 정책 입안 능력, 정부 규제(행정 등), 정부 관광행정 기관(NTA)과 정부 관광기구(NTO)의 역할 등이다.

4) 관광 관련 사업

관광사업은 관광 왕래를 대상으로 하는 서비스산업을 총칭하며, 직접적인 관광사업과 간접적인 관광사업을 지칭하는 것이다. 관광 관련 사업에는 여행업, 관광숙박업, 국제회의업, 카지노업, 테마파크, 크루즈, 오락시설, 체육시설 등과 같은 다양한 레저시설이 모두 포함된다.

5) 관광교통

관광교통이란 관광객의 이동을 의미하며, 관광객이 관광 대상인 관광자원을 찾아 움직이는 관광 현상으로 관광의 경제 및 사회문화적 효과와 관련하여 이동하는 행위이다. 관광교통 환경은 항공기, 선박, 자동차, 철도, 택시, 지하철 및 기타 교통수단과 소요 시간, 접근성, 거리, 주차장, 고속도로, 항만, 공항 등이다. 특히 관광객이 관광지에 도착해서 이동하는 도보(walk) 관광교통도 중요한 요인이므로 포함시켜 분석하여야 한다.

6) 관광자원

관광자원은 관광 욕구를 충족시켜 줄 수 있는 모든 관광 대상을 지칭하는 것으로 관광 객체를 의미한다. 또한 관광자원은 관광객의 주관에 따라서 가치가 달라질 수 있는 상대성을 지닌 다종다양한 것으로 그 범주가 광범위하며, 개인의 차이에서도 관광자원의 대상은 달라질 수 있다.

관광자원에는 자연적 차원으로 산악, 해양, 하천, 호수, 삼림, 초화(草花), 동물, 온천 등과 문화적 자원으로 유·무형문화재와 기념물, 민속자료, 건조물, 고문서(古文書), 회화, 조각, 공예품, 보물, 국보 등, 사회적 자원으로 풍속, 행사, 민족성, 생활, 예절, 음식 예술, 예능, 스포츠 및 교육·사회 및 문화 시설 등, 산업적 자원으로 공장, 목장, 사회공공시설, 전시회, 박람회 등이 있다.

7) 관광진흥 정책

관광산업은 세계의 국가들이 중요한 국가적 전략사업으로 관광객 증가를 통한 관광 수입의 지속적 증가는 국가의 부를 상징하게 되고, 국가 간 관광객 유치 경쟁의 가속화는 관광객이 관광지, 목적지 선택에 있어서 중요한 변수로 작용하고 있는 것이 현실로 관광진흥 정책의 중요성이 가중되고 있다. 관광 진흥정책의 홍보, 광고, 마케팅, 이미지 제고, 장·단기계획, 공공부문과 민간부문의 협력체계, 지방자치단체의 협조, 관광전문가의 수준, 잠재능력, 상품의 다양성 등이다.

▶ 국가별 관광환경 분석

구분	분석내용
출입국	관광시장, 국제 수송, 국내 교통, 쇼핑, 외래객 입국자 수, 외래객 체재일 수, 내국인 출국자 수, 평균 여행비용, 평균 여행 횟수, 평균 국외여행 일수, 외래객 평균 소비액 등
관광수지	관광외화 수입(A), 관광외화지출(B), 관광수지(A-B), 무역역조 보전, 외화가득률, 부가가치율, 수입 유발률, 고용 유발률, 산업 연관효과, 세수 효과 등
관광 행정 조직	정책 결정 과정, 의사결정, 의사 관리, 의사 통제, 의사 조정, 조성, 복지, 보호, 개발, 정책 대응능력, 정부의 정책 추진력, 정책 입안(立案) 능력, 정부 규제(행정 등), 정부 관광 행정기관(NTA)과 정부관광기구(NTO)의 역할 등
관광 관련 사업	여행업, 관광숙박업, 국제회의업, 카지노업, 테마파크, 크루즈, 오락시설, 체육시설 등의 다양한 레저시설 등
관광교통	교통수단(항공기·선박·자동차·철도·택시·지하철) 및 기타 교통수단, 소요 시간, 접근성, 거리, 주차장, 고속도로, 항만, 공항, 도보 관광교통 등
관광자원	• 자연적 자원: 산악, 해양, 하천, 호수, 삼림, 초화(草花), 동굴, 온천 등 • 문화적 자원: 유·무형문화재, 기념물, 민속자료, 건조물(建造物), 고문서(古文書), 회화, 조각, 공예품, 보물, 국보 등 • 사회적 자원: 풍속, 행사, 민족성, 생활, 예절, 음식, 예술, 예능, 스포츠·교육·사회 및 문화 시설 등 • 산업적 자원: 자동차, 항공, 선박 등
관광진흥 정책	홍보, 광고, 마케팅, 이미지 제고, 장·단기계획, 공공부문과 민간부문의 협력체계, 지방자치단체의 협조, 관광전문가의 수준, 잠재능력, 상품의 다양성 등

참고문헌

고석면 · 고종원 · 김재호 · 서영수 · 유을순, 관광사업론, 백산출판사, 2022.

고석면 · 이재섭 · 이재곤, 관광정책론, 대왕사, 2018.

교통개발연구원, 관광 진흥 중장기 계획에 관한 연구, 1990.

김성혁, 관광마케팅의 이해, 백산출판사, 1999.

김향자, 제3차 관광개발기본계획 수립을 위한 기초연구, 2009.

박주영, 2020-2024 한국관광트렌드 전망, 한국관광정책연구, 한국문화관광연구원, 2019.

심원섭, 미래관광환경변화와 신 관광정책 방향, 한국문화관광연구원, 2012.

유기준, 2020 지역관광과 전망, 한국관광정책연구, 한국문화관광연구원, 2019.

이원희 · 박주영 · 조아라, 관광트렌드 분석 및 전망(2010-2024), 한국문화관광연구원, 2019.

이태희, 외래 관광객 유치를 위한 홍보/마케팅의 효율성 확보방안, 한국문화관광연구원, 2007.

이태희, 한국관광정책의 허와 실, 국회관광발전연구회 · 한국관광포럼 발표논문집, 1998.

정기영 편저, 서비스 경영, 신지서원, 2008.

최경은 · 안희자, 최근 관광 트렌드 분석 및 전망, 한국문화관광연구원, 2014.

한국관광공사, Tourism Technology 비전 및 중장기 전략수립, 2005.

중앙 선데이(2023년 1월 21~23일)

Colin Michael Hall, Tourism and Politics, John Wiley & Sons, 1994.

Elliot James, Political, Power and Tourism in Thailand, Annals of Tourism research, Vol. 10, No. 3, 1983.

R. Miewaid, Public Administration: A Critical Perspective, McGrew-Hill, 1978.

World Tourism Organization, Sustainable Tourism Development: Guide for local Planners, A tourism and the Environment Publications, 1993.

저자약력

김재호

- 경기대학교 관광개발학과(관광학학사)
- 경기대학교 대학원 관광개발학과(관광학석사)
- 경기대학교 대학원 여가관광개발학과(관광학박사)
- 관광관련 공공 및 민간기업 근무(20여 년)
- 현) 인하공업전문대학 관광경영학과 교수
    한국관광공사 전문위원
    국회관광산업포럼위원
    방송통신심의위원회 광고자문특별위원
    문화체육관광부 근로자휴가지원사업 운영위원장
    문화체육관광부 복합리조트 정책자문위원
    문화체육관광부 계획형 공모사업 컨설팅단 위원
    문화체육관광부 광역권사업 정책자문위원
    문화체육관광부 관광자원개발 제도개선 자문단
    해양수산부 인천항 내항1·8부두 재개발 추진위원
    농림축산식품부 농촌관광 자문 및 심의위원
    한국관광공사 워케이션 정책자문위원
    한국문화관광연구원 지역관광개발사업평가위원회 위원
    한국관광학회 부회장(정책포럼위원장)

[저서]
- 관광학개론(공저, 2024), 양림출판사
- 관광사업론(공저, 2022), 백산출판사
- 서비스경영론(공저, 2021), 백산출판사
- 신관광자원론(공저, 2019), 대왕사
- 관광지리자원론(공저, 2014), 현학사

고주희

- 동국대학교 철학(국어국문학)과 졸업(문학사)
- 경기대학교 대학원 관광경영학과(관광학석사)
- 경기대학교 대학원 관광경영학과(관광학박사)
- 동국대학교 대학원 교육학과(박사 수료)
- 경기대학교, 성결대학교, 한국관광대학교 강사
- 경인여자대학교 초빙교수
- 배화여자대학교 겸임교수
- 한영대학교 호텔관광과 조교수
- 현) 상지대학교 레저·레크리에이션학과 조교수
    해남문화관광재단 자문위원
    한국음료산업연구원 자문위원
    한국항공객실안전협회 교육위원
    한국해양산업연구원 자문위원
    학습자 중심학회 회원
    한국기업경영학회 회원
    한국관광학회 회원
    한국호텔관광학회 회원
    한국외식산업학회 회원

[저서]
- 관광학개론(공저, 2024), 양림출판사
- 커뮤니케이션 기법 및 실습(공저, 2021), 한올출판사
- Thin 채용(분야별 취업 준비의)(공저, 2021), 한올출판사
- 커피와 바리스타(공저, 2016), 대왕사

[논문]
- 공정관광 인식이 관광만족도에 미치는 영향
- 관광관련 대학교육의 교수 전문성이 학습몰입, 교육 유효성, 산업 직무만족에 미치는 영향 연구
- 포스트 코로나 뉴노멀시대 환경인식이 친환경적 관광태도 및 에코투어리즘 행동의도에 미치는 영향 외 다수

저자와의
합의하에
인지첩부
생략

관광정보의 이해

2024년 6월 25일 초판 1쇄 인쇄
2024년 6월 30일 초판 1쇄 발행

지은이 김재호 · 고주희
펴낸이 진욱상
펴낸곳 (주)백산출판사
교 정 성인숙
본문디자인 오행복
표지디자인 오징은

등 록 2017년 5월 29일 제406-2017-000058호
주 소 경기도 파주시 회동길 370(백산빌딩 3층)
전 화 02-914-1621(代)
팩 스 031-955-9911
이메일 edit@ibaeksan.kr
홈페이지 www.ibaeksan.kr

ISBN 979-11-6567-862-3 93980
값 22,000원